KB059492

인류의 운명을 바꾼

약의 탐험가들

THE DRUG HUNTERS:
The Improbable Quest to Discover New Medicines

DRUG HUNTERS

"성공률 0.1%의 탐구" 새로운 약을 찾기 위한 불가능한 여정!

도널드 커시 · 오기 오가스 지음 | 고호관 옮김

인류의 운명을 바꾼

약의 탐험가들

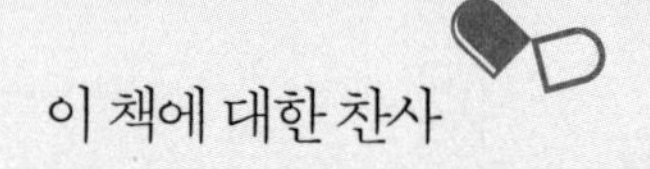

이 책에 대한 찬사

난해한 신약 개발의 과정을 십분 박력 있게 묘사하고 있다. 저자가 각종 사료를 섭렵하면서 풍부한 경험을 가득 넣어 서술했으니 이것이 재미없을 리 없다. 군데군데 삽입된 업계의 이면적인 부분에서도 히죽 웃게 만든다. 필력도 풍부한 책으로 이 분야의 금자탑으로서 오랫동안 읽힐 것이다. _사토 겐타로(《세계사를 바꾼 10가지 약》 저자)

사람들은 계획된 시나리오에 의해 진행되는 삶보단 희극과 비극이 교차하는 파란만장한 삶에 더 흥미를 느낀다. 신약 개발은 후자의 극단적인 예다. 신약은 실험실에서 합성되는 대신, 아주 우연히, 그것도 수많은 실패를 거듭한 끝에 만들어지니 말이다. 이 책이 스릴러처럼 읽히는 것은 그 때문이다. 그래서 걱정된다. 다큐가 이렇게 재미있다면, 소설가들은 어떻게 살아야 할까? _서민(단국대 기생충학과 교수)

자연(주로 식물과 미생물)이 우연히 어떤 물질을 만들고, 이 물질이 우연히 사람의 병을 치료하는 데 효과를 가진다. 신약 사냥꾼이 우연히 이 물질을 찾아 이러 저리 비틀어보다가 우연히 신약이 개발된다. 아니면 우연히 합성되든가…. 이 책은 우연에 기대어 신약을 개발하는 사냥꾼들의 역동적이고 장엄한 여정을 보여주고 있다. 그러나 여기에도 한 가지 필연은 있다. 이 책을 읽는 그대가 이 여정에서 얻게 될 앎과 즐거움이다. _김대준(세종과학고 생명과학 교사)

자연계에 가능성이란 이름으로 존재하는 가혹한 불확실성 안에서 인간계에 절실한 신약 개발을 향한 저자의 행보가 매우 흥미롭고 재미있다. _김미성(유튜브 김약사 TV)

생생하고 압도적인 약 발견의 역사. 신약을 찾는 과정이 얼마나 어렵고, 비용이 많이 들며, 중추적인 연구가 중요한지를 증명한다. 그것은 섬뜩할지라도, 인류에게 밝은 연구이다. _퍼블리셔스위클리

베테랑 '약 사냥꾼'인 커시와 유능한 과학 작가인 오거스는 생명을 구하는 약을 발견하는 연대기를 전문적으로 기술하고 있다. 놀라운 사실과 흥미로운 이야기가 가득한 매혹적인 책이다. _북리스트

명쾌하고 에피소드가 풍부한 이 책은 전문가들에게 익숙한 영역을 다루지만, 인류의 약 사냥에 대한 선명한 개요를 제공한다. 커시는 수 세기에 걸친 역사적 약물 발견에 대한 매력적인 스토리를 이야기한다 …. 매우 유익하다. _커커스 리뷰

신약이라는 '보물' 발굴에 혈안이 되어 있는 헌터들. 태고 시대부터 21세기까지, 새로운 약은 늘 '약 사냥꾼'에 의해서 발굴되어 왔다. 식물을 사용하는 태고 시대부터 알약처럼 제약업계의 '외부'에서 신약의 창조가 진행되고 있는 현대에 이르기까지, 장대한 약 사냥꾼의 역사를 통해 제약은 항상 '제어 불능'한 추진임이 드러난다. 그런 제약 방식은 '이노베이션(혁신)' 같은 공학적 기법과는 다른 척도가 존재한다는 것을 알려준다. 약 사냥꾼들의 에피소드는 모두 독특하고 재미있다. 논픽션으로 가독성이 높게 완성되었다. _와이어드

신약을 찾아가는 과정을 설명하는 흥미로운 이야기. _리처드 B. 실버먼(화이자의 리리카 개발자)

커시 박사는 평생에 걸친 경험을 바탕으로 쓴 이 책에서, 신약 개발에 관해 갖는 독자들의 흔한 오해를 바로잡아준다.
_에릭 고든 박사(스탠퍼드대학교 겸임교수 & 아릭사 제약 CSO)

유려하게 잘 쓴 매우 유익한 책…. 특히 이 책을 여행 동반자로서 독자들에게 추천한다. _ASCO(미국임상종양학회) 포스트

추천의 글

우리는 약을 짓는 과정을 당연하게 여긴다. 약을 올바르게 쓰면 우리가 걸린 병에 효과가 있어 곧 회복될 거라고 생각한다. 그러나 약이 어디서 왔는지 궁금해하는 사람은 거의 없다. 이 책은 이러한 질문에 답하며 흥미롭고 통찰력 있는 읽을거리를 제공한다. 이제 우리는 뜻밖의(때로는 영리한) 발견과 단순한 행운으로부터 궁극적으로는 지적인 약품 설계에 이르기까지 수백 년에 걸친 신약 발견의 복잡한 역사 속을 여행하게 된다. 커시 박사와 오거스 박사는 자신들의 경험을 공유함으로써 약학이라는 분야의 탄생—약 발견과 표준화, 안전성과 효과를 모두 고려한 약품 분류 등—을 개괄적으로 보여준다.

1860년경 루이 파스퇴르가 '세균 이론'을 발전시키기 전까지 미생물(세균 같은)이 질병을 일으킨다는 것을 전혀 몰랐다는 점은 믿기 어려운 사실이다. 의학계가 이 사실을 받아들이는 데는 40년이 더 걸렸다. 예를 들어, 의사들은 손을 씻는 것이 질병을 예방할 수 있다는 사실을 믿지 않았다. 마침내 의사들이 이 단순한 행동을 받아들이고 나자 환자의 감염률은 급격히 떨어졌다.

보통은 환자에게 해가 될지도 모른다는 두려움 때문에 의학계가 변화를 거부하는 경우도 있긴 했다. 하지만 개척자들은 약물 분야를 발전시키는 데 있어서 새로운 사고방식의 이로운 점을 꾸준히 기록해 나갔고, 그런 약이 개발되었을 때 사회는 극적으로 변했다. 불과 두 세대 전만 해도 결핵 환자는 다른 사람으로부터 격리되어 요양소에서 생활하는 게 유일하게 받을 수 있는 치료였다. 효과적인 약이 없었던 과거에 정신병 환자는 자기 자신과 다른 사람을 해치지 못하도록 장기간 요양 병원에 입원해야 했다. 그리고 수백만 명이 고혈압으로 인해 목숨을 잃었다.

과거에 썼던 치료법을 보면 오늘날 우리가 의지하는 현대 의약품이 있다는 게 얼마나 다행인지 쉽게 이해할 수 있다. 최초의 효과적인 항생제인 페니실린을 발견하기 전에는 수백만 명이 작은 상처에서 시작해 전신으로 퍼져나간 세균 감염으로 죽었다. 패혈성 인두염, 류머티스열, 폐렴같이 오늘날 항생제로 흔히 치료하는 병은 그전까지 모두 치명적이었다. 역사의 흐름을 바꿔놓은 이 발견은 항생제를 목표로 삼아 몇 달 동안 연구에 매진한 결과가 아니었다. 알렉산더 플레밍이 곰팡이의 침입을 받은 세균 표본이 죽었다는 사실을 우연히 발견했던 것이다. 이런 과정은 20년 동안 계속 이어졌다. 과학자들은 기술, 그리고 어쩌면 행운에 더욱 의지하며 오늘날 우리가 의지하는 다양한 의

약품을 개발했다. 이런 승리도 오래가지는 않았다. 행운이 언제나 신약 사냥꾼의 편은 아니었던 것이다. 뒤이은 연구를 통해 과학자들은 세균이 약에 대한 저항성을 획득하며 변하고 있다는 사실을 깨달았다. 따라서 새로운 항생제를 찾는 여정이 계속되었다.

이 책은 신약 개발에는 합리적인 절차가 없다는 사실을 명확하게 보여준다. '열정이 넘치는 신약 사냥꾼이 아이디어를 제품으로 만들도록 안내해줄 수 있는 과학 법칙이나 공학 원리, 혹은 수학 법칙' 같은 것은 없다. 현대 신약 개발의 시대, 수많은 새로운 약품이 기적적으로 등장하며 폭발적으로 성장했던 1950년대에도 대부분의 신약 개발은 우연의 결과였고, 우리 몸이 '어떻게 잘못될 수 있는지'에 관한 폭넓은 새 과학 지식(병리생리학)은 보조 역할을 했다. 계속되는 우리 몸의 작동 원리에 관한 새로운 발견은 생체 활성 분자를 어디서 찾아야 할지 그 작용 원리는 무엇인지에 관한 신선한 아이디어를 제공했다. 여전히 진행 중인 이런 지식의 축적은 신약을 표적으로 삼아 개발하는 방법이 있을지도 모른다는 사실을 암시한다. 신약 사냥꾼의 기술은 이렇게 나날이 쌓여가는 지식과 새로운 가능성을 탐구하려는 고집 사이에서 균형을 잡기 위한 헌신의 과정에 있다. 그 와중에 우연한 기회를 잡을 수 있기를 바라는 것이다.

약을 복용해본 적이 있다면—혹은 앞으로 그럴 예정이라면—이 책을 읽어보도록 하자. 우리가 먹는 약이 어디서 왔으며 왜 효과가 있는지를 새롭게 이해할 수 있을 것이다.

매들린 펜스트롬

피츠버그대학교 생리학 교수

머리말

사람들은 대부분 의약품이 최신 장비를 갖춘 실험실에서 비범한 과학자들이 애를 써서 찾아낸 최첨단 발명품이라고 생각한다. 신약 발견에 일급 과학자가 필요하다는 건 사실이다. 그러나 기술적인 능력만으로는 충분하지 않다. 팀워크와 협동도 뛰어난 과학만큼은 아니지만 그 못지않게 신약 발견에 중요한 역할을 한다. 한 사람이 발견한 가장 최근의 약은 1846년에 윌리엄 T. G. 모턴이 발견한 수술용 마취제, 에테르였다. 그 뒤로 모든 신약은 집단에 의해 발견됐다.

안타깝게도 팀워크와 협동은 과학도로 훈련받는 동안에는 종종 무시를 받기 때문에 신약 사냥꾼은 보통 현장에서 협동하는 방법을 배운다. 나는 경력의 여러 단계에서 많은 사람의 도움을 받아 팀의 일원으로서나 협업자로서 더 성장하게 되었다. 그분들의 노력에 감사하며, 그들과 쌓아온 관계를 소중히 여기고 있다.

제약산업에 들어와 처음 만난 상사인 리처드 사이크스는 강하고 카리스마 있는 리더로 내 경력에 큰 영향을 끼쳤다. 사람들은 대개 리더라고 하면 다른 사람에게 지시를 내리고 중요한 결정을 내리는 능력 있는 사람을 떠올린다. 그러나 최고의 리더는 보통 자신이 이끄는 사람들에게 힘을 부여하기 때문에 능력이 있는 것이다. 그렇게 되기 위해서는 자신의 힘을 공유해야 한다. 내 첫 상사는 일과 결정을 팀에게 위임했고, 좋은 결과가 나오도록 했다. 내게 확신을 갖는 상사 덕분에 나는 스스로 확신을 가질 수 있었고, 중요한 성취를 이루어낼 거라고 자신할 수 있었다. 그분이 내게 불어넣은 자신감은 내 경력 내내 중요한 힘이 되었다. 새로운 접근법을 시도하고, 위험을 감수하고, 어려운 일에 도전하게 해주었다. 무엇보다도 이 책을 쓸 수 있는 용기를 주었다.

경력 초기에 나는 형편없는 팀원이었다. 다른 팀원들이 무엇을 필요로 하는지에 대해 별생각이 없었다. 다행히 스큅의 선배 과학자인 필 프린시페가 나에게 다른 사람들과 생산적으로 일하는 방법을 지도해주었다. 나 자신이 아닌 다른 사람의 시각에서 계획을 바라볼 수 있도록 도와주었다.

회의가 끝나면 필은 나를 한쪽으로 데려가 이렇게 말하곤 했다. "도널드, 자네는 인간관계에 좀 더 신경을 써야 해." 처음에는 필이 얼간이라고 생각했다. 나는 스스로 팀이 훌륭한 연구를 추진하는 데 도움을 주고 있다고 생각했다. 그게 뭐가 잘못됐다는 거지? 그러나 훗날 나는 자신의 생각을 다른 사람에게 강요하는 것이 최선의 연구

방법이 아니라는 사실을 깨달았다. 필의 도움이 아니었다면 나는 더 나은 팀원이 될 수 없었을 것이다.

필은 삶에서 개인적인 아픔을 겪은 후 타인에게 동정심 많은 성격이 되었다. 필의 아내는 젊었을 때 방광암으로 세상을 떠났고, 필은 혼자서 세 아이를 키워야 했다. 아내의 죽음 이후 우울한 시기를 보내는 동안 필은 퇴근한 뒤 위스키 한 잔을 따라 마시고 아이들을 안아주며 마음을 추슬렀다. "우리 아이들, 아이들, 아이들." 필은 몇 번이고 되뇌었다. 아이들이—그리고 위스키 한 잔이—필을 살렸다. 필은 나를 상당히 아끼며 새파랗게 젊은 신참에 불과했던 내게 30여 년에 걸친 신약 개발 경험을 나누어주었다.

1990년대 중반 뉴저지에 있던 우리 실험실은 독일의 한 보조연구팀과 협업을 시작했다. 나는 독일의 생물학 연구팀장이 우리가 취한 접근 방법을 별로 신뢰하지 않는다는 느낌을 받았다. 하지만 그는 대단한 팀 플레이어였다. 그가 선호하는 접근법은 우리 방식과 완전히 달랐지만, 열린 마음으로 협업의 성공을 위해 우리 연구팀이 하는 일의 긍정적인 면을 보려고 노력했다. 자신만의 관점이 있음에도 자기 의견을 내세워 방해하지 않고, 우리의 과학적 전략과 접근법을 고려

해주었다.

또한 우리가 독일 실험실을 방문할 때마다 친절하게 맞아주었다. 내게 독일어를 가르쳐주는 수고를 하기도 했다. 덕분에 내 독일어는 전혀 알아들을 수 없는 수준에서 대부분 알아들을 수 없는 수준으로 상당한 진전을 이루었다.

훗날 나는 일본으로도 출장을 다녀왔다. 우리 회사는 도쿄에 지사가 있었는데, 일본 대리인들은 더할 나위 없이 친절하고 훌륭한 동료였다. 안도 씨는 근무 시간에 나와서 일하는 것만으로도 충분히 자기 일을 효율적으로 할 수 있었다. 그렇게 하는 게 당연했을 것이다. 그가 교외에 있는 아파트에서 도쿄 롯폰기에 있는 사무실까지 출퇴근하는 데 편도 2시간이 걸렸던 반면, 나는 몇 구역 떨어진 호텔에서 걸어오기만 하면 됐다는 점을 고려하면 더욱 그렇다. 그럼에도 그는 내가 아침에 출근할 때마다 자기 자리에 있었다. 하루 일을 마칠 때도 결코 퇴근할 생각이 없어 보였다. 퇴근하기 전에는 언제나 내 편의를 위해 모든 일을 확실히 처리해주었다. 그리고 저녁에는 친절하게도 도쿄의 흥미로운 장소를 구경시켜주었고, 온갖 이국적인 일본 음식을 맛볼 수 있게 해주었다.

뛰어난 현대 신약 개발자 중 한 명이자 내 개인적인 영웅은 사토시 오무라다. 오무라 박사의 최고 업적은 이버멕틴에 관한 연구다. 이 약은 강변 실명증, 림프 사상충증, 기니충증처럼 모습이 흉측해지고 생명도 위협하는 기생충 감염증으로 고통받는 수백만 명의 사람을 치료했다. 2015년 오무라 박사는 이 중요한 약을 발견하는 데 공헌한 점을 인정받아 노벨 생리의학상을 받았다.

1986년 오무라 박사는 자신의 신약 개발 철학에 관한 글을 쓴 바 있다.

"연구에 관한 내 관점과 아이디어를 제시하고자 한다. 지금까지 이런 성과는 (1) 미생물의 뛰어난 능력에 대한 신뢰, (2) 원하는 물질을 찾기 위해 정교하게 설계한 스크리닝 시스템 확립, (3) 스크리닝이 단순한 일상적 작업이 아니라는 인식, (4) 기초 연구에 대한 강조, 그리고 (5) 좋은 인간관계를 소중히 여기는 행동을 통해 얻어낸 것이다."

자연의 경이로움과 힘을 인식하고, 자연이 간직하고 있는 비밀을 드러내는 데 연구 노력을 집중하며, 경이감을 절대 놓치지 말고, 마지막으로 훌륭한 팀원이 되도록 노력하는 게 가장 중요하다는 생각은 내 경력을 상당 부분 이끌어왔다.

나는 운이 좋아 지금까지 훌륭한 동료들과 일할 수 있었다. 그리고 그들도 내가 좋은 동료가 될 수 있도록 가르침을 주었다. 무슨 일을 하든 오무라 박사의 말은 반드시 가슴속에 새겨야 한다. 좋은 인간관계를 소중히 하라.

도널드 R. 커시

차례

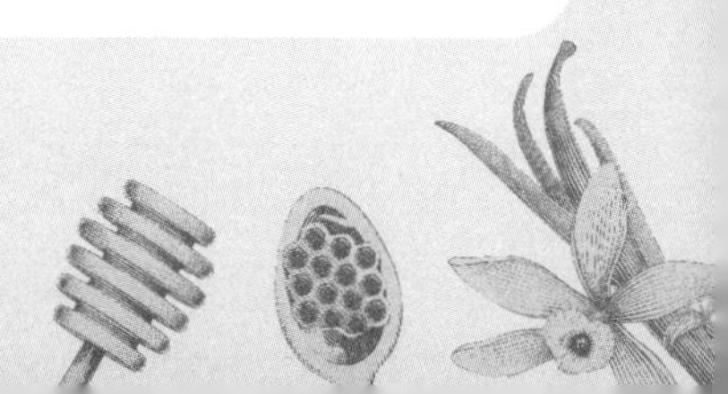

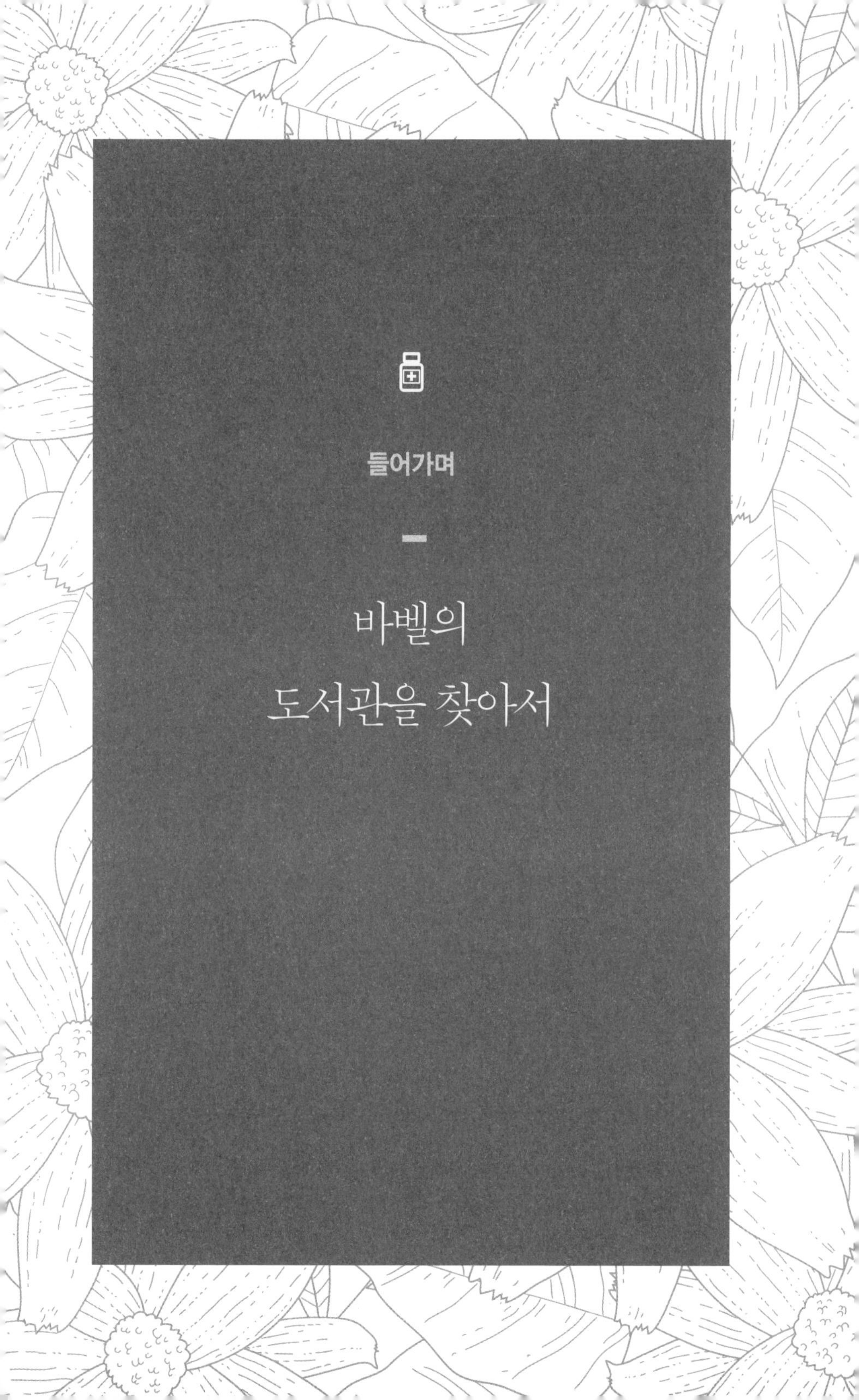

들어가며

바벨의 도서관을 찾아서

"이런 방식으로 여러분은

스물세 글자의 변형물을 볼 수 있을 것이다…."

_호르헤 루이스 보르헤스, 《바벨의 도서관》

아주 오랜 옛날, 선사시대에는 모든 사람이 신약 사냥꾼이었다. 기생충과 고질병을 안고 살던 우리 조상은 눈에 띄는 대로 식물 뿌리와 잎을 씹어 먹으며 예기치 않게 병을 낫게 해주는 효과가 생기기를 기대했다. 동시에 이런 분별없는 실험으로 죽지 않기를 기원했다. 이런 순수한 행운 덕택에 몇몇 운 좋은 신석기시대 사람은 약효가 있는 물질을 찾아냈다. 예를 들자면, 아편, 알코올, 스네이크루트, 노간주나무, 유향, 커민 등이다. 그리고 물론 자작나무버섯도.

기원전 3300년경, 한 남자가 있었다. 춥고, 병들고, 치명적인 상처를 입은 이 남자는 이탈리아 외츠탈알프스 산맥의 높은 봉우리 사이를 지나가다가 틈 아래로 떨어졌다. 그 남자는 그곳에서 그대로 얼어붙었고, 5000년 이상이 지난 1991년에 관광객 두 명이 냉동 미라가 된 시체를 우연히 발견했다. 그 남자에게는 외치라는 이름이 붙었다. 이 빙하기 시대의 사냥꾼을 녹인 오스트리아 과학자들은 외치의 내장이 편충에 감염되어 있다는 사실을 알아냈다. 처음에 연구진은 외치와 동시대 사람들이 이 고통스러운 기생충 때문에 속절없이 괴로움을 겪었을 가능성이 크다는 소견을 밝혔다. 그런데 두 번째 발견이 이루어지자 연구진은 앞선 판단을 바꾸어야 했다.

아이스맨 외치

곰 가죽으로 만든 외치의 하의에는 가죽끈 두 개가 달려 있었는데, 이 끈에는 고무 같은 하얀 덩어리가 묶여 있었다. 이 기묘한 덩어리는 항생 작용과 출혈 억제 효과가 있는 자작나무버섯의 자실체로 드러났다. 여기에는 편충에 독성을 띠는 오일도 들어 있었다. 외치가 가죽끈으로 묶어 지니고 다니던 버섯은 가장 오래된 의약품 키트인 셈이다. 아이스맨이 갖고 있던 약은 효능이나 효과가 뛰어나지 않았지만, 전혀 없는 건 아니었다. 5000년 된 기생충약(약학 용어로는 구충제)의 존재는 내 박사학위 지도교수가 하던 말이 떠오르게 했다. "뒷다리로 걷는 개를 보면, 우아한 동작이나 민첩성 때문에 놀랄 게 아니라 개가 그렇게 할 수 있다는 사실에 놀라야 해."

놀라운 외치의 버섯에는 약을 찾는 인류의 노력에 관한 간단한 사실이 담겨 있다. 이 신석기시대의 치료법은 뛰어난 혁신이나 합리적인 연구의 결과가 아니다. 머릿속으로 혁신적인 생각을 떠올려 구충제를 만들어내는 석기시대의 스티브 잡스 같은 건 없었다. 그렇다. 외치가 쓰던 약은 순수한 행운의 산물이었다. 근대 과학 이전의 신약 사냥은 단순한 시행착오를 거쳐 발전했다.

요즘은 어떨까? 화이자, 노바티스, 머크 같은 대형 제약회사가 최고 수준의 신약 개발 연구에 모두 합쳐 수십억 달러를 들이는 요즘은 블록버스터 약품이 대부분 시행착오 대신에 체계적인 과학 연구에 기반한 신중한 신약 개발 계획의 열매라고 생각할지 모른다. 사실 별로 그렇지는 않다. 대형 제약회사의 엄청난 노력에도 불구하고 21세기에도 신약을 찾는 근본적인 기술은 5000년 전과 똑같다. 끈질기게, 헤아릴 수 없을 정도로 다양한 화합물을 조사하며 그중 하나, 단 하나라도 효과가 있기를 바라는 것이다.

나는 거의 40년에 걸쳐 신약 사냥꾼으로 경력을 쌓으며 종종 신약이 멀리 돌아가거나 전혀 예상하지 못했던 경로를 거쳐, 혹은 둘 다에 해당하는 방식으로 발견된다는 사실을 몸소 익혔다. 전문 신약 사냥꾼은 전문 포커 선수와 같다. 결정적인 순간에 경기가 자신 쪽으로 기울게 할 수 있을 정도로 충분한 지식과 기술을 갖고 있지만, 언제나 카드의 우연한 배치에 기대야 한다.

라파마이신을 생각해보자. 1970년대에 생물학자 수렌 세갈은 에이어스트 파머슈티컬스에서 칸디다 질염이나 무좀 같은 흔한 곰팡이 감염을 치료할 신약을 찾고 있었다. 화합물 수만 개를 시험한 끝에 세갈은 이스터섬에서 발견된 토양 미생물에서 나온 새로운 항진균제를 발견했다. 새 약에는 원주민이 태평양의 이 외딴 섬을 부르는 이름인 '라파 누이'에서 따온 '라파마이신'이라는 이름을 붙였다.

세갈은 라파마이신을 동물 대상으로 시험했고, 그게 어떤 나쁜 곰팡이든 없애준다는 사실을 알아냈다. 불행히도, 라파마이신은 동물의 면역 체계도 억제했다. 감염, 특히 곰팡이 감염을 치료하려면 반드시 면역 체계가 효율적으로, 그리고 항진균제와 조화롭게 작동해야 한다. 안타깝게도, 이 부작용은 극복할 방법이 없는 것으로 드러났다. 그리고 에이어스트의 경영진은 라파마이신을 버리고 가기로 결정했다.

그러나 세갈은 포기하고 싶지 않았다. 그는 완전히 다른 용도로 개발 중이었던 시클로스포린이라는 항진균제에 대해 알고 있었다. 장기 이식 요법에 쓰는 약이었다. 이스터섬에서 나온 약과 마찬가지로 시클로스포린 역시 면역 억제 효과가 있었다. 하지만 장기 이식 뒤에 쓰는 약으로는 바람직한 성질이었다. 몸이 새로운 장기를 거부하지 않게 해주기 때문이다. 세갈은 라파마이신도 거부 반응 치료에 유용할 수 있다고 추측했다.

불행히도, 세갈의 고용주에게는(이때는 다른 회사에 합병된 뒤였다. 이 산업에서는 절망스럽게도 흔한 일이다) 면역 억제제 연구 계획이 없었고, 새로운 관리부서는 장기 이식에 흥미가 없었기 때문에 세갈의 제안을 바로 거부해버렸다. 그러나 경험이 많은 세갈은 대형 제약회사의 가장 흔한 속성에 관해 아주 잘 알고 있었다. 바로 경영진이 자주 바뀐다는 점이었다. 세갈은 서두르지 않았다. 새로운 관리부서가 나타나 연구부서를 넘겨받을 때마다 라파마이신을 장기 이식 요법에 시험해보자는 제안을 다시 들고 갔다.

세 번째인가 네 번째인가 가져갔을 때 세갈의 상사는 세갈이 쓸모없는 일에 집착해 끊임없이 괴롭힌다고 생각하고 성질을 냈다. 상사는 세갈에게 이스터섬에서 온 배양균을 고압살균기에다 집어넣고 버튼을 누르라고 명령했다. 그러면 이 미생물이, 장기 이식용 약이라는 세갈의 꿈과 함께 영원히 사라져버릴 터였다. 세갈의 상사가 원하는 바는 그랬으나…. 세갈이 명령에 따른 것은 맞다. 다만, 라파마이신 배양균을 집으로 가져가서 냉장고에 넣어둔 뒤였다. 아마 소고기와 냉동 완두콩 사이에 밀어 넣어놓지 않았을까.

세갈의 도박은 성공했다. 정확히 바라던 대로 얼마 지나지 않아 상사가 직장을 옮겼고, 또 다른 관리부서가 자리를 대신했다. 그리고 세갈은 다시 한번 라파마이신을 거부 반응 치료제로 밀어보았다. 이번에는 성공이었다. 새로운 경영진은 오랫동안 밀려나 있던 세갈의 계획에 청신호를 보냈다. 세갈은 부엌 냉동실에 있던 배양균을 꺼내 다시 약을 만들었다. 그리고 동물을 대상으로 장기 이식에 시험한 결과…, 성공이었다! 이후 실제 장기 이식 환자에게 시험해보았고, 마침내 성공했다. 첫 발견으로부터 약 25년이 지난 1999년 이스터섬에서 나온 항진균제는 면역 억제제로 FDA의 승인을 받았다. 지금은 거부 반응 치료에 가장 흔히 쓰이는 약 중 하나가 되었다. 이 약은 관상동맥에 넣는 스텐트의 수명을 늘리기 위해 코팅하는 용도로도 쓰인다. 원래 무좀과

칸디다 질염 치료제로 의도했던 약 치고는 놀라운 성과다.

어쩌면 이건 그렇게 놀라운 일이 아닐지도 모른다. 새로운 약을 찾아 평생을 보낸 뒤 내가 배운 사실이 있다. 신약 산업에서 유일하게 확실한 건 원래 찾아 헤매던 약을 정확히 찾아내는 일이 거의 없다는 사실이었다. 최고 수준의 대학에서 교육받고 첨단 장비가 늘어선 멋진 연구소에서 일했던 내 동료의 대다수는 생리활성 분자의 미궁 속에서 더듬더듬 길을 찾으며 평생을 보내고도 안전하고 효과적으로 인간의 건강을 증진하는 신물질을 찾아내지 못했다.

약학과에서 나를 지도한 교수는 의학박사였는데, 환자가 의사를 찾아갈 때 그 의사에게 실제로 도움을 받지 못하는 경우가 95퍼센트는 된다고 내게 말한 적이 있다. 대부분은 의사가 치료하지 않아도 저절로 낫거나 치료가 불가능해 의사가 손쓸 수 없는 경우라는 것이다. 그분의 견해대로라면 의사의 능력으로는 5퍼센트의 경우에만 환자에게 의미 있는 차이를 만들 수 있다. 확률이 낮아 보이지만, 신약 사냥꾼의 경우와 비교하면 환상적으로 높은 수치다.

과학자가 내놓은 신약 개발 계획 아이디어의 5퍼센트만이 관리부서로부터 예산을 지원받는다. 이 중에서 2퍼센트만이 FDA의 승인을 받는 약을 만들어낸다. 즉, 신약을 찾는 과학자가 차이를 만들어낼 확률은 0.1퍼센트에 불과하다. 신약을 발견하는 건 너무 어려운 일이라 사실 제약 산업계를 위기로 몰고 가기도 했다. 대형 제약회사는 새로운 약을 개발하는 데 필요한 막대한 연구비와—FDA 승인을 받는 약 하나를 만드는 데는 평균 15억 달러가 들고 14년이 걸린다—이런 노력에도 대부분이 유용한 약을 만들어내지 못한다는 분통 터지는 사실 때문에 갈수록 절망스러워하고 있다. 최근 화이자의 경영진은 내게 신약 개발 산업에서 손을 완전히 떼는 것을 고려하고 있다고 말했다. 그 대신 신약 매입 산업을 하고 싶다고 했다. 다른 사람들이 만든 약을 사는 게 낫다는 것이다. 생각해보라. 신약 개발은 가장 역사가 깊고, 능력이 뛰어나고, 가장 부유한 제약회사 중 한 곳이—사실 세상에서 가장 큰 제약회사다—다른 곳에 떠넘겨 버리고 싶을 정도로 어려운 일이다.

그렇다면 신약 개발의 '난이도'는 왜 그렇게 높은 걸까? 예컨대, 달에 사람을 보낸다거나 원자폭탄을 만드는 일보다도? 달 착륙 계획과 맨해튼 계획은 잘 정립된 과학 이론과 공학 원리, 수학 공식을 이용했다. 물론 힘들고 괴로운 노력을 해야 했지만, 적어도 연구자에게는 길을 이끌어줄 명확한 과학적 로드맵과 수학적 나침반이 있었다. 사람을 달로 보낸 공학자는 지구에서 달까지의 거리와 달에 도착하기 위해 필요한 연료의 양을 정확하게 알고 있었다. 맨해튼 계획에 참여한 과학자는 $E=mc^2$(아인슈타인의 질량-에너지 등가 원리-역자)에 따라 물질이 도시를 날려버릴 정도의 에너지로 바뀔 수 있다는 사실을 알고 있었다.

반면, 신약 개발의 핵심 과제는—수많은 후보 물질을 시행착오를 거쳐 걸러내는 일—우리가 알고 있는 방정식이나 공식으로 길을 찾을 수 있는 게 아니다. 공학자는 보를 놓기 전에 다리가 그 무게를 지탱할 수 있는지 알고 있지만, 신약 사냥꾼은 사람이 실제로 먹어보기 전에는 특정 약물이 어떤 효과를 낼지 전혀 모른다.

1990년대 중반, 시바게이지(지금은 노바티스의 일부가 되었다)의 화학자들은 이 우주에 가능한 약물의 종류가 3×10^{62}개라는 계산 결과를 얻었다. 수를 크기에 따라 큰 수, 엄청나게 큰 수, 헤아릴 수 없고 상상할 수 없을 정도로 커서 무한이라고 해도 될 만한 수로 나눌 수 있는데, 3×10^{62}는 세 번째 분류에 해당한다. 어떤 질병, 가령 유방암에 효과적인 치료제가 될 수 있는지 알아보기 위해 1초에 1000가지 물질을 시험할 수 있다고 하자. 태양이 다 타고 식어서 꺼질 때쯤에도 유방암을 치료할 가능성이 있는 물질의 극히 일부밖에 시험하지 못했을 것이다.

앞을 보지 못하는 아르헨티나 작가 호르헤 루이스 보르헤스가 쓴 소설 하나가 있는데, 난 이 소설이 신약 사냥의 핵심 과제를 더할 나위 없이 잘 보여준다고 생각한다. 《바벨의 도서관》에서 보르헤스는 우주가 사방으로 끝없이 뻗어 나가는 무한한 육각형 방으로 이루어진 도서관이라고 상상한다. 각 방은 책으로 가득 차 있다. 각 책에는 무작위로 나열한 문자가 담겨 있고, 그 어떤 책도 다른 책과 똑같지 않다. 순전히 우연에 따라, 아주 가끔, "금은 산속에 있다"처럼 읽을 수 있는 문장이 담긴 책이 있다. 그러나 보르헤스가 말했듯

호르헤 루이스 보르헤스

보르헤스의 《바벨의 도서관》은 신약 사냥의 핵심 과제를 잘 보여준다.

이 "말이 되는 행 하나 혹은 솔직한 진술 하나마다 아무 의미 없는 배열, 허튼소리, 앞뒤가 안 맞는 말이 수도 없이 늘어서 있다."

그렇지만 도서관에는, 순전한 우연에 따라, 삶을 바꾸어줄 명료한 지혜가 가득한 책도 있다. 그런 책은 '변론서'라고 한다. 보르헤스의 상상 속에서 사서라고 불리는 고독한 탐색자들은 끝없이 도서관을 방랑하며 변론서를 찾으려고 한다. 사서 대부분은 무한한 육각형 방을 아무 성과 없이 헤매며 평생을 아무 의미 없는 말만 접하며 보낸다. 그러나 보르헤스는 운이 좋거나 꺾이지 않은 의지로 변론서를 찾아내는 사서가 있다고 전한다.

이와 비슷하게, 가능성 있는 약물은 모두 광대한 가상의 화학물질 도서관 안 어딘가에 있다. 어딘가에는 안전하게 난소암을 제거할 수 있는 분자 구조가 있다. 뇌를 좀먹는 알츠하이머의 진행을 멈출 수 있는 약도, 에이즈를 치료하는 약도 있을 수 있다. 혹은 그런 약은 아예 존재하지 않을 수도 있다. 우리가 확실히 알 방법은 없다. 현대의 신약 사냥꾼은 보르헤스의 소설에 나오는 사서와 같다. 제대로 된 약을 결코 찾지 못할지도 모른다는 은밀한 두려움을 억누르며 삶을 바꾸어줄 물질을 찾아 영원히 헤맨다.

궁극적인 문제는 인간의 몸이다. 우리의 생리 활동은 로켓 추진이나 핵분열처럼 확실히 밝혀진 닫힌 체계가 아니다. 이는 열려 있으며 헤아릴 수 없을 정도로 복잡한 분자 체계로 이루어져 있다. 수많은 요소가 서로 어떤 관계를 맺고 있는지도 밝혀지지 않았다. 개인의 신체 구조와 작용이 서로 다르다는 사실은 이를 더욱 어렵게 만든다. 우리는 이런 생리학적 관계의 극히 일부만 이해하고 있을 뿐이며, 우리 몸을 이루는 기본 분자의 대부분이 실제로 어떻게 작용하는지 해독해내지 못했다. 개개인이 서로 다른 유전적 특징과 생리학적 구조를 지니고 있어 조금씩 (혹은 극단적으로) 다르게 작동한다는 사실은 문제를 더욱 복잡하게 만든다. 여기서 끝이 아닌데, 세포와 조직과 장기에 관한 이해의 수준이 엄청나게 높아졌는데도, 우리는 특정 화합물이 살아 있는 몸 안의 특정 분자와 어떻게 상호작용할지를 사전에 정확하게 예측할 수 없다. 사실 어떤 질병에 약학자가 하는 말로—화학물질의 영향을 받을 수 있는 질병 관련 특정 단백질인—'약을 먹일 수 있는 단백질' 혹은 '약을 먹일 수 있는 표적'이 있는지 정확히 알아내는 건 불가능하다.

효과적인 약을 계획하는 데는 두 가지가 필요하다. 바로 올바른 화합물(약)과 올바른 표적(약을 먹일 수 있는 단백질)이다. 약은 생리학적인 엔진에 시동을 걸기 위해 단백질 자물쇠를 여는 열쇠와 같다. 만약 어떤 과학자가 의도적으로 방향성을 갖고—우울증을 줄이거나, 가려움을 완화하거나, 식중독을 치료하거나, 혹은 건강과 관련해 모종의 긍정적인 효과를 내거나 하는 식으로—어떤 사람의 건강에 영향을 끼치고자 한다면, 그와 관련된 인체 내의 생리학적 과정에 영향을 끼치거나 혹은 반대로 병원체의 생리학적 과정에 간섭하는 표적 단백질을 먼저 확인해야 한다.

예를 들어, 리피토는 체내의 콜레스테롤 합성 속도를 제어하는 단백질인 HMG-CoA라는 환원 효소에 작용한다. 반면, 페니실린은 세균이 (필수적인) 세포벽을 합성하는 데 필요한 단백질인 펩티도글리칸 트랜스펩티다아제를 차단한다. 그러나 단백질 자물쇠를 여는 열쇠를 찾아내는 일은, 햄릿의 말을 빌리자면, "아, 그게 걸림돌이다"인 것이다. 이것이 신약 사냥꾼의 힘겨운 과제다. 확률이 이렇게 낮음에도, 수렌세갈과 같은 몇몇 신약 사냥꾼은 불굴의 의지나 엄청난 행운을 통해서, 개인의 천재성이나 광범위한 협력을 통해서 그런 '변론서'를 찾아냈다.

신약 사냥꾼이 화학물질의 도서관을 체계적으로 뒤지는 과정에 붙인 용어는 '스크리닝'이다. 선사시대의 스크리닝 방법은 눈에 띄는 작은 열매나 이파리를 따서 코로 냄새를 흡입하는 것, 몸에 문질러 보는 것, 먹어보는 것 등이었다. 우리 조상이 자연환경에서 무작위로 아무거나 집어먹으며 헤아릴 수 없이 많은 시간을 보낸 끝에 1847년 스크리닝이라는 상당히 과학적 방법을 이용한 첫 약이 등장했다. 당시의 의사들은 에테르를 수술용 마취제로 썼는데, 자연히 에테르와 비슷하면서도 효과가 더 좋은 화합물이 있을 수 있다고 생각하게 되었다. 에테르에는 몇 가지 뚜렷한 단점이 있었다. 환자의 폐를 자극했으며, 안타깝게도 폭발하기 쉬웠다. 따라서 의사들은 이런 문제가 없는 새로운 마취제가 임상적으로 큰 가치를 지니고 있다는 사실을 알고 있었다.

에테르가 휘발성 유기 액체였으므로 스코틀랜드 의사 제임스 영 심프슨[1]과 동료 두 명은 손에 넣을 수 있는 휘발성 유기 액체를 모두 시험해보기로 했다. 이들의 스크리닝 과정은 간단했다. 시험용 액체가 담긴 병을 열고 증기를 흡입한다. 아무 일도 일어나지 않는다면, '비활성'이라고 표시한다. 바닥에서 눈을 뜨게 된다면, '활성'이라고 표시한다.

물론 이런 스크리닝 절차는 현대의 실험실 안전 기준에 맞지 않는다. 예를 들어, 벤젠은 그 당시에도 쉽게 구할 수 있었던 휘발성 유기 액체이며, 심프슨이 스크리닝한 물질에 포함되어 있었을 게 거의 확실하다. 오늘날 우리는 벤젠이 발암 물질이며, 흡입할 경우 난소나 고환에 장기적 손상을 입힌다는 사실을 알고 있다.

무모한 스크리닝 방법이었지만, 1847년 11월 4일 저녁 심프슨 박사와 두 동료는 클로로폼을 시험했다. 이 물질을 흡입한 세 사람은 기분이 좋고 즐거워지더니 곧 쓰러져 의식을 잃었다. 몇 시간 뒤에 깨어난 심프슨은 '활성' 물질을 찾아냈음을 알았다.

이 발견을 확인하기 위해 심프슨은 조카인 페트리 양이 자신이 보는 앞에서 클로로폼을 흡입하게 했다. 그 소녀는 정신을 잃었다. 다시 깨어난 건 운 좋은 일이었다. 오늘날 우리가 알고 있듯이 클로로폼은 강력한 심혈관계 억제제로, 수술용 마취제로 쓸 경우 사망할 확률이 높기 때문이다. 비록 위험한 일이었지만, 거실에서 화학물질을 하나씩 흡입해봄으로써 심프슨은 19세기의 블록버스터 신약을 발견했다. 오늘날의 제약계에서는 재현할 수 없는 이야기다. 하지만 누가 알겠는가. 1980년대에 나는 폭스바겐 소형버스 뒤에서 신약을 발견하려고 애를 쓴 적이 있었다.

내가 알록달록한 환각을 보는 실험에—사실 연녹색 폭스바겐 버스 뒤에서 뭔지 모를 약에 빠져 있을 이유가 달리 뭐가 있을까—빠져 있었다고 생각한다면, 틀렸다. 내 첫 번째 직업은 항생제를 찾는 회사의 신약 사냥꾼이었다. 새로운 항생제를 찾는 보편적인 방법은 흙에서 사는 미생물을 스크리닝하는 것이다. 나는 항상 학문적인 보상, 그리고 상업적인 보상을 감추고 있을지 모르는 새로운 흙을 찾아 눈을 번득이고 있었다. 말 그대로 노다지를 찾고 있었던 것이다.

어느 주말, 나는 델마바 반도의 체서피크 만 쪽에서 흙 표본을 스크리닝하러 가겠다고 자원했다. 그리고 '이동식 실험실', 즉 싱크대와 분젠 버너를 갖춘 소형 버스를 타고 갔다. 우리 회사가 얼마 전에 모노박탐이라는 새로운 항생물질을 발견했던 터라 이동식 실험실에는 '모노박밴'이라는 이름을 붙였다.

나는 해변에서 일광욕을 할 수 있게 해준다는 구실로 어찌어찌 아내를 끌어들여서 함께 갔다. 하지만 구불구불한 시골 바닷가를 따라 운전하는 일을 아내에게 시킨 뒤 나는 뒤쪽에 웅크리고 있다가 갑자기 차를 멈추게 하고는 뛰어나가 흙을 퍼담아 오곤 했다. 운전을 하거나 체서피크의 축축하고 냄새나는 흙을 퍼담고 있지 않을 때면 나는 채집한 흙을 희석해서 페트리 접시에 던져놓았다. 아내는 기분이 별로였다. 우리 둘 다 주말을 망쳤다. 월요일에 실험실에 가서 표본을 시험했는데, 전부 비활성이었다. 아내는 결혼 생활도 비활성이 되기를 원하지 않는다면 다음 여행에는 일광욕이 훨씬 더 많아야 하고 스크리닝 작업은 전혀 없어야 한다고 통보했다.

내가 신약 사냥꾼이라는 사실을 들은 사람은 보통 다음 세 가지 중 하나를 묻는다. 대강 이런 내용이다.

내가 먹는 약은 왜 그렇게 비싸죠?

내가 먹는 약에는 왜 그렇게 불쾌한 부작용이 있죠?

나나 내가 사랑하는 사람이 겪는 병을 치료하는 약은 왜 없죠?

내가 이 책을 쓴 데는 이런 질문에 답하기 위해서라는 이유도 있다. 그리고 사실 세 질문에 대한 답은 신약 사냥이—적어도 지금까지는—괴로울 정도로 어렵다는 사실과 관련되어 있다. 현대의 신약 개발 방법이 결정적인 지점에서 네안데르탈인이 황야를 배회하던 때와 마찬가지로 시행착오를 이용한 스크리닝에 의존하고 있기 때문이다. 우리는 아직 그토록 갈망하는 유익한 분자를 합리적인 방법으로 찾을 수 있게 해주는 이론이나 원리를 손에 쥘 수 있을 정도로 인간의 몸에 관해 충분히 알고 있지 않다.

그러나 이 책을 쓰기 시작하면서 나는 인간의 건강, 과학의 한계, 용기의 가치, 창조성, 직관적인 위험 감수에 관해 공유해야 할 훨씬 더 심오한 교훈이 있다는 사실을 깨달았다. 이제부터 이어질 장에서 나는 우리 인류가 석기시대의 선조부터 오늘날의 대형 제약회사에 이르기까지 약을 찾아 헤매온 여정을 훑으며 무한에 가까운 화학물질의 도서관 어딘가에 눈에 띄지 않게 숨어 있는 치료제를 찾는 과정을 열거할 것이다. 과학자가 아닌 독자도 쉽게 이해할 수 있도록 쓰려고 노력했으며, 더 전문적인 소견은 본문의 흐름에 딱히 어울리지 않는 흥미로운 세부 내용과 일화와 함께 책 말미의 주석에 넣었다. 나는 직관과 혁신, 인내심, 그리고 대단한 행운 덕분에 변론서를 찾아낸 뛰어난 여러 인물의 이야기를 통해 이 대단한 모험에 대해 설명할 것이다. 그 과정에서 우리가 앞으로 잘 살아가는 데 필요한 교훈을 찾아내려 할 것이다. 역사상 가장 성공적이었던 신약 사냥꾼이 세상을 바꾼 약을 찾아낼 수 있었던 비결은 무엇일까? 그리고 우리는, 개인으로서나 사회 전체로서, 가장 필요한 약을 찾아낼 확률을 높이기 위해서 무엇을 해야 할까?

이런 커다란 목표에 덧붙여, 나는 이 책에 좀 더 개인적이고 소박한 목적이 있음을 고백한다. 애초에 책상에 앉아 글을 쓰게 된 원래 이유인데, 전문적인 신약 사냥꾼의 삶이란 어떤 것인지를 꾸밈없이 독자 여러분과 공유하고자 한다.

1장

너무 쉬워서 원시인도 할 줄 안다?

믿기 어려운 신약 사냥의 기원

"전능하신 하나님께서 아픔을 덜어주기 위해
인간에게 내려주신 치료제 중에서
아편만큼 만능이며 효능이 뛰어난 건 없다."
_토머스 시드넘, 17세기 영국의 의사

선사시대의 우리 조상은 온갖 터무니없는 초자연적인 믿음을 갖고 있었다. 적의 창끝으로부터 몸을 숨겨주는 약을 꽃으로 만들 수 있다고 믿었고, 나뭇가지를 가루로 만들어 흡입하면 옆 사람의 생각을 들을 수 있다고 생각했다. 또한, 뒤엉킨 뿌리로 만든 냄새 고약한 약으로 병을 치료할 수 있다고도 믿었다. 말이 안 되기로는 모두 마찬가지다.

오늘날 우리는 화학물질이 사람을 투명하게 만들거나 텔레파시를 가능하게 해준다는 게 얼토당토않은 소리임을 알고 있다. 하지만 치료 효과가 있는 약을 자연에서 찾을 수 있다는 말에는 전혀 놀라지 않는다. 사실 우리는 대자연이 주는 풍부한 약물을 당연하게 여긴다. 그런데 왜 식물로 치료할 수 있다는 생각은 식물로 텔레파시를 할 수 있다는 생각보다 덜 어처구니없게 들리는 걸까? 잠깐만 생각해보자. 도대체 더러운 늪지대에서 찾은 자극적인 나무껍질의 즙이 호모 사피엔스의 관절염을 완화하거나 소화를 촉진하거나 혈압을 낮추는 힘을 갖고 있을 이유가 뭘까?

이 세상이 인류에게 이롭게 만들어진 게 분명하다고 생각한다면, 마음씨 좋은 신이 선택받은 우리 인간에게 주기 위해 지구의 모든 동식물을 만들었다고 생각한다면, 버드나무 수액이 두통을 누그러뜨리고 디기탈리스 이파리가 심장병을 완화하는 게 신의 뜻이라고 믿을 수 있을지도 모른다. 그러나 우리가 진화생물학의 원칙을 믿는다면, 인간 이외의 종이 만드는 수많은 화합물이 우리에게 유익한 효과를 낸다는 사실은 훨씬 더 놀랍다. 신비롭기조차 하다.

초기 인류가 대자연의 이파리 수북한 선반을 샅샅이 뒤지게 한 충동이 무적의 가루나 투시력 약물을 찾아 헤매게 한 충동과 똑같은 것인지는 확실히 알 수 없다. 하지만 가장 초기의 인류조차도 어째서인지 외치의 기생충 약처럼 효과적인 약을 골라냈다는 사실은 알고 있다.

식물에서 나온 물질이 기생충이나 심지어는 세균을 죽일 수도 있다고 상상하는 건 그리 어렵지 않다. 어쨌든 많은 생물은 외부의 침입으로부터 자신을 보호하기 위해 독성 물질을 만든다. 하지만 고통을 완화하거나 여드름을 치료하는 식물은 도대체 뭘까? 아니면, 더 특이하게, 우리의 기분을 좋게 하거나 의식을 확장하는 식물은 뭘까? 동네 월그린(미국의 약국 체인 – 역자)에 사탕처럼 알록달록한 알약과 시럽이 수북이 쌓여 있는 것에 익숙한 우리 현대인으로서는 유기약품이 진정 얼마나 있을 법하지 않고 기묘한지 이해하기 어렵다. 그런데 만약 내가 먹으면 물속에서 숨을 쉴 수 있는 열매가 있다고 말한다면 어떨까? 물론 그런 건 없다. 하지만 식물계가 식물 안에서 작용하는 방식과 전혀 상관없는 방식으로 우리 동물의 몸에 유익한 작용을 하는 화합물을 만들어낸다는 사실에 관해서도 우리는 똑같이 의심하고 놀라워해야 한다.

지식수준이 신화와 마법을 벗어나지 못했음에도 선사시대의 우리 조상은 어찌어찌 자연에서 나오는 치료제를 찾아내 이용했다. 놀랍게도, 석기시대의 약 몇몇은 오랜 세월에 걸친 시험을 이겨내고 오늘날까지 널리 쓰이고 있다. 아편이 그중 하나다. 인류가 가장 오랫동안 써온 약 중 하나인 아편의 역사를 추적하다 보면 자연히 생기는 약이 얼마나 당황스러운 존재인지 알 수 있다. 또 약을 찾아다녔던 우리 인류의 유구한 여정을 소개하는 데도 도움이 된다.

알코올을 음료수라고 치부한다면[2], 가장 오래된 약은 서구 문명권의 거의 모든 사람이 살면서 한 번쯤은 사용하는 것이다. 바로 양귀비다. 퍼코셋(마약성 진통제 – 역자), 모르핀, 코데인, 옥시코돈, 그리고 (당연히) 헤로인은 모두 양귀비, 소아시아 지역에서 흔히 자라는 꽃이 예쁜 야생 식물에서 나온다. 아편은 양귀비의 활성 성분이다.[3] 아편이 그토록 오랫동안 쓰인 이유 중 하나는 구하기가 매우 쉽다는 것이다. 덜 익은 양귀비 열매에 흠집을 내면 즙이 나오는데, 이 즙을 모아서 말린 뒤 가루로 만든다. 그러면 짜잔! 순수한 아편이 된다.

기원전 3400년경의 수메르인도 아편을 이용했으며, 이를 '훌 길'

양귀비

이라고 불렀다. '기분 좋은 식물'이라는 뜻이다. 수메르인은 아편의 기분 좋은 효과를 아시리아인에게 전달했다. 이는 바빌로니아인에게 이어졌으며, 다시 이집트인에게 흘러갔다. 양귀비즙에 관한 최초의 기록은 기원전 3세기 그리스 철학자 테오프라스토스의 글에 등장한다. 아편opium이라는 단어는 '즙'을 뜻하는 그리스어 opion에서 나왔다. 훗날 아라비아 상인이 아편을 아시아에 소개했는데, 그곳에서는 폭발적인 설사가 특징으로 종종 목숨도 위협하는 질병인 이질의 치료제로 쓰였다. 아편은 환각 효과뿐 아니라 변비를 유발하는 효과도 크다.

아편을 의약품으로 쓰기 어렵게 하는 가장 큰 단점은 물에 대한 용해성이 낮다는 것이다. 4000년 동안 변함없이 물을 이용하는 간단한 방법으로 아편을 조제해온 끝에 중세시대에 이르러 여러 의사가 좀 더 효과적인 조제법을 만들려고 시도했다. 이들은 신약 사냥꾼의 초창기 유형 중 하나인 '조제사'를 대표한다. 이미 알려진 약을 새로운 방법으로 조제하려고 노력하는 사람이다. 조제사는 근대 과학 이전의 화학에 대한 조악한 지식, 연금술이라는 유사과학, 때로는 활성 성분만큼 비활성 성분이 많이 들어가는 새로운 조합법을 개발하기 위한 무분별한 실험에 의존해 일했다.

16세기의 식물학자 겸 의사였던 파라켈수스는 당시 최고 수준의 신약 사냥꾼 조제사였다. 그는 아편을 알코올에 녹이는 기발한 방식을 개발했다. 이 아편제는 로드넘이라고 불렸으며, 파라켈수스 자신은 그 효과에 매혹된 나머지 '불멸의 돌'이라고 불렀다. 파라켈수스가 알코올에 녹여 만든 아편제는 20세기 후반에 이를 때까지 쓰이고 있었으니 제약계에서는 불멸의 존재에 가까웠던 셈이다.

알코올을 이용해 만든 또 다른 아편제로 파레고리크가 있다. 18세기 네덜란드 레이덴대학교의 화학 교수 러 모르트가 처음 조제한 파레고리크는 빅토리아 시대의 소설을 읽는 독자라면 익숙할 것이다. 여주인공이 극적인 상황, 예를 들어 잘생긴 젊은 남작에게 거절당한 뒤에 지친 신경을 가라앉히기 위해 파레고리크를 쓰는 장면이 자주 나오기 때문이다. 사실 파레고리크라는 단어는 '진정시킨다'는 뜻의 그리스 단어에서 유래했다.

18세기의 또 다른 아편제인 도버산Dover's Powder[4]은 1732년 토머스 도버가 만들었다. 많은 과학자는 토머스 도버를 초기의 약학자로 알고 있지만, 도버는 다른 모험으로 대중에게 유명해졌다. 케임브리지 대학교에서 의학을 공부한 뒤 영국의 항구 도시 도버에 정착했는데, 50세 때 사략선에 타고 남태평양으로 모험을 떠났다. 원정대는 1709년 칠레 연안에 있는 무인도에 상륙했고, 도버와 동료들은 그 섬이 무인도가 아니라는 사실을 알게 되었다. 4년 전에 난파선에서 홀로 살아남은 알렉산더 셀커크가 그곳에서 살고 있었던 것이다. 영국으로 돌아온 셀커크는 유명인사가 되었다. 대니얼 디포는 이 극적인 이야기에서 영감을 받아 《로빈슨 크루소》를 썼다. 영국에 돌아온 도버는 도버산을 발명했다. 도버산은 아편과 한때 감기약의 성분이었던 토근이 같은 양만큼 들어 있는 거친 회색 알갱이였다. '얼마 전에 셀커크를 구조한 사람'으로 새로 얻은 명성이 새로운 약을 판매하는 데 나쁠 게 없었음은 물론이다.

대니얼 디포의 《로빈슨 크루소》에 영감을 준 알렉산더 셀커크의 동상

아편 자체는 사실 페난트렌(모르핀과 코데인 같은 진통제가 여기에 포함된다)과 벤질이소퀴놀린(혈관 경련 치료에 쓰였던 약인 파파베린이 여기에 포함된다) 같은 여러 다른 활성 물질의 복잡한 혼합물이다. 예를 들어, 물에 녹이는 고대의 방법

프리드리히 제르튀르너

을 써서 조제한 아편제에는 10퍼센트의 모르핀, 0.5퍼센트의 코데인, 0.2퍼센트의 테바인(그 자체로는 임상적으로 유용하지 않지만, 옥시코돈 같은 다른 아편유사제를 합성하기 위한 출발점이 되는 아편유사제)이 들어 있다. 1826년 독일의 젊은 약사 프리드리히 제르튀르너는 처음으로 아편에서 순수한 활성 성분을 분리해낸 연구자가 되었다. 제르튀르너는 이 물질에 그리스 신화의 꿈의 신 모르페우스에서 따온 '모르핀'이라는 이름을 붙이며, 아편제의 새로운 시대를 알렸다. 그리고 남용의 새로운 시대도.

제르튀르너가 만든 모르핀은 1827년 독일 다름슈타트에 있는 천사약국Engel-Apotheke에서 상업적으로 생산되기 시작했다. 천사약국의 주인은 엠마뉴엘 머크로, 1668년에 독일 약국을 세운 프리드리히 야콥 머크의 후손이었다. 천사약국은 급속히 성장했고, 결국 제약회사 머크가 되었다. 머크의 빠른 성장은 모르핀 판매 덕분이었다. 머크는 처음으로 아편보다 뛰어난 대체재로 모르핀을 내세워 일반 대중에게 판매했고, 곧 모르핀 중독은 아편 중독보다 흔한 일이 되었다.

1897년 독일 바이엘의 연구진은 새로운 화학적 합성 기법을 이용해 모르핀을 변화시킨 새로운 물질을 만들었다. 이 물질을 '헤로인heroin'이라고 불렀는데, 질병을 치료하는 데 영웅hero적인 효과를 내라는 기대에서 지은 이름이었다. 오늘날 우리는 헤로인이 영웅적이기는 커녕 단 한 가지 병도 치료하지 못한다는 사실을 알고 있다. 그런데도 바이엘은 처음에 헤로인을 기침 억제제로, 그리고 어처구니없게도 '모르핀 중독을 치료하는 중독성 없는 약'으로 일단 대중에게 직접 판매했다. 19세기에 시어스로벅(미국의 소매잡화점 체인 – 역자)에서 만든 카탈로그에는 간편한 헤로인 키트도 실려 있었다. 주사기 하나, 바늘 두 개, 바이엘사의 헤로인 두 병, 그리고 휴대용 가방. 전부 다 해서 1.5달러였다.

마침내 인체가 대사 과정에서 헤로인이 모르핀을 포함한 몇 가지 더 작은 물질로 분해된다는 사실이 밝혀지면서, 헤로인이 모르핀 중독의 치료제가 아니라는 사실이 드러났다. 그러나 헤로인이 모르핀으로 분해된다는 사실에도 불구하고, 두 화합물 사이에는 중요한 차이점이 있다. 모르핀과 비교하면 헤로인이 정신을 훨씬 강하게 자극해서 더욱 강렬한 도취감을 느끼게 하며, 그에 따라 중독성도 훨씬 강하다. 모르핀 중독자는 금단증상이 나타나지 않게 하려고 약을 먹는다. 반면, 헤로인 상습복용자는 더없이 큰 쾌감을 느끼며 모든 나쁜 일을 잊기 위해 약을 먹는다. 하지만 그건 잠깐일 뿐이다. 약효가 떨어지면 그 모든 게 이전보다 더 나빠진 채로 돌아온다. 오히려 아편 중독을 악화시켰다는 사실이 분명해지자 바이엘은 언론의 성난 공격을 받았다. 대중홍보 측면에서 현대 제약산업이 겪은 최초의 재앙으로 남아 있다.

아편이 어떻게 고통을 덜어주는지는 수 세기 동안 과학계가 풀지 못한 어려운 문제였다. 양귀비가 인간의 기침을 억제하거나 중독을 일으키도록 진화한 것이 아니라는 건 분명했다. 신경과학 연구가 나타났던 1970년대에도 왜 중앙아시아의 풀 하나가 우리 뇌에 그렇게 강력한 힘을 발휘하는지는 알 수 없는 수수께끼로 남아 있었다. 마침내 스코틀랜드 애버딘대학교와 볼티모어의 존스홉킨스대학교에서 독자적으로 연구하던 두 연구진이 1975년에 이 신경화학계의 수수께끼를 풀었다.

이들은 아편이 엔도르핀 수용체라고 하는 특별한 수용체에 작용한다는 사실을 알아냈다. 이 수용체를 발견한 사람 중 한 명인 에릭 사이먼이 '엔도르핀'이라는 단어를 만들었다. '엔도제너스 모르핀(내인성 모르핀)'의 줄임말로, '체내에서 자연스럽게 만들어진 모르핀'이라는 뜻이다. 엔도르핀은 뇌하수체와 시상하부에서 자연스럽게 생기는 호르몬으로, 행복감을 느끼게 하고 고통스러운 감각을 줄여준다. 엔도르핀은 엔도르핀 수용체에 결합함으로써 효과를 발휘한다. 인간에게는 9가지 엔도르핀 수용체가 있다. 그리고 각각의 아편 성분은 특정 수용체와 결합한다. 수용체가 활성화되는 독특한 패턴이 각 성분의—도취, 통각 상실, 진정 같은—생리학적 효과를 결정한다. 아편 성분이 특정 엔도르핀 수용체와 결합하면, 수용체는 다른 분자를 생산하도록 명령하는 뉴런에 신호를 보내고, 이 분자가 다시 뇌에서 도취감이나 통각 상실을 일으키는 회로를 작동시킨다.

아편이 인간의 신경계에 작용하는 방식이 마침내 밝혀졌지만, 오래된 의문은 그대로였다. 뇌에 영향을 끼치는 물질이 도대체 왜 꽃 안에서 생기는 걸까? 오늘날의 과학자는 상당히 그럴듯한 답을 알고 있다. 오랜 세월에 걸쳐 식물은 대부분 곤충이나 동물에게 먹히지 않기 위해 다양한 독성 물질을 만들도록 진화했다. 반대로 동물과 곤충은 간의 효소로 독을 약화하거나 독이 중앙 신경계로 들어가지 못하게 막으려고 혈액뇌장벽을 만드는 등 그런 독으로부터 몸을 보호하기 위한 대응책을 갖도록 진화했다. 식물에서 나오는 화합물은 식물계와 동물계의 가차 없는 무기 경쟁의 산물이다. 이 생물학적 데스매치는 아직도 진행 중이다. 과학자들은 양귀비가 아편을 만드는 생화학적 경로가 원래는 곤충을 물리치는 신경독을 만들기 위해 진화했다고 추측한다.

식물이 만들어내는 이런 아편은 언제나 2등급 독성 물질이었다. 물론 딱정벌레와 굼벵이의 행동을 바꿀 수는 있었다. 그러나 다른 식물은 근육 경련을 일으켜 결국 질식사하게 만드는 독인 스트리크닌처럼 훨씬 더 효과가 뛰어난 독을 만든다. 그럼에도 아편의 독성은 양귀비가 자신을 갉아 먹는 벌레를 물리치고 21세기까지 생존할 수 있을 정도로 충분했다.

양귀비가 독성 물질에 민감한 해로운 곤충에게 해를 끼치는 수단으로 아편을 진화시키는 동안 포유류는 완전히 별개의 진화 경로를 따라 뉴런에 통증을 차단하는—그러면서 우연히 아편 성분에 반응하는—수용체를 진화시키고 있었다. 따라서 양귀비가 아편을 만드는 식물학적·화학적 시스템은 포유류가 아편에 반응하는 시스템과 아무런 상관이 없었다. 적나라한 확률 통계 용어로 이야기하자면, 식물의 조악한 곤충 퇴치제로 진화한 분자 구조가 포유류의 정교한 두뇌 안에서 고통을 조절할 수도 있다는 건 거의 있을 법하지 않은 일이다. 어째서

인지 대자연이 바벨의 약품 도서관에서 화학물질 하나를 꺼내 전혀 다른 두 가지 일을 하게 만든 모양이다.

과거 언젠가 즐길 줄 알았던 우리의 신석기시대 조상들은 우유 같은 양귀비즙의 기분 좋은 효과를 우연히 알게 됐고, 가장 도취감이 뛰어난 양귀비 씨앗을 선별하기 시작했다. 그렇게 수천 년 동안 선별한 결과 현대의 양귀비 변종은 우리 조상이 중앙아시아의 초원 지대에서 발견했던 원래 종과 비교하면 미친 듯이 돌아가는 아편 공장이라고 할 수 있다. 연구 결과, 불과 몇 세대만 선택 교배를 해도 약으로 쓸 수 있는 식물 성분의 효능을 극적으로 끌어올릴 수 있다. 대마초가 그런 사례다. 현대 대마초의 향정신성 효과는 활성 성분인 THC의 농도로 측정했을 때 1969년 우드스톡 페스티벌에서 피웠던 대마초의 일곱 배에 달한다.

아편이 우리 뇌에 끼치는 효과의 무작위성은 식물의 거의 모든 성분이 먹었을 때 인간에게 아무런 유익한 효과가 없다는 사실을 보면 잘 알 수 있다. 아무렇게나 고른 이파리나 뿌리나 열매를 먹는다면, 대부분 탈이 난다. 30만 가지의 식물 종 중 오직 5퍼센트만이 먹을 수 있다. 전 세계 식량의 75퍼센트는 식물 12종과 동물 5종에서 나온다. 그럼에도 선사시대의 신약 사냥꾼은 식물에서 인류 역사상 가장 널리 쓰인 약이 된 마약성 물질이라는 형태의 변론서를 발견했던 것이다. 2011년 1억 3000만 개 이상의 처방전이 코데인에서 유래한 아편유사제인 바이코딘 하나를 처방하는 데 쓰였다. 그해 가장 많이 처방된 약이었다.

아편제가 상업적으로 엄청난 성공을 거뒀지만, 대자연이 만든 아편을 넘어서는 합성 물질을 찾아내는 신약 사냥꾼에게는 그보다 훨씬 더 큰 이익이 기다리고 있다. 이상적인 진통제는 (1) 중독성이 없어야 하며, (2) 진정 작용이 없어야 하고, (3) 가장 극심한 고통도 완화할 수 있어야 한다. 아편이 손에 넣을 수 있는 가장 뛰어난 진통제지만, 정신적으로나 생리적으로 중독성이 있다. 또한 졸음과 변비를 유발하고, 아주 많은 양을 사용하지 않아도 호흡을 멈춰 사망에 이르게 할 수 있다. 그와 비교해, 아스피린이나 이부프로펜 같은 NSAID(비스테로이드성 항염증) 진통제는 중독성이 있거나 진정 작용을 하지 않으며, 사망할 위험이 거의 없다. 그런 면에서 좀 더 나은 건 사실이지만, 심하거나 참기 어려운 통증에는 도움이 되지 않는다.

내가 와이어스에서 일할 때 더 나은 진통제를 개발하는 연구진이 있었다. 그건 모든 대형 제약회사가 공통으로 지닌 임무였다. 이런 계획은 대부분 고통스러운 자극을 전달하는 뉴런의 특정 이온 통로를 차단하는 데 초점을 맞춘다. 와이어스에서 일할 때 가장 흥미로웠던 일련의 의문은 선천성 무통각증CIP으로 고통받고 있던 매혹적이면서 불행한 환자 집단으로부터 나왔다. 이 증상은 Nav1.7이라는 뉴런의 전압 개폐 소듐(나트륨) 통로를 만드는 유전자의 돌연변이에 의해 생긴다. 이 이온 통로가 없으면 사람은 고통을 느끼지 못한다. 좋은 것처럼 들릴지 모르겠지만, 고통이라는 감각이 없으면 사람은 평범한 행동을 하다가 다치기 쉽다. 끓는 물에 손을 넣는다거나 발등에 벽돌을 떨어뜨려도 베개에 머리를 얹는 것과 느낌이 거의 다르지 않을 것이다. 개발도상국에서 CIP, 즉 선천성 무통각증이 있는 사람은 보통 오래 살지 못한다. 서양에서는 부주의하게 다치지 않도록 24시간 내내 돌봐줄 여력이 있는 가정에서 종종 성인이 될 때까지 생존하곤 한다.

그때 우리는 Nav1.7 이온 통로의 돌연변이가 발휘하는 효과를 흉내 내면 사람을 쇠약하게 만드는 그 어떤 고통도 정복할 수 있는 약을 만들 수 있을지 모르겠다고 생각했다. 신약 사냥이란 게 원래 그렇듯이, 말이 쉽지 실제로 하는 건 어렵다. 와이어스의 진통제 연구진은 수천 시간의 노동과 수백만 달러를 이 계획에 쏟아부었다. 수십 년이 지났지만, Nav1.7 이온 통로 계획은 아직 FDA 승인을 받은 약을 단 한 개도 만들어내지 못했으며, 중독성 없고, 진정 작용이 없고, 효과가 강력한 진통제를 만들겠다는 꿈은 여전히 꿈으로 남아 있다. 내가 이 글을 쓰는 지금도 최고의 진통제는 여전히 가장 오래된 진통제다.

양귀비 속에 매우 뛰어난 진통제가 들어 있는 건 순전한 운이다. 그러나 아무리 열렬한 과학 신봉자라고 해도 인간의 고통을 가장 효과적으로 누그러뜨리는 물질이 작고 기분 좋게 생긴 꽃의 부드러운 꽃잎 아래에 있다는 사실이 합당하게 느껴지는 건 어쩔 수 없을 것이다.

2장

말라리아를 치료한 기적의 가루

식물의 시대

"이 식물은 맵고, 치유 능력이 대단히 뛰어나다….
갓 짜낸 식물의 즙과 꿀, 와인을 섞은 음료는
우울증을 물리치고, 눈앞을 선명하게 해주며, 심장과 폐의 힘을 키워주고,
위장을 따뜻하게 해주며, 창자를 깨끗하게 해줄 뿐 아니라
장운동을 규칙적으로 하게 해준다."

_힐데가르트 폰 빙엔이 쓴쑥에 대해 남긴 기록, 《피지카*Physica*》, 1125년경

예로부터 의사는 뚜렷하게 구분되는 두 종류로 나눌 수 있다. 1차 진료를 담당하거나 뇌수술을 하는 개업의는 환자에게 효과적인 치료를 제공한다. 그리고 반대로 여러 사람을 이롭게 하기 위해 새로운 의학적 발견을 추구하는 연구의가 있다. 오늘날 의학 연구자의 대부분은 의사 겸 분자생물학자다. 보통 이런 의과학자가 유전체학의 영역에서 새로운 치료법을 찾는다. 그러나 어두침침하고 고색창연한 르네상스 시대로 돌아가면 의학 연구자의 가장 흔한 유형은 의사 겸 식물학자였다. 왜 그럴까? 새로운 약은 사실상 모두 녹색의 식물계에서 나왔기 때문이다.

인류 문명의 첫 1만 년 동안 약학은 본질적으로 식물학의 특수한 분야였다. 신약 사냥에 있어 이 시기를 '식물의 시대'라고 불러야 할지

우리 조상은 치료 효과가 있는 약을 자연에서 찾았다.

도 모르겠다. 꽃, 뿌리, 씨앗, 껍질, 즙, 이끼, 해초 등 식물 세상의 온갖 잡다한 재료는 신이 만든 약물로 취급받았으며, 채집해서 껍질을 벗기거나 갈고, 끓여서 유익한 약물을 만드는 데 쓰였다. (실제로 영어 단어 'drug'는 말린 약초를 뜻하는 고대 프랑스어 'drogue'에서 유래했다) 새로운 통증 완화제를 찾으려면 인간의 질병과 식물에 모두 통달해야 했다. 따라서 역사의 시작 이래 거의 모든 약의 발견은 의사 겸 식물학자에 의해 이루어졌다. 초창기의 새로운 약초 사냥꾼 중에서 가장 존경받는 사람은 발레리우스 코르두스라는 이름의 천재 독일인일 것이다.

1515년 독일 헤세에서 태어난 코르두스는 의사의 아들이자 약제사의 조카였다. 약제사 삼촌은 어린 코르두스를 데리고 독일 북부의 야생으로 신약 사냥 여행을 떠났다. 그곳에서 약초를 채집하며 코르두스에게 자연의 하사품을 증류해 물약과 연고로 만드는 비밀 기술을 전수했다. 코르두스는 대부분의 약제사가 연금술에 빠져 있던 시대에 태어났다. 사랑의 묘약이 사타구니 발진에 쓰는 가루약만큼이나 흔하던 시절이었다. 그러나 학문의 도시 비텐베르크에서 대학교에 다니면서 코르두스는 미신이나 예언에 흥미를 잃었다. 그 대신 약제 기술이 신중한 관찰과 확인할 수 있는 결과로만 이루어져야 한다고 주장했다.

아직 대학원생이었을 때 코르두스는 고대 그리스의 유명한 약제사 디오스코리데스에 관한 뛰어난 강의를 시작했다. 디오스코리데스는 50년경에 살았던 의사 겸 식물학자로, 《약물론*De Materia Medica*》이라는 약초 의학에 관한 다섯 권짜리 백과사전을 집필했다. 이 방대한 약전은 약용 물질에 관해 고대 세계가 알고 있었던 모든 것을 담고 있다. 여기서 설명하는 약의 종류는 거의 1만 개나 된다. 디오스코리데스가 쓴 이 책은 1500년 이상 유럽 의사의 처방 지침서였다. 놀라울 정도로 오랫동안 그런 위치에 있었는데, 그건 약물론이 정확하거나 명확했기 때문이라기보다는 진지하게 개선하려는 시도를 아무도 하지 않아서였다.

디오스코리데스에 관한 코르두스의 강의는 반응이 매우 좋아서 교수가 들으러 오기도 했다. 당시에는 드문 일이었으며, 코르두스가 십대를 갓 벗어난 나이였다는 점을 생각하면 더욱 인상적이다. 코르두스는 약물론을 찬양하면서도, 동시에 유럽인이 낡은 골동품에서 벗어나 스스로 현대적인 지침서를 개발할 때가 되었다고 주장했다. 이 새로운

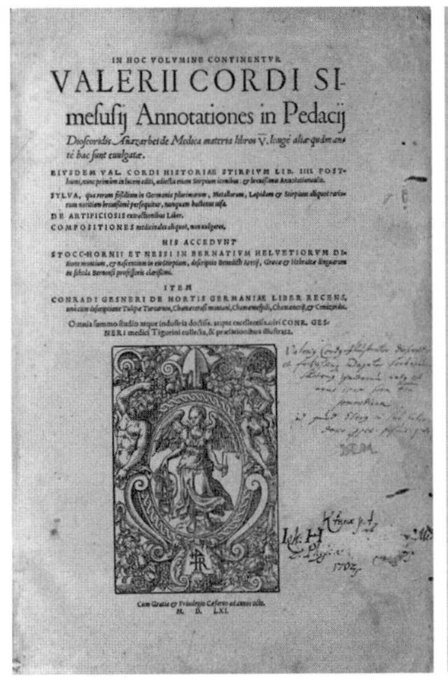

IN HOC VOLVMINE CONTINENTVR

VALERII CORDI SImesusij Annotationes in Pedacij

Dioscoridis Anazarbei de Medica materia libros V. longè aliæ quàm ante hac sunt euulgatæ.

EIVSDEM VAL. CORDI HISTORIAE STIRPIVM LIB. IIII. POSTHumi, nunc primùm in lucem editi, adiectis etiam Stirpium iconibus: & breuissimis Annotatiunculis.

SYLVA, quæ rerum fossilium in Germania plurimarum, Metallorum, Lapidum & Stirpium aliquot rariorum notitiam breuissimè persequitur, nunquam hactenus uisa.

DE ARTIFICIOSIS extractionibus Liber.

COMPOSITIONES medicinales aliquot, non uulgares.

HIS ACCEDVNT

STOCC-HORNII ET NESSI IN BERNATIVM HELVETIORVM DItione montium, & nascentium in eis Stirpium, descriptio Benedicti Aretij, Græcæ & Hebraicæ linguarum in schola Bernensi professoris clarissimi.

ITEM

CONRADI GESNERI DE HORTIS GERMANIAE LIBER RECENS, unà cum descriptione Tulipæ Turcarum, Chamæcerasi montani, Chamæmespili, Chamæneri, & Conizoidis.

Omnia summo studio atque industria doctiss. atque excellentiss. uiri CONR. GESNERI medici Tigurini collecta, & præfationibus illustrata.

Cum Gratia & Priuilegio Cæsareo ad annos sex.

M. D. LXI.

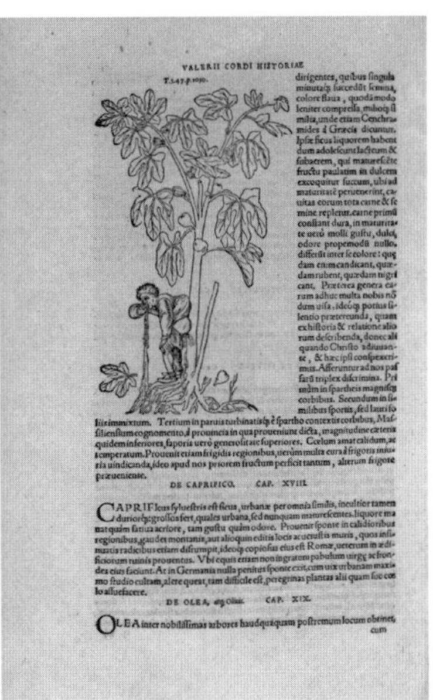

VALERII CORDI HISTORIAE

T.1.47.p.1010.

dirigentes, quibus singula minutaque succedũt semina, colore flaua, quodã modo leniter compressa, milioque si milia, unde etiam Cenchramides à Græcis dicuntur. Ipsæ ficus liquorem habent dum adolescunt lacteum & subacrem, qui maturescẽte fructu paulatim in dulcem excoquitur succum, ubi ad maturitatẽ peruenerint, cauitas eorum tota carne & semine repletur. carne primũ constant dura, in maturitate uerò molli gustu, dulci, odore propemodũ nullo. differũt inter se colore: quędam enim candicant, quædam rubent, quædam nigricant. Præterea genera earum adhuc multa nobis nõdum uisa, ideóque potius silentio prætereunda, quam ex historia & relatione aliorum describenda, donec aliquando Christo adiuuante, & hæc ipsi conspexerimus. Afferuntur ad nos passarũ triplex discrimina. Primùm in spartheis magnisque corbibus. Secundum in similibus sportis, sed lauri foliis immixtum. Tertium in paruis turbinatisque è spartho contextis corbibus, Massiliensium cognomento, à prouincia in qua proueniunt dicta, magnitudine cæteris quidem inferiores, saporis uerò generositate superiores. Cœlum amat calidum, ac temperatum. Prouenit etiam frigidis regionibus, uerùm multa cura à frigoris iniuria uindicanda, ideo apud nos priorem fructum perficit tantum, alterum frigore præueniente.

DE CAPRIFICO. CAP. XVIII.

CAPRIFICUS syluestris est ficus, urbanæ per omnia similis, incultior tamen duriorque: grossos fert, quales urbana, sed nunquam maturescentes. liquore manat quàm satiua acriore, tam gustu quàm odore. Prouenit sponte in calidioribus regionibus, gaudet montanis, aut alioquin editis locis ac uetustis muris, quos insinuatis radicibus etiam disrumpit, ideoque copiosus eius est Romæ, ueterum in ædificiorum ruinis prouentus. Vbi equis etiam non ingratum pabulum uirgę ac frondes eius faciunt. At in Germania nulla penitus sponte exit, cum uix urbanam maximo studio cultam, alere queat, tam difficile est, peregrinas plantas alii quam suo cœlo assuefacere.

DE OLEA, atque Oliuis. CAP. XIX.

OLEA inter nobilissimas arbores haudquaquam postremum locum obtinet, cum

코르두스의 책 본문 중 일부

임무를 수행하기 위해 코르두스는 대학교를 떠난 뒤 두 가지 일에 헌신했다. 새로운 약의 재료가 될 수 있는 새로운 식물을 찾아 세상을 뒤졌고, 전통보다는 증거에 기반을 둔 새로운 약전을 쓰기 시작했다.

1543년 28세라는 젊은 나이에 코르두스는 《조제서 *Dispensatorium*》를 출간했다. 이 기념비적인 저작물은 초자연적이고 신비주의적인 근거를 배제하고 전적으로 식물의 성질과 조제법에 관한 경험적인 지식만 다룬 최초의 중요한 약학 문헌이었다. 미르라, 크로커스, 시나몬, 파이프리스, 쓴쑥, 아라비아검, 창포, 장뇌, 카르다몸, 오이리응애, 시트룰리, 마르가리타룸, 장미, 아니스, 발삼을 비롯해 225개가 넘는 약용

발레리우스 코르두스

식물이 담겨 있었다. 다양한 식물을 세심하게 관찰하고 썼기 때문에 과학적인 식물학에 《조제서》가 기여한 바는 과학적인 약학에 기여한 바 못지않게 중요해졌다. 코르두스의 급진적이고 새로운 약전은 다음 세기에 널리 쓰인 약제 지침서가 되었다.

그러나 코르두스는 약에 관해 이미 알고 있는 내용을 정리하는 데 만족하지 않았다. 새로운 약을 찾는 데도 혈안이 되어 있었다. 삼촌과 함께 떠났던 여행의 영향으로 코르두스는 새로운 식물을 찾아내 점점 늘어나는 약의 목록을 더 늘리기 위해 멀리 떨어진 외지를 향해 항해했다. 그리고 화학 실험도 시작했다. 당시 화학은 아직 과학이라기보다는 초자연적인 연금술에 훨씬 가까운 신생 분야였다. 다시 한번, 코르두스는 세심한 관찰을 통해, 재현할 수 있는 결과만 기록하며 자신을 차별화했다.

코르두스는 대부분의 시간을 신약 사냥꾼으로서 변론서를 찾아 식물 도서관을 뒤지며 보냈다. 그러나 한편으로는 조제사로서, 화학이라는 신생 과학 분야의 기술을 이용해 새로운 약을 만들어내려고 시도했다. 코르두스의 가장 큰 성공은 오늘날 일부 개발도상국에서 아직도 쓰이는 약물인 에테르를 합성한 것이다. 코르두스는 에테르를 '황' 또는 '황산'이라고 불렀는데, 비록 처음 발견한 사람은 아니지만, 처음으로 황산과 에틸알코올을 이용해 충분한 양을 합성했다는 데는 의심의 여지가 없다. 코르두스는 '황산의 신 기름'과 '황산의 달콤한 기름'(후자가 결국 현대의 에테르가 되었다.) 둘 다의 화학적 성질을, 휘발성이 매우 높아 불이 붙으면 폭발하기 쉽다는 유감스러운 경향을 포함하여, 체계적으로 기술했다. 그러나 코르두스의 다른 연구와 마찬가지로 에테르에 관한 연구도 궁극적으로는 치료를 지향하고 있었다. 코르두스는 점액 분비 촉진, 격렬한 기침 억제와 같은 '황산의 달콤한 기름oleum dulce vitrioli'의 의학적 적용에 관해 상세한 논문을 썼다. 에테르에 관해서는 이 약물이 거의 혼자서 현대 제약산업을 일으켜 세운 과정에 대해 다루는 다음 장에서 다시 이야기하겠다.

그러면 르네상스 시대 신약 사냥꾼의 삶은 어땠을까? 안타깝게도, 짧고 비극적인 경우가 많았다. 1544년 여름, 코르두스는 진흙탕 속에서 새로운 변종 식물을 찾아보겠다고 모기로 뒤덮인 피렌체와 피사의 늪지대를 탐사했다. 그리고 채집한 식물을 가지고 로마로 돌아온 뒤 말라리아에 걸려 죽고 말았다. 신약을 찾겠다는 야망의 희생자가 된 것이다. 당시 29세였다. 세상을 떠났을 무렵 코르두스는 적어도 세 가지 과학 분야, 즉 식물학과 화학, 약학의 확립에 직접적인 기여를 했다. 코르두스의 묘비명에는 이런 글귀가 새겨져 있다. "발레리우스 코르두스, 젊은 나이에 자연의 원리와 식물의 힘을 인류에게 설명하다."

콜럼버스의 항해 이후 유럽인이 신대륙을 식민화하기 시작하자 약초 사냥꾼은 외래 식물 탐색 여행의 범위를 지구 반대편에 있는 미지의 땅까지 넓혔다. 가장 중요한 발견은 볼리비아와 페루의 서부 지역

정글에서 찾은 나무의 껍질이다. 지금은 키나Cinchona라고 부르는 나무다. 원주민인 퀘추아족은 말라리아를 막기 위해 이 나무껍질을 끓여서 흙냄새 나고 씁쓸한 차를 만들어 마셨다. 스페인에서 온 정복자들은 재빨리 이 놀라운 나무껍질을 자기 것으로 만들었다. 칼란차라는 이름의 아우구스티누스 교단의 수도사는 1633년 이렇게 썼다. "이 사람들이 '열 나무'라고 부르는 나무는 록사 지방에서 자란다. 이 나무의 껍질은 시나몬 색인데, 가루로 만들어서 작은 은화 두 개 무게만큼을 음료로 섭취하면 열과 삼일열이 낫는다. 리마에서 기적 같은 결과를 보여주었다."

15세기에 삼일열은 간헐적으로 나타났다 사라지는 열을 나타내는 용어였다. 말라리아에 걸렸을 때 가장 흔히 보이는 유형이었다. 말라리아에 걸렸을 때 열이 났다가 사라지는 이유는 병을 일으키는 기생충이 숙주의 적혈구 안에서 동시에 복제하기 때문이다. 한 번 복제가 끝나면, 적혈구가 터지는 동시에 기생충이 밖으로 나와 새로운 혈액 세포를 찾는다. 이 과정에서 터져버린 세포의 화학물질 파편(헤모글로빈이 손상되면서 나오는 독성 물질이다)이 혈류에 흘러들면서 열이 나는 것이다. 기생충이 새로운 적혈구에 침투하고 나면, 열이 내려간다. 그리고 새로운 주기가 시작된다.

어떤 이야기에 따르면, 키나 나무껍질이 1638년 페루 총독의 아내인 안나 델 친촌 백작부인을 치료하는 데 쓰였다고 한다. ('현대 분류학의 아버지'인 카를 린네가 퀴닌quinine이 나오는 식물의 속명을 친촌Chinchón 백작부인의 이름을 따서 지었다. 백작부인이 이 나무껍질로 말라리아가 나은 첫 유럽인 중 한 명이라고 믿었기 때문이다.) 그런 기적 같은 회복의 결과로 1639년 스페인은 키나 나무를 말라리아 치료제로 도입했고, 오랫동안 그 나무껍질은 'los Polvos de al Condesa', 즉 백작부인의 가루라고 불렸

페루 국기. 방패문장 오른쪽 위에 그려진 식물이 약품으로 쓰이는 키나 나무다.

다. 총독이 키나 나무를 상당량 스페인에 가지고 온 것은 사실이다. 하지만 총독의 아내가 '백작부인의 가루'로 치료를 받았는지는 불확실하다. 어쩌면 이 별칭은 총독이 잔뜩 가져온 나무껍질을 많이 팔기 위해 판촉용으로 지어낸 이야기에 불과할지도 모른다.

남아메리카에 있던 예수회 선교사들은 재빨리 키나 나무의 유럽 수입과 유통을 담당하는 주요 단체로 자리 잡았다. 그래서 유럽에서는 '예수회의 껍질'이라고 불리기도 했다. 키나 나무는 곧 페루에서 구세계로 오는 물건 중 가장 가치 있는 상품이 되었다. 그러나 이 신세계의 약에 논란이 전혀 없는 건 아니었다.

교조주의자로 불리던 당시의 전통적인 의사는 고대 의사인 갈렌과 4체액설과 맞지 않는다는 이유로 키나 나무껍질의 치료 효과를 믿지 않았다. 이에 따르면 말라리아는 관장(강제로 장 속을 비움)으로 치료해야 했다. 교조주의자는 관찰과 실험을 통해 의학적 치료를 추구해야 한다고 믿었던 초기 합리주의자인 경험주의자의 반대를 받았다. 이 논쟁은 수십 년 동안 유럽 전역에서 벌어지며 아메리카 대륙의 나무껍

말라리아 치료에 쓰이는 키나

질에 관한 주장과 반박이 폭풍처럼 몰아쳤다. 많은 사기꾼과 장사꾼이 이 불확실한 약제학계의 분위기를 이용했다. 그중 가장 유명한 이는 영국의 약제사였던 로버트 탈보였다.

탈보는 자신만의 말라리아 치료법을 내세웠다. 1672년 《파이레톨로지아, 말라리아의 원인과 치료법에 관한 합리적인 설명》이라는 작은 책을 출간했는데, 과학적으로 보였지만 실제로는 자신의 묘약을 권하는 홍보용 소책자였다. 비록 파이레톨로지아를 처방하는 방법을 아주 자세히 설명해 놓았지만, 성분이라고 써놓은 것은 고작 “네 가지 식물의 조합으로, 두 가지는 외국에서 온 것이며 다른 것은 국산이다”뿐이었다. 탈보는 자신의 치료제를 팔면서 키나 나무껍질을 사용하지 말라고 목소리 높여 경고했다.

증상을 완화한다는 모든 치료법, 특히 예수회의 가루라고 불리는 것을 경계하라고 모든 이에게 조언하는 바이다. 숙련되지 않은 자가 처방하므로 올바르지 않고 제대로 준비하지 않은 약을 먹고 위험한 효과가 일어나는 것을 보았기 때문이다.

탈보는 돈에 눈이 어두운 사람이었다. 다른 의사들이 그 수수께끼의 약에 관한 좀 더 완전한 설명을 내놓으라고 하자 탈보는 성분을 밝히기 전에 자신의 노력에 대한 보상을 받아야 한다고 말했다.

저는 장차 저만의 방법, 그리고 약에 관해 더 자세한 설명을 적은 책을 출판하려고 합니다. 유익한 치료법을 세상에 숨기지 않겠습니다. 하지만 그렇게 뛰어나고 전례가 없는 비밀을 연구하고 찾아내는 데 든 비용과 고생을 보상받을 수 있을 때까지 약간 저 자신을 위한 이익을 취하겠습니다.

결국, 탈보는 파이레톨로지아로 루이 14세의 아들을 치료하면서 원하던 보상을 받았다. 프랑스의 태양왕은 탈보에게 '골드크라운 3000개와 평생 연금'으로 보상했다. 그런데도 탈보는 치료제의 성분을 공개하라는 요청을 자주 받았으면서도 끝내 비밀을 밝히지 않았다. 탈보가 죽고 1년 뒤에[5] 몇몇 약제사가 마침내 파이레톨로지아의 핵심 성분을 밝혀냈다. 키나 나무껍질이었다.

2세기가 지난 1820년에야 프랑스 약제사 두 명이 마침내 키나의 활성 성분을 분리했고, 그 물질에 퀴닌이라는 이름을 붙였다. 이 물질은 인류의 문명을 바꾸어놓을 만한 영향력을 지니고 있었다. 남아메리카와 북아메리카, 아프리카, 그리고 이전에는 너무 위험해서 거주하기 힘들었던 인도 아대륙에 이르기까지 전 세계에 말라리아가 없는 시대를 열었던 것이다. 유럽 식민주의자의 잦은 퀴닌 섭취 습관은 지금까지도 인기 있는 새로운 알코올 칵테일을 낳았다. 바로 진토닉이다. 19세기의 전형적인 영국 제국 관료는 멀리 떨어진 제국의 변경에서 모기장을 두른 채 베란다에 비스듬히 누워 원주민 하인에게 진토닉을 가져오라고 명령한 뒤 조금씩 마시며 해 질 녘 풍경을 즐기곤 했다. 토닉 워터에는 퀴닌이 들어 있지만, 맛이 써서 넘기기가 어려웠다. 그래서 맛을 숨기려고 진을 섞었다. (에틸알코올을 많이 넣어야 맛이 좋아진다면, 퀴닌의 맛이 실제로 얼마나 형편없는지 짐작할 수 있을 것이다.) 게다가 퀴닌은 물에 잘 녹지 않았다. 알코올을 섞어야 더 쉽게 녹일 수 있었다.

퀴닌은 식물의 시대에 마지막으로 발견된 뛰어난 약 중 하나다. 스페인 의사 겸 식물학자 니콜라스 모나르데스는 1574년에 완성한 두툼한 저작에서—영어로는 '새로 발견한 세계에서 나온 즐거운 소식에 관한 세 권의 책'이라는 제목으로 번역되었다—약으로 쓸 수 있는 신세계의 식물을 100가지 이상 설명했다. 이 목록에는 쿠라레, 코카(코카인으로, 원주민은 혈종을 치료하는 데 썼고, 나중에는 유럽에서 의사가 다양한 병에 처방했다), 사사프라스(매독을 포함한 열병에 아주 효과 없는 치료법으로 쓰였다), 측백나무(라틴어로 하면 '생명의 나무'라는 뜻으로 괴혈병을 치료하는 데 쓰였다), 담배(다양한 질병을 치료하는 데 쓰였다), 스네이크루트, 청

미래덩굴, 공작고사리, 접시꽃, 유창목(천연두용), 설사약으로 쓰는 다양한 견과류, 피그트리오브헬fig tree of hell의 기름(설사약), 토근(설사약), 카시아나무, 소합향나무, (아메리칸) 발삼(여러 질병 치료에 쓰였다), 그리고 흰할라파가 있다. 이 목록에서 오늘날 유일하게 과학적인 약물로 쓰이는 건 퀴닌과 쿠라레(특정 수술에서 마취제로 쓰인다), 토근(구토를 일으킨다)이다. 물론 초콜릿을 최음제로 간주할 때도 있지만—그리고 우울할 때 자가치료용으로 이따금씩 쓰이기도 하지만—약사의 선반 위에 올라가지는 않는다.

발레리우스 코르두스의 짧은 삶은 여러 면에서 의학을 향한 여정에서 가장 중대한 전환점을 나타낸다. 코르두스의 경력은 식물의 도서관을 뒤지는 것에서 그다음으로 중요한 약학의 도서관, 즉 합성화학의 도서관을 뒤지는 것으로 이행하는 과정을 잘 보여준다. 늪지대를 너무 열심히 헤집고 다닌 결과 맞이한 비극적인 죽음은 신약 사냥에서 가장 길었던 시대의 끝을 알렸다.

오늘날 식물에서 새로운 약을 발견하는 일은 극도로 드물다. 세계의 풍부한 식물을 너무나 철저하게 채집해서 살펴보고 조사했기 때문이다. 예를 들어, 1990년대에 나는 시안아미드라는 제약회사에서 일하고 있었는데, 개발팀에서 새로운 자연 의약품을 찾아내겠다는 희망을 갖고 전 세계의 외래 식물을 뒤지기로 했다. 그러려면 식물학 전문가와 함께 일해야 했다. 그러나 20세기 말에 식물학은 미국의 대학교에서 그다지 열의를 갖고 연구하지 않는 비인기 학과가 되어 있었다. 그 결과 우리를 도와 그 계획을 실행할 수 있을 정도의 지식과 흥미를 지닌 사람을 찾지 못했다. (과학의 전문 분야가 이렇게 쉽게 힘을 잃는다는 건 이상해 보이지만, 과거에 활발했던 분야가 위축되는 건 항상 일어나는 일이다. 내가 프린스턴에서 대학원생이었을 때, 한 과학자가 우리 학교 생물학과에 방문해서 쌍각류 조개, 즉 대합조개나 굴처럼 껍데기가 둘 있는 연체동물의 컬렉션을 보여달라고 요청했다. 아무도 그것에 대해 아는 사람이 없었다. 학과장이 여기저기 물어본 뒤에야 직원으로부터 10년 전에 리모델링을 할 때 일꾼들이 조개껍데기를 한 무더기 찾아내 내다 버렸다는 사실을 알 수 있었다. 당시에는 뭐라고 하는 사람도 없었다. 연체동물에 흥미가 있는 전문가가 없었던 것이다. 나중에야 프린스턴의 쌍각류 컬렉션이 북아메리카에서 최고 수준이었음이 드러났다.)

미국에서 적당한 식물학자를 찾을 수 없었기에 우리는 우크라이나 키예프의 세포생물학 및 유전공학 연구소와 협력하기로 했다. 그곳은 식물학 연구가 아주 활발한 곳이었다. 우리를 대신해 연구소에서 식물 탐험대를 옛 소련의 영역(우크라이나, 러시아, 카자흐스탄, 아제르바이잔, 키르기스스탄, 우즈베키스탄), 남아메리카, 아프리카(나미비아, 남아프리카, 가나), 그리고 아시아(중국과 파푸아뉴기니)를 비롯한 전 세계의 외딴 지역으로 보냈다. 키예프의 식물학자들은 1만 5000종 정도의 식물을 수집했다. 잘 모르고 있던 풀과 나무, 꽃을 그 정도로 많이 가져왔음에도 시안아미드의 연구팀은 단 한 가지 쓸모 있는 성분도 찾아내지 못했다. 수천 년 동안 인간이 헤집어놓은 결과 이제 식물의 도서관에는 변론서가 없을지도 모른다.

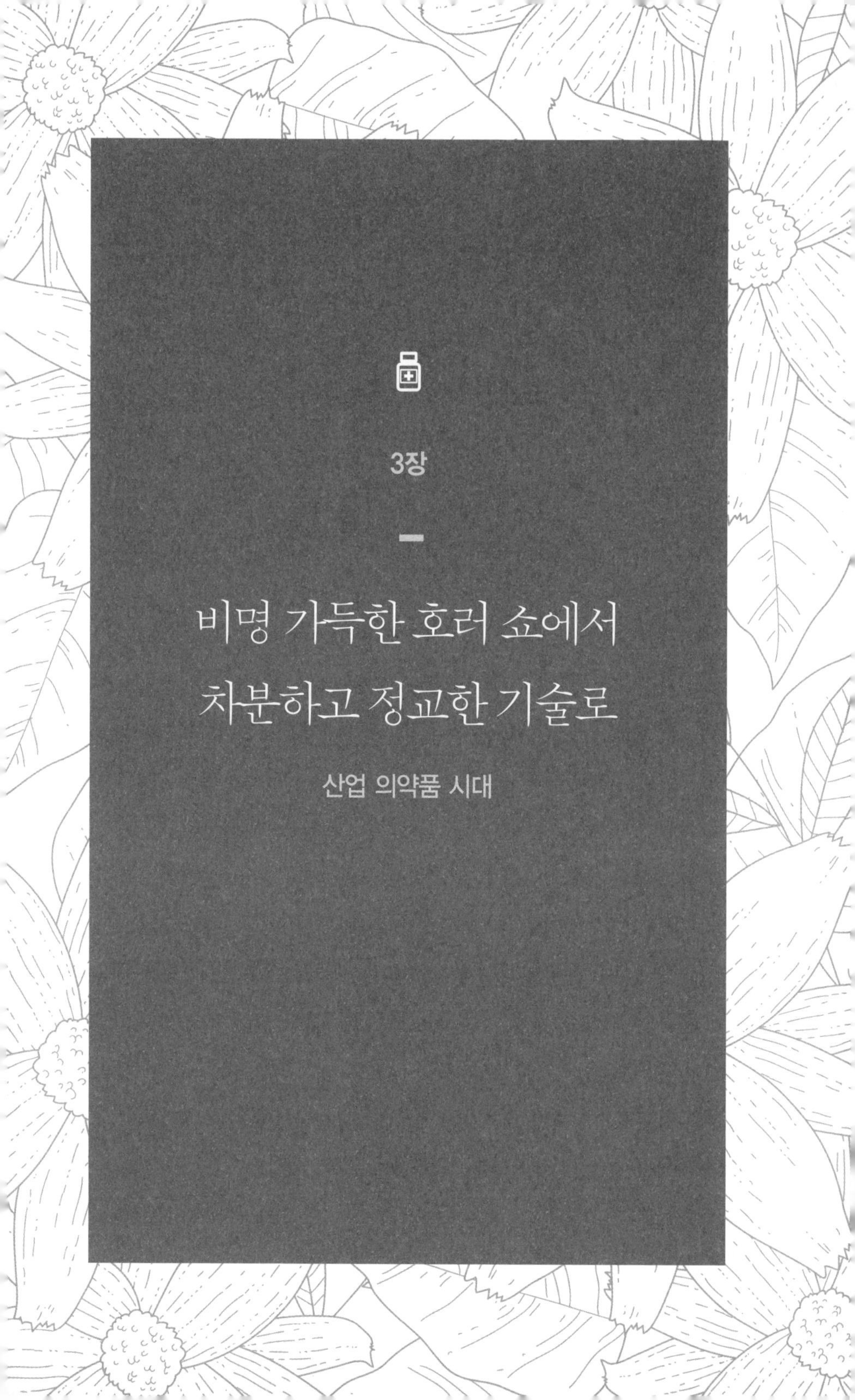

3장

비명 가득한 호러 쇼에서 차분하고 정교한 기술로

산업 의약품 시대

"나는 오늘 전 세계로 퍼져 나갈 것을 보았다."

_헨리 J. 비글로우 박사, 1846년

신약 사냥에 있어서 식물의 시대는 가장 오래되고 가장 풍요로웠지만, 르네상스 시대 초기에 식물학은 연금술의 상승세에 가려져 있었다. 연금술보다는 근대 과학 이전의 화학이라고 하는 편이 더 정확할 것이다. 중세의 연금술사가 열망했던 가장 귀중한—그리고 잠재적으로 가장 돈이 되는—것은 '철학자의 돌'이었다. 납 같은 기초 원소를 금처럼 귀중한 금속으로 바꾸는 기술을 뜻하는 용어다. 올드 카이로에 있는 12세기의 유대교 회당에서 발견된 연금술 문헌에서 전형적인 조제법 하나를 볼 수 있다. "수은과 말똥, 진주, 백반, 황, 진흙을 혼합해 머리카락과 달걀 몇 개와 섞는다. 그러면 좋은 은을 얻을 수 있다. 신의 가호가 있기를." 오늘날 우리는 이 비법에서 가장 중요한 단계가—"신의 가호가 있기를"—핵분열 또는 핵융합 기술이라는 사실을 알고 있

연금술사 하인리히 쿤라드의 실험실, 1595년경

다. 원자 개념이 전혀 없던 문화에서는 가능하지 않은 기술이다. 반면 말똥은 지금까지도 흔히 잘못 쓰는 성분으로 남아 있다.

똥 덩어리와 신의 조화에 의존하는 학문 분야는 유용한 혁신을 이룰 가능성이 거의 없다. 1100년대에서 1600년대에 이르기까지 별다른 발견 없이 몇 세기가 지나는 동안 연금술을 이용한 신약 사냥꾼은 약학의 실질적인 진보에 거의 기여하지 못했다. 기껏해야 아무 효과가 없거나 최악의 경우에는 치명적인 수많은 조제법을 남겼을 뿐이다. 발레리우스 코르두스는 마침내 오컬트의 흔적을 벗어던지고 과학적인 관찰에 치중했다. '황산의 기름'을 만드는 코르두스의 비법은 철학자의 돌을 찾는 쓸모없는 노력보다 훨씬 혁신적이었다.

코르두스와 동시대 인물인 독일 태생의 스위스 연금술사 파라켈수스는 에테르가 닭을 해치지 않으면서 "적당한 시간 동안" 잠들게 한다고 기록했다. 하지만 그것을 인간을 잠들게 하는 데 이용할 생각은 하지 못했다. 마찬가지로 코르두스도 신중한 실험을 바탕으로 에테르의 의학적 용도에 관해 몇 가지 기록을 끈질기게 남겼지만, 마취제로 효과가 있다고 생각했다는 기록은 없다. 에테르를 만드는 코르두스의 조제법은 다음 3세기 동안 의사의 약전에서 소소한 비중을 차지했지만 표준으로 남아서 화학 용매와 두통, 현기증, 간질, 마비, 히스테리, 류머티즘 같은 여러 질병을 치료하는(아마 효과는 전혀 없었을 것이다) 데 쓰였다. 그러나 19세기 초의 가장 생각이 깨인 의사라고 해도 황산의 기름을 쓰는 데 있어서는 중세의 약제사보다 더 나은 상상력을 보여주지 못했다.

1812년 에테르의 권장 활용법 중 하나가 〈뉴잉글랜드 의학저널〉 첫 권 첫 번째 페이지에 실렸다. 하버드 의과대학 설립자의 한 명이자 당대의 가장 저명한 의사였던 존 워렌 박사[6]는 가슴을 쥐어짜는 듯한 통증을 느끼는 협심증의 치료법에 관한 논문을 썼다. 오늘날 우리는 협심증이 심장에 산소 공급이 부족해 일어난다는 사실을 알고 있다. 하지만 협심증에 관한 적절한 지식이 없었던 워렌은 다소 의심스러운 처방을 상상해서 적었다. 따뜻한 물에 발을 담금, 사혈, 질산은, 고약한 냄새가 나는 수지, 흡연, 아편, 그리고 드디어, 에테르.

에테르는 협심증 치료제로 추천을 받았을 뿐 아니라 1830년에 이르면 '에테르 소동'이라고 부르는 웃고 노는 파티에서 취하기 위해 쓰는 용도로 대중에게 잘 알려져 있었다. 빅토리아 시대의 부유하고 근엄한 사람들이 황산의 기름 증기를 들이마시고는 주저앉거나 가구에 부딪히거나 아예 정신을 잃곤 했다. 에테르는 방부제, 청소용 용액, 감기약의 거담제, 가스 제거제(즉, 항팽만제)로도 처방에 쓰였다. 그리고 말이 안 되어 보이지만 기절했을 때 자극을 주는 용도로도 처방했는데, 때로는 효과가 훨씬 강한 방향 암모니아정과 섞기도 했다. 그러나 에테르가 태어난 이후로 단 한 번도 그렇게 쓰이지 않은 의학적 용도가 하나 있었다.

19세기 중반 이전에는 수술이 흔하지 않았다. 일단 수술은 굉장히 위험했다. 어떤 수술을 해도 감염을 거의 피할 수가 없었다. 그리고 그런 감염은 종종 치명적이었다. 19세기 후반 질병의 세균 이론이 확립되기 전까지는 무균 처리 기술이 쓰이지 않았다. 심지어는 질병의 전달 경로에 관한 지식이 초보적이거나 아예 존재하지 않았다. 그 결과, 외과 수술에 관한 일관적인 과학 이론이 없었다. 마지막으로, 수술은 아무런 마취 없이 이루어졌고, 그에 따라 대단히, 끔찍하게, 영혼이 비틀릴 정도로 고통스러웠다.

마취제가 쓰이기 이전의 수술을 우리는 상상하기 어렵지만, 조지 윌슨의 사례를 통해 어느 정도 짐작할 수 있다. 윌슨은 저명한 의학 교수로 1843년에 발을 절단하고 그 형언할 수 없이 끔찍한 과정을 묘사했다.

> 눈앞이 캄캄한 공포와 신과 인간에게서 버림받았다는 느낌이 내 마음을 휩쓸고 내 심장을 압도하는 절망에 가까워져 온다. 나는 절대 잊을 수 없다. 그러나 기꺼이 잊어버리고 싶다. 수술하는 동안 고통에도 불구

하고 내 감각은 기이할 정도로 선명했다. 그런 상황에 놓인 환자는 보통 그렇다고 들었던 바와 같다. 그 달갑지 않은 선명한 기억이 여전하다. 조여드는 지혈대, 첫 번째 절개, 톱으로 잘린 뼈를 만지는 손가락, 피부 조직을 압박하는 스펀지, 묶이는 혈관, 피부를 꿰매는 바늘, 바닥에 떨어져 있는 피투성이의 잘린 발.

19세기 전반에 수술은 응급 절차로 시행되었다. 치명적인 괴저를 막기 위해 사지를 절단하거나 감염된 농양을 빼내거나 통증이 극심한 방광 결석(수술 자체보다 고통스러운 몇 안 되는 병의 하나) 때문에 방광을 절개하는 등의 용도였다. 외과 의사의 칼날 아래에서 환자가 고통스러워하며 몸을 비틀고 몸부림쳤기 때문에 정교한 절개나 세심한 기술은 가능할 수가 없었다. 성공적인 수술을 위한 최선의 전략은 속도였다. 수술이 빨리 끝날수록 고통도 덜했고, 환자도 덜 꿈틀거렸다.

19세기 초의 공개 수술실에 들어온 구경꾼은 휴대용 시계를 꺼내 수술 과정의 속도를 재기도 했다. 예를 들어, 런던대학교 병원에서 일했던 스코틀랜드 의사 로버트 리스턴 박사는 손이 빠르기로 유명했다. 한 번은 급히 다리를 절단하다가 환자의 고환까지 잘라버리고 말았다. 또 다른 신속한 다리 절단 수술에서는 환자의 고환을 보존했지만, 실수로 젊은 조수의 손가락 두 개를 잘라버렸다. 환자와 조수 둘 다 결국 괴저로 죽고 말았다. 한편 같은 수술을 구경하던 사람 한 명은 리스턴이 휘두른 칼날이 코트를 베고 지나가자 자신이 치명적인 상처를 입었다고 믿은 나머지 충격을 받아 죽었다. 마취제가 쓰이기 이전의 시대에는 수술이 그렇게 위험했다.

수술 시의 고통을 줄여야 하는 급박한 필요를 느낀 의사들은 마취제가 될 수 있는 여러 물질을 가지고 실험했다. 알코올, 해시시, 아편을 모두 조사했지만, 어딘가 부족했다. 감각을 둔하게 해주기는 했지만, 근육을 깊게 자를 때의 고통에는 부적합하다는 사실이 드러났다. 팔다리에 얼음을 대거나 지혈대로 조여 감각을 무디게 만드는 물리적인 방법도 충분하지 않았다. 고통을 막을 수가 없었다. 어떤 대담한 외과 의사는 목을 조르거나 머리를 세게 때려서 환자가 의식을 잃게 만들기까지 했다. 하지만 대부분의 의사는 그런 처치로 생기는 이익이 손해보다 클지에 대해 의구심을 표했다. 19세기의 외과 의사는 수련을 통해 수술이란 피범벅이 되기 일쑤에, 몸부림과 비명으로 가득하고, 가능한 한 재빨리 끝내야 한다는 데 익숙해 있었다. 그래서 통증 없이 수술할 수 있을지도 모른다고 상상했던 게 외과 의사가 아니었을지도 모른다. 통증 없이 수술한 최초의 의사는 바로 윌리엄 T. G. 모턴이라는 보스턴의 치과 의사였다.

1843년 모턴은 24세의 나이로 전 국회의원의 조카인 엘리자베스 휘트먼과 결혼했다. 저명한 귀족인 엘리자베스의 부모는 모턴의 직업에 반대했다. 당시 치과 의사는 이발사보다 약간 나은 취급을 받았다. 휘트먼 부부는 모턴이 의학에서 훨씬 더 존중받는 분야를 공부한다고 약속해야만 딸의 결혼을 허락하겠다고 했다.

1844년 모턴은 약속한 대로 하버드 의과대학에 등록해서 찰스 T. 잭슨 박사의 화학 강의를 들었다. 잭슨은 마취 효과를 포함한 에테르의 약학적 성질에 관해 잘 알고 있었다. 그러나 뛰어난 현직 의사였음에도 불구하고 잭슨이 에테르를 수술에 쓸 수 있을 가능성을 진지하게 고려해본 적은 없는 게 분명했다. 모턴은 잭슨의 강의를 듣다가 에테르에 관해 알게 되었고, 사람을 잠들게 하는 비할 데 없는 효과에 흥미를 느꼈다. 그리고 애완견을 대상으로 실험해보고 기록을 남겼다.

> 1846년 봄, 나는 워터스패니엘 한 마리를 대상으로 실험을 했다. 개의 머리를 황산 에테르가 바닥에 있는 병 속에 넣었다…. 잠시 증기를 흡입하자 개는 내 손 안에서 완전히 늘어졌다. 그러자 나는 병을 치웠다. 약 3분 뒤 개가 다시 깨어나서 큰 소리로 짖으며 몇 미터를 뛰더니 물웅덩이 속으로 뛰어들었다.

모턴은 암탉과 금붕어로도 에테르를 시험했다. 둘 다 부드럽게 잠들었다. 연이은 성공에 고무된 모턴은 이 달콤한 냄새가 나는 증기를 스스로 흡입했다. 정신을 잃고서 얼마 뒤에 아무런 눈에 띄는 부작용 없이 회복할 수 있었고, 마침내 실제 환자에게 시험할 시기라고 느꼈다. 모턴은 보스턴의 병원에서 세계 최초로 충치를 고통 없이 뽑아냈다. 만족스러워했던 환자는 에벤 프로스트라는 이름의 상인으로 역사에 쓰여 있다.

> 저녁을 앞두고 한 남자가 들어왔다. 몹시 아파하며 이를 뽑기를 원했다. 이 남자는 수술을 두려워하며 혹시 최면을 받을 수 있냐고 물었다. 나는

더 나은 방법이 있다고 말했다. 그리고 내 손수건을 적신 뒤 건네주며 들이마시라고 했다. 그 남자는 거의 곧바로 의식을 잃었다. 어두웠다. 헤이든 박사가 등을 들고 있는 동안 나는 단단히 박혀 있는 소구치를 뽑았다. 맥박은 거의 변화가 없었고, 근육도 이완되지 않았다. 그 남자는 얼마 뒤 회복했으며, 그동안 무슨 일이 일어났는지 전혀 모르고 있었다.

1846년 10월 1일, 〈보스턴 데일리 저널〉은 기묘한 모턴의 실험적인 시술 과정에 관한 글을 실었다. 이 기사는 하버드 의과대학 소속의 신참 외과 의사였던 헨리 비글로우의 눈에도 띄었다. 흥미를 느낀 비글로우는 저명한 매사추세츠 종합병원의 수석 외과 의사를 설득해 모턴의 마취 시술이라고 하는 것을 공개적으로 시험해보기로 했다. 최고의 순간이었다. 19세기 의학계에서는 아메리칸 아이돌에 뽑히는 것과 마찬가지였다. 매사추세츠 종합병원은 미국 최고의 병원이었고, 수석 외과 의사인 68세의 존 콜린스 워렌은 전국적으로 명성을 떨치고 있었다. 워렌은 과거 자신의 아버지가 설립에 참여한 하버드 의과대학의 학장으로 있었고, 〈뉴잉글랜드 의학저널〉을 만드는 일도 도왔다.

바로 그 순간 일이 커지자 모턴은 자신이 엄청난 모험을 하고 있음을 알았다. 비교적 인지도가 낮은 치과 병원에서 에테르를 가지고 노는 건 대단한 문제가 아니었다. 어쨌든 치의학이라는 고상하지 못하고 제멋대로인 사이비 분야로부터 많은 것을 기대하는 사람은 없었다. 하지만 의학계의 최고급 인사 앞에서 목숨을 건 수술을 하는 동안 약의 효과를 시험한다는 건 상당히 다른 일이었다. 1846년 10월 16일 미국

유수의 외과 의사 상당수를 포함한 50여 명의 참관인이 매사추세츠 종합병원의 공개 수술실에 모였다. 대부분은 돌팔이가 들통날 것을 예상하고 있었다.

에드워드 길버트 애보트라는 환자는 목에 튀어나온 커다란 종양으로 고통받고 있었다. 종양을 제거하는 수술은 끔찍하고 고통스러운 경험이 될 터였다. 적어도 보통은 그랬다. 힘이 센 직원 두 명이 평소처럼 몸부림치며 비명을 지르는 환자를 붙잡아 누를 준비를 한 채 근처에서 있었다. 과연 이번에는 다를 것인가?

참관인이 높은 좌석에 앉아 보고 있는 가운데 환자가 수술실로 들어왔다. 워렌은 선 채로 기다렸다. 수술을 시작하기로 약속한 시간이 지났지만, 모턴이 나타나지 않았다. 워렌이 참관인을 향해 말했다. "모턴 박사가 나타나지 않는 걸 보니 다른 일이 있나 봅니다." 환자는 이를 악물었다. 워렌은 메스를 들어 올렸다.

바로 그 순간 모턴이 수술실로 걸어들어왔다. 늦은 데는 그럴 만한 이유가 있었다. 여태까지 수술 중에 에테르를 사용한 사람이 아무도 없다 보니 에테르 증기를 통제된 방법으로 운반할 방법이 없었던 것이다. 모턴은 서둘러 독창적인 장치를 만들었다. 에테르를 흠뻑 적신 스펀지가 담긴, 바닥이 둥근 화학실험용 플라스크였다. 황동으로 덮여 있는 플라스크에는 배출구 두 개가 달려 있었다. 영리하게 만든 가죽 덮개를 이용해 한쪽 구멍으로 공기가 들어가 에테르에 젖은 스펀지 위를 지나간 뒤 다른 구멍으로 나가게 되어 있었다.

워렌이 한발 물러서며 말했다. "음, 박사. 환자는 준비됐네." 말 없고 거의 냉소적인 참관인에 둘러싸인 채 모턴은 새로 만든 유리 기구를 이용해 에테르를 처치하기 시작했다. 환자는 증기를 몇 번 마시더니 부드럽게 눈을 감았다. 모턴이 말했다. "워렌 박사님. 환자가 준비됐습니다."

수술이 시작되었다. 메스가 목을 깊이 가르고 들어가도 환자는 반응을 보이지 않았다. 그러는 동안에도 서서히 오르내리는 가슴은 환자가 살아서 숨을 쉬고 있음을 분명히 보여주었다. 참관인들은 놀라서 숨을 들이켰다. 요즘 우리는 마취제를 당연하게 받아들이지만, 이 일이 그 당시의 의사에게 얼마나 마법 같은 일이었을지 생각해보라. 어떤 원리인지 모르겠지만 의식을 완전히 닫아놓은 채 몸의 생리학적 작용에는 전혀 영향을 끼치지 않는 마법 같은 물질이 있다니. 의학에 있어서는 전쟁사에서 화약의 발견이나 운송 수단의 역사에서 비행기의 발명과 마찬가지로 혁명적인 순간이었다. 수술이 끝나자 워렌 박사는 참관인을 향해 말했다. "여러분, 이건 속임수가 아닙니다."

이 소식이 널리 퍼지면서 에테르는 순식간에 주요 수술에서 절대 빠질 수 없는 성분이 되었고, 이 물질에 대한 수요는 전례없을 정도로 늘어났다. 그러나 이 수요를 만족시키

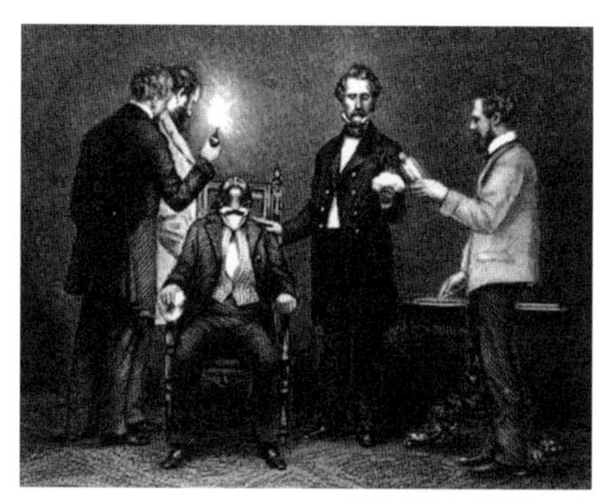

모턴이 환자를 마취하는 모습

는 데는 한 가지 커다란 장애물이 있었다. 에테르는 꽤 만들기 어려운 물질이었다. 약제사의 능력을 한참 벗어나는 고도의 화학 기술이 필요했다.

초기의 제약 공장

고대 이래로 약국은 치료법을 구하러 가는 곳이었으며, 보통 혼자서 운영하는 작은 동네 가게나 가판대였다. 17세기 들어 유럽의 약국은 처음으로 공식적인 조직을 만들었다. 1617년 런던에서는 약사협회가 의약품 조제를 주목적으로 하는 전문 조직으로 제임스 1세의 칙허를 받았다.

그러나 의약품은 약국의 유일한 상품이 아니었다. 약국에서는 향신료, 향수, 꿀, 염색약, 초석(약과 화약 모두의 원료), 장뇌, 벤조인(향과 맛을 내거나 약에 쓰이는 나무 수지), 유향, 아니스, 케이퍼, 당밀은 물론 수사슴의 심장, 개구리알, 메기 눈알, 황소의 성기, 독사의 살, 제비집, 여우 기름처럼 의사의 서랍보다는 마녀의 냄비에 더 적합해 보이는 물건도 팔았다. 셰익스피어가 《로미오와 줄리엣》에서 한 르네상스 시대 이탈리아의 약국 묘사가 유명하다.

궁색한 가게에는 거북이 걸려 있고

박제한 악어와 몇 가지 못생긴 물고기의 가죽도 있었지

그리고 선반에는 거지 살림만도 못한 빈 상자 몇 개

(민음사판 《로미오와 줄리엣》의 번역을 인용 – 역자)

17세기 약국에서 약을 짓는 기술은 갈수록 전문화되었다. 그리고 약제사가 되고자 하는 사람은 길고 힘든 도제 기간을 거쳐야 자격 있는 전문가가 될 수 있었다. 도제로 있는 기간은 7년이나 됐으며, 도제는 약초에 충분히 익숙해지기 위해 야생에서 식물 표본을 수집하는 '약초 원정'에 자주 참여해야 했다. 도제가 되기 위해서는 약학의 국제 언어인 라틴어 지식을 입증해야 했다. 영국에서는 약사협회에 "지식과 약초 선별 능력이 있으며, 약을 조제, 투약, 취급, 혼합하고 합성할 줄 알고 있음"을 입증해야 성공적인 지원자가 될 수 있었다. 약제사 훈련 과정에서 분명히 빠져 있는 건 신생 학문이지만 급속히 확대되고 있던 화학 분야에 관한 교육이었다.

모턴의 에테르 공개 시연이 있었을 무렵 미국의 약제사는 각 지역에서 소규모 소매상을 운영했다. 이들은 상당수가 300년 된 코르두스의 《조제서》까지 거슬러 올라가는 보편적인 조제법을 각자 나름대로 해석해서 약을 지었다. 따라서 뉴욕의 약사에게서 구입한 아편의 조제법은 사우스캐롤라이나의 약사에게서 구입한 아편의 조제법과 아주 많이 다를 수 있었다. 이렇게 기본이 되는 약의 성분이 다른 데다가 에테르는 특히 합성하기가 어려웠다. 거의 모든 약제사의 능력을 넘어서는 유기 화학에 관한 난해한 지식과 화학적 정제 과정이 필요했기 때문이다. 그 결과, 외과 의사로서는 약제사가 제공하는 예측 불가능한(그리고 자주 품절되는) 에테르에 모험을 걸기보다는 막 생겨나고 있던 화학물질 공급 산업을 이용해 에테르를 조달해야겠다고 느낄 수밖에 없었다.

불행히도, 외과 의사들은 화학물질 공급업자에게서 조달한 에테르도 그다지 신뢰성이 높지 않다는 사실을 깨달았다. 어느 날 공급받은 에테르와 한 달 뒤 같은 업자에게서 공급받은 에테르의 순도가 완전히 다르기도 했다. 설상가상으로 공급업자에 따라 에테르가 아주 많이 달랐다. 아주 형편없이 만든 에테르는 가장 중요한—환자를 잠들게 하는—역할에 실패하기도 했다. 이처럼 일정하지 않았기 때문에 얼마나 투여해야 환자가 호흡을 멈추고 죽지 않으면서 계속 의식을 잃고 있을 수 있는지 확인하기가 아주 어려웠다. 외과 의사에게는 신뢰할 만한 표준화된 에테르 제조법이 필요했다.

산업 시대가 막을 여는 19세기 중반에는 여러 산업 분야에서 상품 표준화에 대한 요구가 일어났다. 전기를 발명하기 전에는 나라 전체가 등유 램프로 불을 밝혔다. 역사상 가장 크고 잘나가는 기업인 스탠더드 오일이 성공한 건 최초로 등유 제조법을 표준화했기 때문이다. 회사의 이름부터가 표준을 뜻한다. 캘리포니아에서 스탠더드 오일의 등유 1갤런을 샀다면, 그건 뉴욕에서 산 스탠더드 오일의 등유 1갤런과 똑같았다. 록펠러는 표준화를 이용해 수백 개의 지역 등유 제조업체와의 경쟁에서 이겼고, 결국 에너지 시장 전체를 독점했다. 소비자가 믿을 수 있는 믿음직하고 일정한 상품을 제공했기 때문이다.

1850년대에 에테르 수요가 하늘을 찔렀지만, 약제사에게는 병원과 외과 의사가 원하는 표준화된 에테르를 대량생산해 제공할 능력이 없었다. 그러나 록펠러가 등유를 표준화했듯이, 우연한 계기로 이를 시도한 다른 사람이 에테르를 표준화하는 방법을 개발함으로써 산업을 일으켰다.

에드워드 로빈슨 스큅은 1819년 델라웨어 윌밍턴에서 퀘이커 교도로 태어났다. 1845년, 모턴의 에테르 시연 1년 전, 26세의 나이로 펜실베이니아 필라델피아에서 제퍼슨 의과대학을 졸업한 스큅은 군의관으로 미국 해군에 입대했다. 그는 4년 동안 대서양과 지중해의 함대에서 근무하면서 자신이 돌보는 병사를 해군이 부실하게 치료한다는 우려를 하기 시작했다. 스큅은 부적절한 식단, 잦은 태형, 그리고—가장 중요한—해군 선박에서 제공하는 의약품의 형편없는 품질을 설명하는 비판적인 글을 발표했다.

스큅의 불평은 해군 의무국의 귀에도 들어갔다. 그에 대해 의무국은 스큅에게 브루클린 해군 공창에 해군 연구소를 설립하고 고품질의 약을 생산하라는 명령을 내리는 것으로 반응했다. 스큅이 가장 먼저 한 일 중 하나는 수많은 에테르 생산품의 품질 평가였다. 스큅은 에테르 생산과 평가를 좀 더 잘 이해하기 위해 6개월 휴가를 내고 제퍼슨 의과대학에서 화학 합성 기술에 관한 재교육 과정을 들었다. 해군 연구소로 돌아와 판매되는 시중의 여러 가지 에테르를 조사하니 놀라울 정도로 순도가 다양했다. 스큅은 일정한 품질의 에테르를 생산하는 방법을 개발하기로 결심했고, 곧 진짜 기술적인 과제가 무엇인지 깨달았다.

에테르는 아주 쉽게 불이 붙거나 폭발한다. 그러나 에테르를 합성하는 과정에는 열과 불이 필요하다. 실험 초기에 한 번은 폭발이 일어나 스큅의 양쪽 눈꺼풀을 태워버렸다. 남은 평생 스큅은 어두운 천으로 눈을 덮고서야 잠을 잘 수 있었다. 하지만 1854년 이 끈질긴 의사·화학자는 혁신적인 제조 방법을 만들어냈다. 불 대신에 코일을 통과하는 증기를 이용함으로써 에테르 생산 공정을 눈부시게 개선했던 것이다. 1857년 예산 삭감으로 브루클린의 해군 연구소가 문을 닫자 스큅은 이 새로운 공정을 이용해 직접 회사를 세우기로 했다. 브루클린 해군 공창 근처 부지에 제약 공장을 지었고, 회사 이름을 E. R. 스큅 앤 선즈라고 지었다. 남북전쟁이 일어나자 의약품 수요는 엄청나게 높아졌다. 해군과 계약을 맺고 있던 스큅은 군대와 납품 계약을 맺기에 아주 유리한 위치에 있었다. 회사의 위치 또한 유리했다. 길만 건너면 있는 해군 공창에서 계약 조건을 협상하고, 똑같은 길을 따라 마차를 몰고 판매한 상품을 납품할 수 있었다.

전쟁이 끝난 뒤에도 스큅의 성공은 이어졌다. 신뢰할 만하고 표준화된 의약품을 제조한다는 명성 덕분에 전국에서 스큅의 제품을 필요로 하는 곳이 아주 많았다. 이런 꾸준함은 스큅의 회사가 브리스틀 마이어스에 인수된 1980년대까지 계속 썼던 원래 로고에 담겨 있다. '안정성'이라는 단어가 새겨진 대리석 들보를 각각 '항상성', '순수성', '효과'가 쓰인 기둥 세 개가 지탱하고 있는 모양의 로고다.

스큅의 비즈니스 모델이 지금의 제약 산업과 얼마나 다른지 생각해보자. 스큅은 직접 개발한 혹은 유일무이한 약을 제공하지 않았다. 그 대신 좀 더 일정한 약을 제조함으로써 다른 공급자를 경쟁에서 눌

렀다. 오늘날 제약회사는 안정성이나 일관성으로 경쟁하지 않는다. 현대 소비자는 약국에서 살 수 있는 어떤 약도 완벽하게 표준화되어 있다고 생각하기 때문이다. ("타이레놀은 어떤 병을 사도 똑같습니다!"라고 자랑스럽게 외치는 TV 광고를 보면 고객이 얼마나 황당한 반응을 보일까?) 식물의 시대에는 제약산업이 마치 동네 극장과 같았다. 약제사마다 제각기 다른 기호와 성향을 갖고 약을 지어 동네 주민에게 팔았다. 그런데 이제 스큅이 제약계의 할리우드 블록버스터를—제조법이 정해져 있는 고예산 제품을—만들어 전 세계에 판매하기 시작했던 것이다. 대형 제약회사가 탄생하는 순간이었다.

스큅이 에테르를 생산한 뒤로 한 세기 이상이 지났을 때 나는 E. R. 스큅 앤 선즈에서 제약산업 연구개발 분야의 첫 직장을 구했다. 비록 회사는 브루클린의 공장에서 격렬한 에테르 폭발이 일어나면서 알아볼 수 없게 변했지만—오늘날의 스큅은 향수와 사탕을 비롯한 다양한 사업을 하고 있다—직원이 가장 중요하다는 창업자의 변치 않는 정신을 상당 부분 유지할 수 있었다. 의사였던 스큅은 의사와 생물학자가 새로운 의약품 제조법 개발을 지휘해야 하며, 화학자는 단순한 보조 역할에 그쳐야 한다고 생각했다.

나는 다른 두 제약회사에서 일해보기 전까지는 스큅의 의학 우선 문화를 제대로 이해하지 못하고 있었다. 두 회사 중 하나는 시안아미드였는데, 그곳은 본질적으로 제약회사라기보다는 화학회사였다. 원래 아메리칸 시안아미드는 1907년에 칼슘 시안아미드라는 비료의 기본 원료를 생산하기 위해 생겼고, 화학 분야에서 새로 얻은 전문성을 활용할 방법을 찾으며 성장했다. 일반 소비자 부문인 슐톤은 올드스파이스 애프터셰이브나 브렉 샴푸, 파인솔 세정제, 컴뱃 바퀴벌레약을 비롯한 청소 및 미용 제품을 개발했다. 농업 부문은 화학 살충제를 만들었고, 화학 부문은 산업용 화학물질을 생산했다. 제약 부문인 레덜리를 포함한 모든 부문에서 화학자와 화학이 우선이었다. 스큅에서는 A팀에 있다가 아메리칸 시안아미드에서는 B팀으로 내려오는 일종의 강등을 당하자 나는 분자생물학자로서의 전문성에 충격을 받았다.

하지만 1990년대 후반 예상치 못하게 아메리칸 홈 프로덕트AHP에서 일하기 시작했을 때 신약 사냥꾼에 대한 업계의 태도가 끼치는 영향에 관한 훨씬 더 중요한 교훈을 얻었다. 원래 다니던 제약회사가 팔리면서 나는 갑자기 AHP의 직원이 되었다. AHP는 돈에 움직이는 지주회사였다. 즉, AHP를 경영하는 사람들은 조금이라도 돈을 쥐어짜낼 수 있다는 판단이 서면 어떤 산업계의 어떤 회사도 사들였다는 뜻이다. 만약 똥거름을 치우고 한 시간에 10달러를 버는 일과 꽃향기를 맡으며 한 시간에 9.99달러를 버는 일이 있다면, AHP는 조금도 주저하지 않고 삽을 집어들었을 것이다. 지주회사가 대부분 그렇듯 은밀하게 수집하는 회사의 업종에는 뚜렷한 경향이나 이유가 없었다. AHP는 향수부터 냄비, 쉐프 보얄디(통조림 스파게티 – 역자), 비타민과 의약품에 이르기까지 안 파는 게 없었다. 그리고 AHP의 경영진은 전부 손익에 집중하도록 지시를 받고 있었기 때문에 AHP의 어느 부문에서든 비용 지출은—5000달러 정도 되는 적은 돈도—회사 재정위원회의 심의와 CEO인 잭 스태포드의 승인을 받아야 했다.

신약 발견은 꾸준한 노력이 필요한 분야라 유용한 의약품을 생산하는 데 보통 10년 넘는 세월이 걸린다. 단기간의 이익에 집중하는 기업은 종종 제약 연구를 억누르게 된다. AHP에 있던 내 동료 신약 사냥꾼의 상당수가 회사의 지출 정책이 가하는 제약을 회피해보려고 애를 썼다. 시스템을 편법으로 이용하는 방법이 가장 흔했다. 제약회사 소속 과학자는 어쩔 수 없이 예산이 잘렸을 때도 남은 돈으로 연구를 계속할 수 있도록 필요한 예산을 아주 많이 부풀려서 이야기하곤 한다. 내가 쓰던—적어도 처음에는—전략은 장기간의 가치 대신에 단기간의 영향력만 놓고 재정적인 결정을 내리면 신약을 찾는 건 어렵다고 설명하면서 AHP의 경영진을 설득하는 것이었다. 시간이 지나자 나는 환자와 신중한 신약 개발보다 당장의 이익 계산에 치중하는 회사의 문화에 완전히 젖어 있는 경영진을 바꿀 수 있다는 기대를 접었다. 내가 그곳에서 일하는 동안 AHP는 환자와 의학에 의미 있는 차이를 만든 약을 단 한 개도 개발하지 못했을 것이다.

여기서 잠시 멈추고, 위험을 감수해야만 하는 현대 신약 사냥꾼의 현실에 명백하게 적대적인 기업 문화가 담겨 있는 미국의 제약산업이 생기기까지의 믿기 어려운 과정을 되짚어보자. 에테르는 유사과학인 연금술이 정점에 있을 때 기침을 치료하는 데 쓸 수 있겠다고 생각한 의사 겸 식물학자에 의해 발견되었다. 3세기 뒤인 1800년대 초, 에테르는 치료가 어려운 온갖 질병의 처방전에 쓰였지만, 지금 우리는 그런 병에 거의, 혹은 아예 쓸모가 없었다는 사실을 알고 있다. 그러다 한 치과 의사가 거만한 장인어른에게 인정을 받기 위해 이 파티용 약물을 이용해 환자의 치아를 고통 없이 뽑아냈고, 수술을 비명 가득한 호러 쇼에서 차분하고 정교한 기술로 바꾸어놓는 결과를 만들었다. 하지만 수술에 혁명을 일으켰어도 만약 에테르가 만들기 쉬웠다면 제약산업에까지 혁명을 가져오지는 못했을 것이다. 표준화된 성분의 에테르를 생산하려면 확장성이 있고 값비싼 기술이 있어야 했기 때문에, 제약 과정은 약국이 아니라 공장에서 이루어졌다.

스큅의 성공은 중요한 약을 대량생산하는 게 가능하다는 사실을 알리는 역할을 했다. 공업 생산의 시대에는 신약을 발명하는 게 중요하지 않았다. 신생 과학 분야인 화학을 활용해 기존 약을 만드는 새로운 조제법과 표준화된 약을 공장에서 대량으로 생산할 수 있는 새로운 제조 기술을 찾는 게 중요했다. 스큅과 같은 이 시대의 신약 사냥꾼은 이미 존재하는 시장에 내놓을 기존 약을 만드는 새로운 방법을 찾아 공업 생산법의 도서관을 뒤지고 다녔다. 산업화된 제조법이 생긴 다른 약으로는 클로로폼, 모르핀, 퀴닌, 맥각, 할라파(배변 촉진제), 이그나티아(일종의 항우울증제로 추정), 코늄(경련과 중풍을 치료하는 데 쓰임), 과라나(카페인처럼 쓰임), 에리트록시론(코카인의 액체 추출물), 백반(조직을 수축시켜 출혈을 막거나 때때로 구토를 유발하는 데 쓰임) 등이 있다.

그러나 기존 약의 생산 방법을 개선하는 데 집중하던 경향은 곧 바뀌었다. 전혀 다른 유형의 신약 사냥꾼이 나타났다. 이들은 합성화학이라고 부르는 광대하고 새로운 분자의 도서관에서 변론서를 탐색했다.

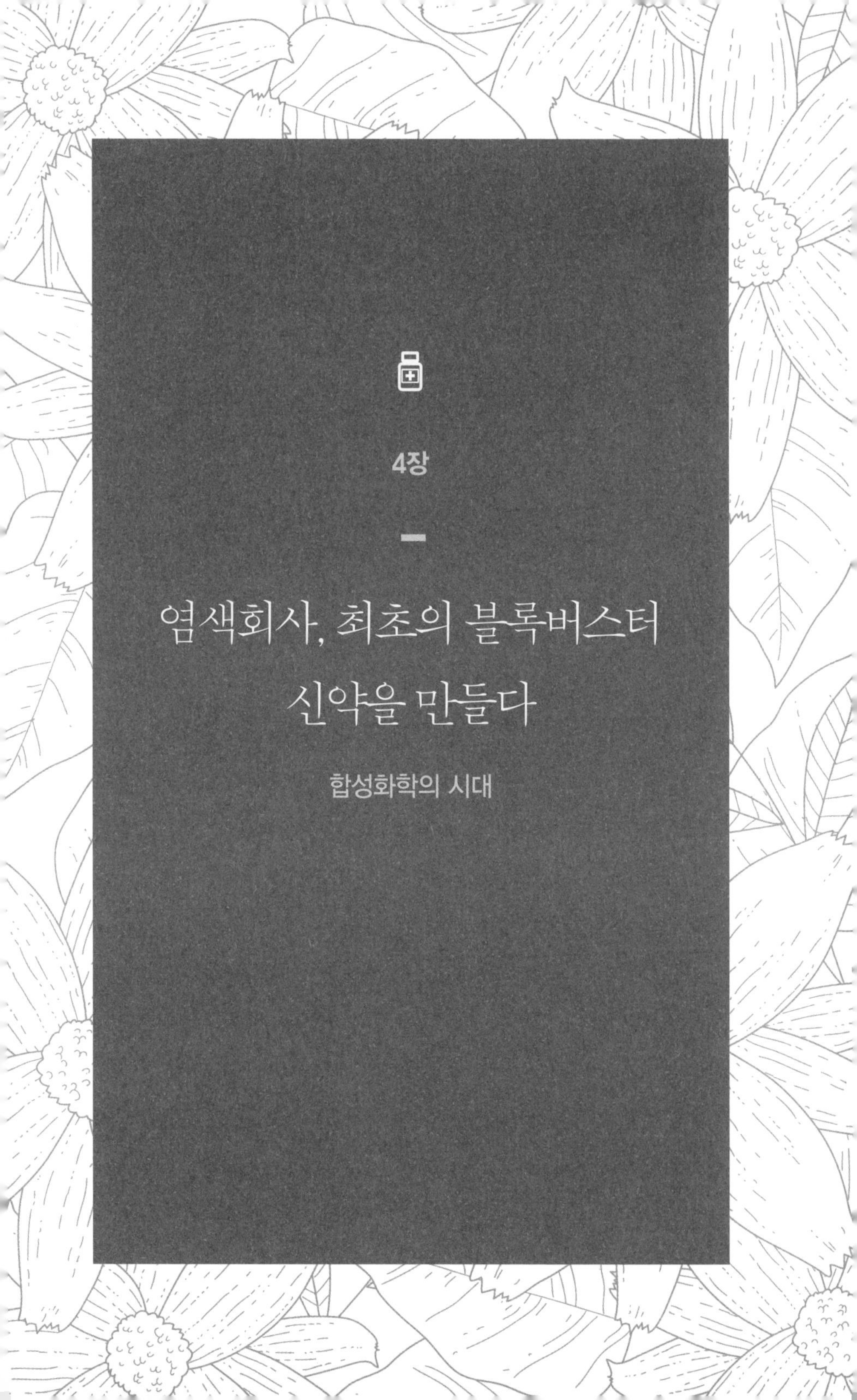

4장

염색회사, 최초의 블록버스터 신약을 만들다

합성화학의 시대

"그 제품은 아무런 가치가 없다."

_바이엘의 제약 연구 분야 책임자였던
하인리히 드레저가 아스피린에 대해 한 말, 1897년

오늘 저녁 스위스와 독일의 제약산업을 보고 싶다면, 한 줄기 라인강을 따라 늘어서 있는 가장 규모가 크고 뛰어난 회사들을 보면 된다. 노바티스, 바이엘, 머크 KGaA, 호프만-로슈, 베링거 인겔하임, 획스트의 본사가 모두 독일 심장부를 통과해 바람을 맞으며 북해로 향하는 강가를 따라 서 있다. 1990년대에 나는 유럽의 제약회사가 지리적으로 모여 있는 이유를 알게 되었다.

나는 우리 회사인 시안아미드의 화학물질 도서관을 대상으로 생물학적 실험을 할 수 있도록 허가하는 일과 관련하여 바이엘과 협업 조건을 협상하고 있었다. 간단히 말하면, 우리가 잔뜩 모아놓은 분자를 독일인이 자신들의 신약 사냥을 위해 뒤지도록 허락한다는 뜻이다. 내가 방문해 있는 동안 그 사람들은 바이엘의 아카이브를 구경시켜 주었다. 나는 벤젠의 육각형 구조를 발견한 것으로 잘 알려진, 역사상 가장 유명한 화학자 아우구스트 케쿨레가 손으로 쓴 공책 원본을 직접 만져볼 수 있었다. 회의를 마친 뒤 운전수가 프랑크푸르트 외곽에 있는 호텔로 데려다주었다. 고속도로를 탔는데, 시속 200킬로미터에 가까운 속도로 날아가는 동안 나는 에어백이 믿을 만한지 걱정스러운 마음을 떨쳐버리려고 애썼다. 우리가 가는 길은 라인강을 따라 나 있었다. 대화로 두려움을 떨쳐버리려고 유럽에서 가장 오래된 제약회사가 어째서 강 하나에 모여 있냐고 물었다. 독일인 동료가 들려준 바에 따르면, 그건 나프톨옐로나 크로세인오렌지, 메틸바이올렛 같은 색의 발명과 밀접한 관련이 있었다.

최초의 바이엘 아스피린을 담은 병

4000년 동안 인간은 동식물을 이용해 천을 염색했다. 티리언 퍼플(육식 바다달팽이로 만든다)과 심홍색(깍지벌레로 만든다)처럼 강렬한 색은 가격이 매우 비싸 이런 색의 옷이 종종 귀족이나 왕족 같은 지위를 상징하기도 했다. 그러나 19세기 초 영국 과학자 존 돌턴은 엄격한 수학 법칙에 따라 서로 결합하는 쪼갤 수 없는 일련의 화학 원소가 있다는 원자론을 제창했다. 돌턴의 원자론은 화학물질의 개별 성분을 이해할 수 있는 합리적인 틀을 제공함으로써 빠르게 성장하던 화학에 활기를 불어넣었다. 돌턴 이후 과학자들은 모든 화학물질이 특정한 분자로 이루어졌다는 사실을 알게 되었다.

이 새로운 사고방식을 이용한 신약 사냥꾼은 마침내 많은 고대 약의 구성성분을 밝히고 조제법의 정확한 순도를 알아낼 수 있게 되었다. 과학적인 화학이 등장하기 이전에는 꽃이나 나무, 식물의 진짜 성분을 알 수도 없고 구별할 수도 없었다. 식물에 일종의 식물 영혼을 불어넣는 신비한 엘랑 비탈—생명력—이 있다고 추측하는 과학자가 많았다. 어째서 어떤 꽃은 독이 있고 다른 꽃은 증상을 완화하는지 설명할 수 있는 이론이 전혀 없었다. 약제사에게는 항상 식물로 만드는 약의 조제법이 많았지만, 조제법에 따라 실제로 어떤 활성 성분이 있는지는 대개 모르고 있었다. 하지만 원자론에 근거를 두자 마침내 화학은 약이 어떤 분자로 이루어져 있는지—그리고 어떤 분자가 활성 성분인지—알아낼 수 있는 실용적인 도구를 제공했다. 곧 화학은 그보다도 더 뛰어난 능력을 발휘했다.

1830년대에 이르렀을 때는 합성화학이라는 화학의 새로운 하위 분야가 나타났다. 합성화학자는 마치 갈수록 더 정교한 팅커토이(막대와 공 모양의 연결 부위로 다양한 모양을 만드는 장난감 - 역자)를 서로 끼우듯이 단순한 화학 원소를 결합해 좀 더 복잡한 화합물을 만들었다. 많은 수익을 내기 위해 합성화학을 처음으로 도입한 곳은 염색회사였다.

1856년 목수의 아들인 윌리엄 헨리 퍼킨이라는 영국 십 대 소년은 좁은 집 안에서 초보적인 합성화학 기술로 실험을 하고 있었다. 요즘 고등학생이 가정용 화학 키트를 가지고 노는 것과 별로 다르지 않았다. 퀴닌을 합성하려던 퍼킨은 뜻밖에도 실험의 결과로 나오는 자줏빛을 띤 밝은색 화학물질이 실크를 염색할 수 있다는 사실을 깨달았다. 퍼킨은 이전에 본 적이 없는 색을 '아닐린 퍼플'이라고 불렀지만, 나중에 프랑스에서 모브라는 이름을 다시 붙였다. 이것은 세계 최초의 합성염료였다. 모브는 몇 년 지나지 않아 세계적으로 합성염료 산업을 크게 일으켰다.

윌리엄 헨리 퍼킨

값비싼 동식물에 의지해 천연염료를 만드는 대신, 처음으로 회사가 실험실에서 화학물질을 섞어 천을 염색할 수 있게 된 것이다. 게다가 염색회사는 금세 어떤 색의 화학식을 살짝 비틀면 쉽게 다른 색을 만들 수 있다는 사실을 알아냈다. 상상도 못 할 색조를 보여주는 만화경이 무한히 있는 것 같았다. 빨간 염료 분자에 원자 몇 개만 추가하면 처음 보는 멋진 남색, 심홍색, 보라색이 나타났다. 합성염료는 공장에서 아주 효율적이고 정량적인 방법으로 생산할 수 있었으므로 전통적인 식물 염료보다 가격도 훨씬 저렴했다. 패션은 영원히 바뀌었다. 사상 처음으로 중산층은 물론 저소득층도 생생하고 매력적인 색으로 꾸민 옷을 입을 수 있게 된 것이다. 누구나 왕족처럼 옷을 입을 수 있었다.

최초의 합성염료를 런던에서 퍼킨이 발견했음에도, 19세기 독일에는 강력한 자본주의 문화와 우수한 과학자 집단이 있었다. 그중에는 빠르게 성장하는 화학 분야에서 세계 최고 수준인 연구자와 연구소도 있었다. 그 결과 독일의 염료 산업은 품질 좋은 합성염료로 세계 시장에서 재빨리 두각을 나타냈다. (1913년에 독일은 이미 13만 5000톤의 염료를 수출하고 있었다. 영국의 수출량은 5000톤이었다.) 이제 드디어 우리는 라인강으로 돌아갈 수 있다. 독일의 염료 공장은 대부분 라인강을 따라 늘어서 있었다. 유럽의 주요 도시에 가까우며, 강을 따라 독일, 중부 유럽, 북유럽, 그리고 북해를 통해 전 세계로 원재료와 완성된 제품을 수송하는 길이 열려 있었기 때문이다.

라인강의 염색회사들은 세계를 이끄는 합성염료 생산자가 됐을 뿐 아니라 합성화학, 색을 갈망하는 대중으로부터 얻은 이익을 이용한 첨단 연구의 지배자가 되었다. 그중에서 가장 성공적인 회사는 프리드리히 바이엘 앤 컴퍼니였다. 1880년대 초 이들은 직물 생산업자에게 수백 종의 염료를 팔고 있었다. 하지만 합성화학 분야의 전문성이 점점 좋아지자 경영진이 이를 이용한 새로운 제품을 찾기 시작했다. 경영진 중 한 명이었던 카를 두이스베르크는 의약품으로 눈을 돌렸다.

두이스베르크는 1883년에 화학 박사학위를 받고 프리드리히 바이엘 앤 컴퍼니에 들어왔다. 뮌헨에서 군대에 복무하면서 인디고 색을 합성해 훗날 노벨상을 받은 유명한 독일 화학자 아돌프 폰 베이어의 연구실에서 일한 경험이 있는 인물이었다. (베이어는 바이엘을 세운 프리드리히 바이엘과 무관하다.) 합성화학을 이용해 회사에 이익을 안겨줄 제품으로 바꿀 수 있는 발명을 해낼 젊고 재능 있는 화학자를 찾던 바이엘 이사회는 두이스베르크를 고용했다. 1888년 두이스베르크는 새로운 의약품을 발명하는 임무를 띠고 바이엘 제약 연구단을 만들었다.

수 세기 동안 모든 신약 사냥꾼은—의사 겸 식물학자, 의사 겸 연금술사, 산업시대의 조제사를 포함한—약이 증기기관이나 타자기처럼 인간의 독창성을 이용해 만들어내는 것이라기보다는 금맥이나 온천처럼 발견해야만 하는 것으로 생각했다. 특정 질병과 싸우는 약을 만들어내는 게 가능할지도 모른다는 생각은 관점의 급격한 전환을 요구했다. 새로 발견한 합성화학의 힘과 정확성은 그런 전환의 첫 번째 단계를 촉진했다.

그때까지만 해도 (스큅 같은) 제약회사는 모두 화학을 이용해 기존의 약을 더 효율적이고 일관적으로 만드는 데 초점을 맞추고 있었다. 그러나 두이스베르크는 기존 약의 생산 공정을 개선하는 데 그치고 싶지 않았다. 과거에 없던 새로운 약을 만들려고 했다. 합성염료 산업의 기본적인 방식은 예쁜 색을 내는 기존의 분자로 시작해서 더 예쁜 색을 내도록 화학적으로 살짝 비트는 것이었다. 두이스베르크는 생각했다. 약도 똑같이 하면 되지 않을까? 좋은 약을 갖고 시작해서 더 좋은 약이 될 때까지 화학적으로 살짝 비트는 거야. 우연에 기대 화학적으로 살짝 비틀어볼 바이엘의 첫 번째 후보는 살리실산이라는 흔한 약이었다.

살리실산염은 수천 년 동안 열과 통증, 염증을 줄이는 데 쓰였다.[7] 그리고 당시의 약이 대부분 그렇듯 식물 도서관에서 나왔다. 살리실산은 버드나무처럼 동물의 순환계와 같은 기능을 하는 영양분 전달 체계가 있는 관다발 식물에서 나오는 물질이다. (역설적으로 버드나무 추출물이 열을 내린다는 사실은 중세에 보편적이었던 동종요법의 신약 사냥 원리를 만족시키는 듯하다. 동종요법에 따르면, 어떤 질병을 치료하는 약은 병에 걸리는 장소에 있다. 예를 들어, 늪은 종종 열병을 일으키므로 열병을 치료하는 약도 늪지대에 있다는 것이다. 버드나무는 원래 늪지대에 사는 식물이므로 버드나무 추출물이 열을 내린다는 사실은 18세기의 많은 약제사에게 말이 되는 소리였을 것이다.) 이 관다발 식물 추출물의 핵심 성분은 알려지지 않고 있다가 1838년 이탈리아 화학자 라파엘레 피리아가 좀 더 효과적인 버드나무 추출물을 얻는 방법을 개발했고, 여기에 버드나무를 뜻하는 라틴어 살릭스에서 따온 살리실산이라는 이름을 붙였다. 곧 다른 화학자가 또 다른 관다발 식물인 터리풀 추출물의 활성 성분도 피리아가 발견한 살리실산이라는 사

약 사냥꾼들은 버드나무에서 살리실산을 추출했다.

실을 알아냈다.

갈수록 의사들이 살리실산염 약품의 효능을 인식하고 복용 시의 효과를 개선하자 이 약의 사용은 19세기 중반까지 계속 늘어나 마침내 모든 의사의 약품 가방에 꼭 들어가는 요소가 되었다. 그렇지만 살리실산에는 아주 불쾌한 부작용이 있었다. 특히 위장 자극, 이명, 메스꺼움이 심했다. 만약 두이스베르크가 살리실산의 부작용을 줄이면서 항염증 성질을 유지하는 방법을 찾을 수 있다면 바이엘은 이 약을 개선할—그리고 큰돈을 벌—기회를 얻을 수 있었다. 바라건대, 화학적으로 올바르게 살짝 비틀기만 하면 되는 일이었다.

갓 태어난 바이엘의 제약 연구단은 아주 초기에도 오늘날의 대형 제약사에 있는 개발팀과 상당히 비슷했다. 화합물을 합성하는 화학자로 이루어진 화학팀이 있고, 화합물을 동물과—그리고 동물 실험 결과가 좋으면—인간에게 시험하는 생물학자로 이루어진 제약팀이 있다. 두이스베르크는 살리실산을 비트는 일을 맡길 두 사람을 고용했다. 화학 연구를 이끌 아르투어 아이헹륀과 제약 연구를 이끌 하인리히 드레저였다.

일반적으로 식물이 만드는 유기 화학물은 굉장히 복잡하고 실험실에서 조작하기 어렵다. 그러나 살리실산이 비틀기에 유별나게 좋은 후보였던 건 두이스베르크의 행운이었다. 살리실산은 다른 대부분의 식물 화합물보다 분자 구조가 단순하고 조작하기 쉬웠다. 1890년대 중반 화학팀장인 아이헹륀은 아세틸 그룹에 흥미를 느꼈다. 이는 탄소 원자 두 개가 들어 있는 작은 분자로 살리실산을 비롯한 여러 식물 화합물

살리실산이 있는 터리풀 중 하나인 고사리터리풀

에 달라붙을 수 있었다. 1897년 8월, 아이헹륀은 자신의 부서에서 일하는 후배 화학자 펠릭스 호프만에게 아세틸 그룹을 식물에서 유래한 두 가지 이름난 약, 모르핀과 살리실산에 붙여보라고 지시했다. 호프만은 아세틸 그룹을 (양귀비꽃에서 나온) 모르핀에 붙여서 디아세틸모르핀이라는 새로운 합성 물질을 만들었다. 또, 아세틸 그룹을 (터리풀에서 나온) 살리실산에 붙여 아세틸살리실산이라는 새로운 합성 물질을 만들었다.

이 두 신약 후보, 디아세틸모르핀과 아세틸살리실산은 드레저(제약팀장)의 손으로 넘어가 동물과 사람을 대상으로 평가를 받았다. 두 합성 물질 모두 드레저의 초기 동물 실험을 통과했다. 그러나 드레저는 두 물질을 모두 완벽하게 평가하기에는 예산이 부족하다는 걱정이 들었다. 한정된 자원을 생각하면 한 가지만 골라서 개발해야 했다. 하지만 어떤 것을 해야 할까?

내가 제약산업에 들어와서 만난 첫 상사는 신약 사냥에서 가장 어렵고 중요한 결정은 '낚을 것이냐 미끼를 끊을 것이냐'라고 가르쳤다. 잠재적인 약을 쫓아 자원을 계속 투자할 것이냐, 아니면 끊고 다른 곳으로 갈 것이냐. 이 결정은 언제나 부정확한 정보에 바탕을 두고 이루어진다. 따라서 효과가 있고 상업성이 있는 약 대신에 나쁜 약을 쫓다가 망하기도 한다. 계속 낚기로 잘못된 결정을 하는 일이 많다는 건 임상시험의 50~75퍼센트가 실패하는 이유를 설명해준다.

반면, '미끼를 끊기'로 한 잘못된 선택은 좀 더 자주 일어난다. 내가 스퀍에 있을 때 효과가 있지만 약간 독성이 있었던 기존 항생제의 대체품을 개발하려고 한 적이 있었다. 나는 우리 초기 연구가 상당한 장래성을 보였다고 생각했다. 하지만 임상시험을 시작하기 전에 연구관리부서에서 내 의견을 기각하고 계획을 취소했다. '미끼를 끊기'로 결정했던 것이다. 우리의 경쟁사였던 릴리도 비슷한 항생제를 개발하고 있었다. 하지만 스퀍과 달리 계속 낚기로 결정했다. 결국 릴리의 항생제는 FDA의 승인을 받았고, 현재 매년 10억 달러가 넘는 매출을 올리고 있다.[8]

바이엘의 제약팀장 드레저 이야기로 돌아가자. 디아세틸모르핀과 아세틸살리실산과 관련해 드레저는 하나만 낚고 다른 하나는 미끼를 끊어야 할 필요성을 느꼈다. 심장을 약하게 만든다는 살리실산의 평판 때문에 아세틸살리실산에 자원을 쓰는 게 더욱 걱정스러웠다. 비틀어 만든 약에서도 부작용이 남아 있을까 봐서였다. 드레저는 모르핀 비틀기가 더 유망한 후보라고 판단하고 모든 노력을 '헤로인'이라고 이름을 바꾼 디아세틸모르핀 개발에 쏟아부었다.

아이헹륀(바이엘의 화학팀장)은 정반대의 판단을 내렸다. 한 가지 화합물만 연구할 수 있는 자원이 있다면 아세틸살리실산을 계속 낚아야 한다고 느꼈다. 열과 통증을 완화하는 효과적인 치료제가 있다면 응용의 범위가 거의 무한하기 때문이었다. 그러나 살리실산을 비틀어 만든 물질이 부작용을 일으키지 않는다는 확실한 증거는 없었다. 아세틸살리실산이 안전하고 효과적임을 증명하기 위해 아이헹륀은 임상시험 데이터가 필요했다. 그리고 드레저는 그 약에 대한 더 이상의 임상시험을 막고 있었다. 아이헹륀은 두 사람의 상사인 두이스베르크에게 이야기해볼 수 있었지만, 두이스베르크가 드레저를 높이 평가한다는 점 또한 알고 있었다. 그뿐만 아니라 팀에 중심을 두는 독일 기업의 문화에서는 두이스베르크가 바이엘의 생물학 연구책임자로 자신이 앉힌 사람의 판단을 뒤집을 가능성도 거의 없었다. 오늘날에도 독일 제약회사는 제멋대로 구는 사람과 독단적인 사람을 몹시 싫어한다. 아이헹륀은 회사의 방침에 따라야 한다는 압박을 느꼈지만, 아세틸살리실산의 상업적인 잠재성이 무시하기에는 너무 컸기 때문에 대담한 신약 사냥꾼이라면 언제나 해왔던 일을 했다. 관리부서 몰래 연구했던 것이다.

아이헹륀은 친구이자 동료인 바이엘의 베를린 대표, 펠릭스 골드만에게 연락했다. 그리고 독일의 수도에서 조용히 몰래 아세틸살리실산의 임상시험을 계획했다. 이때는 임상시험의 극초반기였던 터라 사전동의 같은 현대의 윤리적 절차가 이루어지기는커녕 그런 개념조차 없었다. 베를린의 의사(그리고 치과 의사)들은 그저 골드만이 건네준 뭔지 모를 화합물을 받아서 환자에게 투약했다. 아이헹륀의 화합물을 치통이 있는 환자에게 시험했던 한 치과 의사는 몇 분 뒤 "환자가 벌떡 일어나더니 치통이 완전히 사라졌다고 말했다"라고 보고했다. 작용이 빠른 항염증제는 어떤 형태로든 존재하지 않았기 때문에 아이헹륀과 그 치과 의사는 둘 다 환자의 빠른 증상 완화를 거의 기적적인 일로 받아들였다. 다른 환자에게 아세틸살리실산을 시험한 결과도 아주 좋았다. 환자들이 통증, 열, 염증이 줄었다고 보고했으며, 결정적으로 위장장애나 혹은 다른 뚜렷한 부작용을 보고하지 않았다.

아이헹륀은 은밀하게 얻어낸 결과를 드레저와 공유했다. 하지만 드레저는 별다른 인상을 받지 않았다. 아세틸살리실산에 관한 아이헹륀의 임상 보고서를 읽은 드레저는 이렇게 썼다. "평소처럼 베를린에서 과장하는 것이다. 그 제품은 아무런 가치가 없다." 드레저는 헤로인이 회사의 미래라고 굳게 믿고 있었다. 마침내 두이스베르크가 두 부하 직원 사이의 논란에 개입했다. 베를린에서 나온 아이헹륀의 데이터를 검토한 두이스베르크는 드레저의 결정을 뒤엎고 사람을 대상으로 한 아세틸살리실산의 완전한 임상시험을—헤로인에 대한 완전한 임상시험과 함께—승인했다.

두 합성 약물은 당당하게 임상시험을 통과했고, 바이엘은 대중에게 판매할 준비를 했다. 1899년 바이엘은 아세틸살리실산의 제품명을 정했다. 아스피린이었다. 아세틸acetyl에서 나온 a에 터리풀을 뜻하는 라틴어 Spirea ulmaria를 더하고, 약에 쓰는 표준 접미사 in을 붙였다. 유럽어권 사람이 발음하기 쉬운 이름이라는 생각으로 만든 것이다. 바이엘은 아스피린의 일반 명칭을 가능한 한 발음하기 어렵게 만들기도 했다. 살리실산의 모노아세트산 에스테르였다.

그러나 바이엘은 예상치 못했던 실망스러운 일을 겪었다. 다른 연구자가 과거에 아세틸살리실산 합성을 보고한 적이 있어서 독일 내에서 특허 신청이 반려당했다. 1600년대에 로버트 탈보가 자신의 파이레톨로지아에는 비밀 성분이 들어가 있다고 주장하며 다른 키나 나무껍질 판매업자를 경쟁에서 누르려고 했던 것처럼 바이엘도 의사들이 바이엘의 상품 대신 일반명으로 처방하지 않게 하려고 아스피린의 복잡한 일반 명칭을 밀어붙였다. 의사들이 "살리실산의 모노아세트산 에스테르 두 알을 먹고 아침에 전화하세요"와 같이 처방하는 것을 귀찮아하기를 원했다.

독일에서 독점적인 특허를 갖지는 못했지만(미국에서는 바이엘이 특허를 받았다) 마케팅을 열심히 한 덕분에 아스피린은 곧 합성화학의 시대에 나온 최초의 블록버스터 신약이 되었다. 아스피린은 식물 추출물에서 나온 살리실산염 약품보다 훨씬 우수했다. 약효는 뛰어나면서 부작용은 뚜렷이 적었다. 아스피린의 국제적인 인기는 갈수록 높아져서 1918년 스페인 독감이 대유행했을 때는 표준 처방이 되어 있었다. 1917년 아스피린에 대한 바이엘의 미국 특허가 만료되자 아스피린의 복제약과 유사품이 폭발적으로 나타났다. 하지만 동네 약국이나 월그린에 가 보면 알겠지만, 바이엘의 아스피린은 스테디셀러로 남아 있다. 21세기까지 변하지 않고 살아남은 몇 안 되는 19세기 약 중 하나다.

오늘날 매년 3000만 킬로그램이 넘는 아스피린이 팔린다. 작은 항공모함 한 대의 무게다. 처방 없이 살 수 있는 다른 진통제, 특히 타이레놀, 애드빌, 모트린과 경쟁하게 되면서 시간이 지남에 따라 아스피린 사용은 서서히 줄어들었다. 그러나 아스피린은 경쟁자 사이에서도 독특한 위치를 차지하고 있다. 혈소판 응고를 줄여 혈액을 묽게 하기 때문이다. 그래서 심장약으로 여전히 부러울 정도의 판매량을 유지하고 있다.

현대 교과서나 약의 역사에서 아스피린의 기원을 설명하는 내용을 보면 이상하게도, 대개 아이헹륀의 이름이 빠져 있는 것을 알 수 있다. 바이엘이 아스피린을 만들 수 있게 혼자서 밀어붙인 인물인데 말이다. 그 대신 아이헹륀의 후배 화학자인 펠릭스 호프만이 보통 아스피린의 발명자로 나온다. 전형적인 설명에 따르면, 호프만이 류머티즘 때문에 먹는 살리실산나트륨의 부작용으로 괴로워하는 아버지를 위해 아스피린을 개발했다고 한다. 사실 호프만은 아스피린의 역사에서 그다지 비중이 없는 인물로, 왜 그 화합물을 합성하는지 정확히 알지도 못한 채 단순히 아이헹륀의 요구에 따라 살리실산에 아세틸 그룹을 붙였다. 그런데 왜 진실에서 이렇게 멀리 떨어진 설명이 유명해졌을까? 나치에 책임을 물을 수 있다.

바이엘은 1930년대까지 아스피린의 발명에 관한 이야기를 출판하지 않았다. 이는 바이엘의 제약팀장 드레저의 탓이 컸다. 드레저는 화

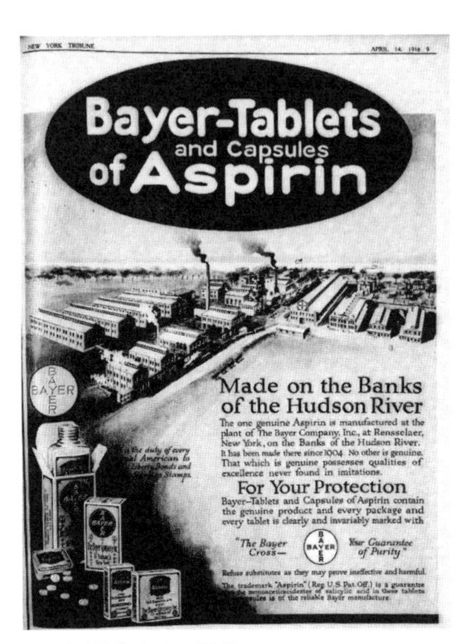

1918년 신문에 난 아스피린 광고

학팀장 아이헹륀이 자기 몰래 아스피린을 시험한 일을 절대 용서하지 않았다. 그래서 신약을 홍보하기 위해 회사의 과학적 발견을 보고할 때 일부러 아이헹륀에 대해 전혀 언급하지 않았다. 아이헹륀이 아스피린 발견을 성공적으로 이끈 지 50년 만에 바이엘이 마침내 그 과정을 대중 상대로 출판했을 때 이 두통약은 국가의 보물 같은 존재가 되어 있었다. 아이헹륀에게는 불행한 일이었지만, 독일에서는 나치가 권력을 잡고 있었고, 그건 곧 국가의 보물이 아리아인의 이상에 순응해야 한다는 뜻이었다.

이때 아이헹륀은 화학 회사를 경영하는 저명한 기업가가 되어 있었지만, 한편으로는 유대인이기도 했다. 결국 테레진슈타트의 집단 수용소에 갇힌 채 소련이 해방해줄 때까지 참혹하게 살았다. 바이엘은 아스피린의 발견에 관한 공식적인 이야기를 출판하면서 유대인이 이 약 개발의 배경에 있던 원동력이었다는 사실을 신중하게 빼놓고, 그 대신 아리아인이라고 할 수 있는 호프만에게 공로를 돌렸다. 나치 시대에 뮌헨 독일 박물관 화학 전시관 명예의 전당에는 다음과 같은 말이 새겨진, 하얀 크리스탈이 들어 있는 진열장이 있었다. "아스피린: 드레저와 호프만 발명."

전쟁이 끝난 뒤 80대가 된 아이헹륀은 실제로 일어난 일에 관해 설명한 책을 몇 번 출판하며, 원본 문서로 자신의 이야기를 뒷받침했다. 한편, 호프만은 한 번도 공개적으로 아스피린 발명의 공을 주장하지 않았으며, 아이헹륀의 설명에 반박하지도 않았다. 그럼에도 불구하고 나치의 영향을 받은 아스피린 발명 이야기는 화학의 역사에 너무 깊이 박혀버렸고, 기록을 바로잡으려는 아이헹륀의 노력은 대부분 무시당했다.

아스피린의 거짓 역사는 여러 면에서 약이 어떻게 발견되는지에 관한 대중의 인식과 그보다 훨씬 더 험난한 현실 사이의 간극을 나타내는 적절한 은유다. 세탁이 된 판본에서는 펠릭스 호프만이 병든 아버지를 위해 신약을 발명했고, 바이엘은 이 놀라운 발견을 재빨리 알아보고 세상과 공유했다. 실제로는 앙심을 품은 중간관리자가 아스피린보다 헤로인의 상업적인 전망을 더 좋게 보았고, 아스피린 개발을 중단시키려고 온갖 수단을 썼다. 그동안 아스피린의 발명자는 동료의 눈을 피해 은밀한 계획을 세워 약에 관한 데이터를 얻었으며, 아스피린을 지지하도록 상급 관리자를 설득했다. 아스피린 판매가 시작된 뒤에도 실제로는 새로운 발명이 아니었음이 드러났다. 다른 화학자 몇 명이 먼저 합성한 적이 있었다. 경쟁자가 복제약을 쏟아냈음에도 바이엘은 능란한 마케팅으로 이 합성 물질에서 블록버스터급의 이익을 짜낼 수 있었다. 그리고 20세기 초 독일의 반(反) 셈족 정책에 순응하기 위해 아스피린의 발견 이야기를 세탁했다.

이것이 역사상 그 어떤 약보다 더 많이 팔린 유명 의약품, 아무도 건드리지 않은 새로운 분자의 도서관, 즉 합성 의약품 도서관을 뒤지는 사냥의 시대를 연 약에 얽힌 진짜 이야기다.

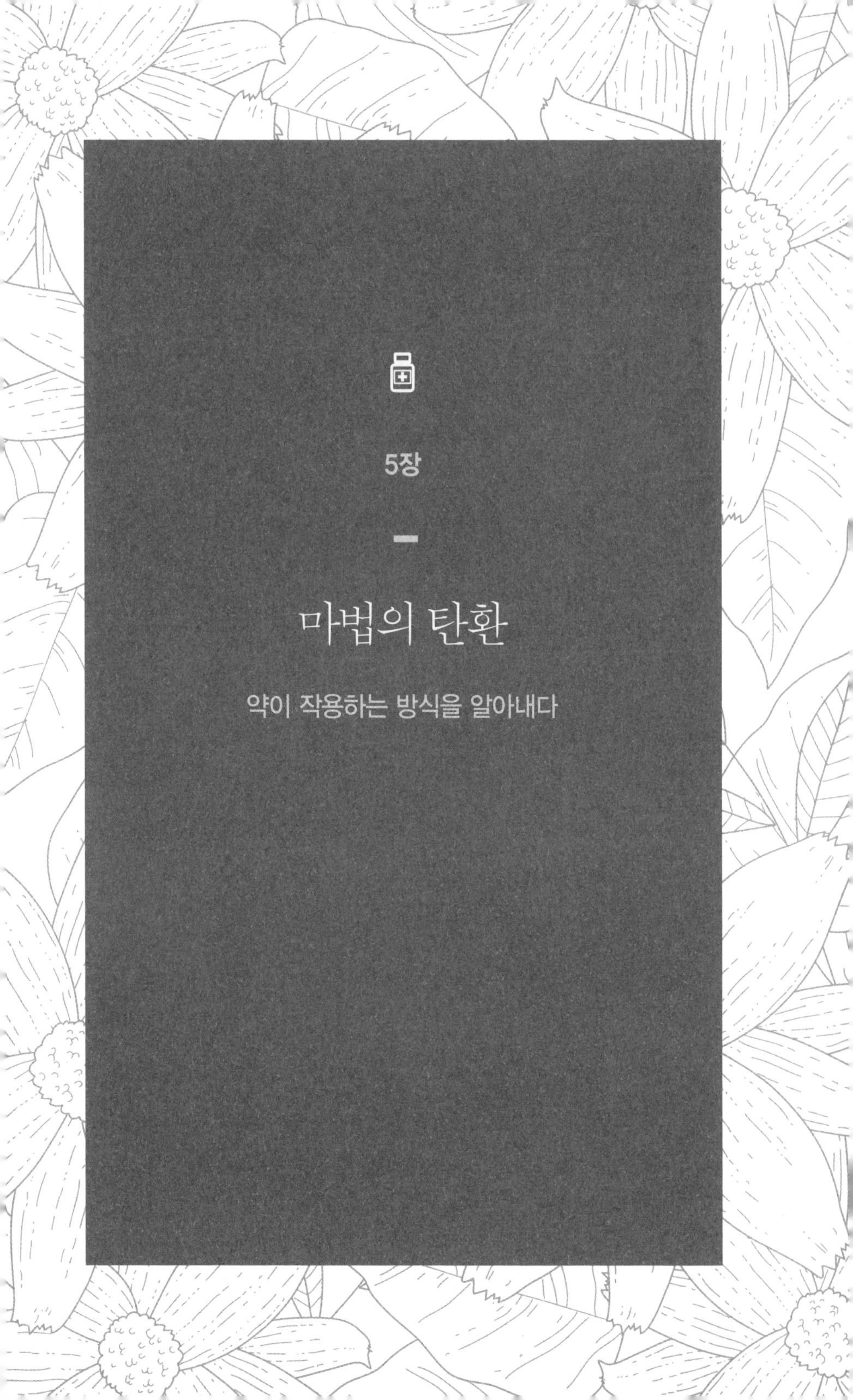

5장

마법의 탄환

약이 작용하는 방식을 알아내다

"다른 물질과 연결되지 않는다면 그 물질은 효과가 없다."

_파울 에를리히, 1914년

15세기가 저물어갈 무렵 신종 전염병이 더러운 바람처럼 유럽을 휩쓸었다. 이 병에 걸리면 먼저 피부에 시뻘건 종기가 생긴다. 당황스럽게도, 보통 생식기에 먼저 생긴다. 얼마 지나지 않아 환자의 가슴과 등, 팔, 다리에 진한 분홍색 발진이 일어난다. 그다음에는 두통과 목이 아픈 증상을 동반한 열이 난다. 병자는 체중이 줄어들고, 곧 머리카락을 잃는다. 몇 주 동안 건강이 계속 나빠지다가 갑자기 증상이 줄어든다. 몸이 감염과 싸워 이긴 걸까? 아니었다. 잠시 늦어지는 건 거짓 희망을 불러일으켰다.

폭풍은 끝이 아니었다. 다만 생물학적 태풍의 중심에 있는 조용한 눈일 뿐이었다. 곧 병이 끔찍한 모습으로 돌아왔다. 피부 위로 수백 개의 빨갛고 흉측한 덩어리가 솟아올라 환자를 동화에 나오는 악마처럼 보이게 만들었다. 마침내 병이 심장과 신경계, 뇌를 공격했고, 종종 완전한 치매 현상을 일으켰다. 그리고 결국 휴식이—몇 년 뒤일 수도 있고, 몇십 년 뒤일 수도 있다—죽음이라는 형태로 찾아왔다.

유럽에서 처음으로 이 질병의 발생을 잘 기록한 건 1494년 나폴리를 포위하고 있던 프랑스 군대였다. 이탈리아인은 이 병을 '프랑스 병'이라고 불렀고, 반대로 프랑스인은 '이탈리아 병'이라고 불렀다. 오늘날 우리는 이 병을 매독이라고 부른다. 매독은 다른 병과 혼동하기 쉬워서(종종 '훌륭한 모방꾼'이라고도 불린다) 정확한 기원은 아직 논쟁의 대상이다. 한 가지 유력한 이론은 콜럼버스를 비롯한 유럽의 초기 탐험대가 신세계의 원주민에게 천연두라는 불행을 안겨주고, 동시에 매독을 유럽으로 가져왔다는 것이다. 이탈리아에서 발생한 건 콜럼버스가 첫 항해에서 돌아온 직후였다. 확실한 건 매독이 1500년대 이래 20세기 초반까지 유럽에서 가장 무섭고 전염성이 강한 질병 중 하나였다는 사실이다.

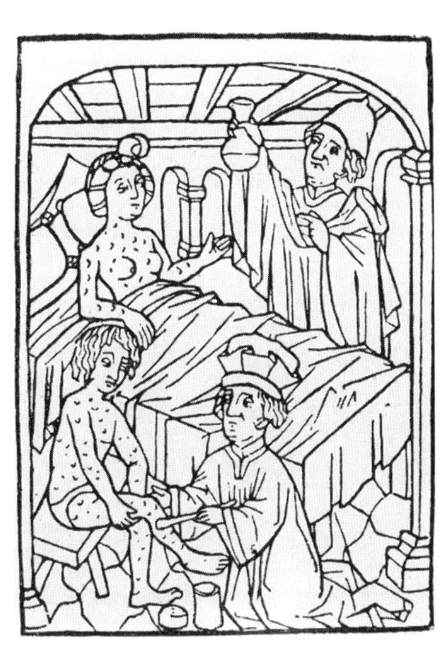
매독에 걸린 환자

스페인 의사 루이 디아스 데 이슬라는 1539

년 100만 명 이상의 유럽인이 이 무시무시한 병에 감염되었다고 기록했다. 치료법은 형편없는 것부터 쓸모없는 것까지 다양했다. 예를 들어, 유창목의 수지(쓸모없음), 야생 팬지(쓸모없음), 그리고 나쁜 것 중에서 가장 좋은 수은 등이 있었다. 수은은 매독 병원체에 독성이 있었기 때문에 어느 정도 병을 낫게 하는 효과가 있었다. 불행히도, 수은은 사람에게도 상당한 독성이 있었다. 그렇지만 매독에 유일하게 효과 있는 치료법이었기 때문에 수은 사용으로 인해 "비너스의 품 안에서 보낸 하룻밤이 평생의 수은 중독으로 이어진다"라는 말이 나왔다.

매독이 유럽을 파괴하기 시작했을 당시 누구도 치료법을 알지 못했다. 왜 매독에—다른 병도 마찬가지였지만—걸리는지 조금이라도 아는 사람이 전혀 없었기 때문이다. 19세기 중반까지 장티푸스, 콜레라, 선페스트, 매독 같은 흔한 불행의 기원에 관한 가장 유력한 가설은 독기설이었다. 독기설은 질병이 독성이 있는 '나쁜 공기' 때문에 생긴다는 이론이었다. 이 해로운 독기는 썩어가는 유기물질에서 나오며, 부패한 입자로 가득한 독성 안개다. 이 이론에 따르면 사람은 전염성이 없다. 질병은 전염성이 있는 증기가 나오는 장소에서 퍼지며, 지독한 냄새로 알아낼 수 있다. 그에 따라 병원은 어떤 독기의 원천도 없는 깨끗한 장소이며, 입원한 환자는 새로운 전염병의 위협으로부터 안전하다고 생각했다.

독기설은 1847년 비엔나 종합병원에서 일하고 있던 헝가리의 산과의사 이그너즈 제멜바이스의 도전을 받았다. 제멜바이스는 산욕열에 걸린 여성을 자주 치료했다. 이 병은 종종 치명적일 수도 있는 심각한 혈액 감염증인 산욕 패혈증으로 발전했다. 오늘날 우리는 이 병이 여성이 출산 도중에 세균에 감염되어 생긴다는 사실을 안다. 그러나 19세기의 의사는 산부인과 병동에서 끊임없이 생기는 이 병에 당혹스러워했다.

제멜바이스는 갓 아이를 낳은 여성이 왜 그렇게 많이 병에 걸리는지 궁금했다. 병원에서 의사와 의대생의 도움을 받아 아이를 낳은 많은 여성이 곧 산욕열로 목숨을 잃었다. 반면, 산파 혼자서 아이를 받은 여성은 죽지 않았다. 이건 쉽게 설명할 수 없는 기이한 수수께끼였다. 그러나 제멜바이스는 대담한 가설을 제안했다.

제멜바이스는 의사와 의대생이 종종 부검을 마친 뒤 곧바로 산부인과 병동으로 온다는 사실에 주목했다. 부검 대상에 모종의 전염성 물질이 있어서 여성에게 산욕열을 전파한다고 추측했다. 직접적인 물리적 오염이라는 이 급진적인 이론을 시험하기 위해 제멜바이스는 자신의 산부인과 병동에 있는 의사들에게 임신한 여성을 검진하기 전에 라임으로 손을 닦으라고 지시했다. 이제 의사가 시체를 만진 뒤 닦지 않은 손으로 여성의 은밀한 부위를 건드리지 않았다. 성공이었다. 제멜바이스의 실험 이후 출산 시의 사망률은 18퍼센트에서 2퍼센트로 뚝 떨어졌다.

제멜바이스가 의사의 위생 상태를 개선한 일은 질병에 관한 새로운 관점을 제시하며 독기설을 반증하는 듯했다. 하지만 불행히도, 제멜바이스와 그 이론은 비엔나 의학계로부터 철저하게 무시당했다. 1861년 제멜바이스는 자신의 의견을 옹호하는 책, 《산욕열의 원인과 개념, 예방 *The Etiology, Concept, and Prophylaxis of Childbed Fever*》을 출간했다. 이 책은 거의 주목을 받지 못했고, 제멜바이스가 수준 낮은 아마추어라고 생각했던 더 이름난 의사들로부터 조롱을 받기도 했다.

제멜바이스가 견뎌야 했던 직업상의 모욕은 내가 참석했던 롱아일랜드의 명망 있는 생물학회에서 일어났던 일을 떠올리게 한다. 그 학회는 대부분 DNA에 초점을 맞추고 있었는데, 한 젊은 박사후연구원이 엄청나게 긴 인간의 DNA(인간 DNA는 길이가 3미터에 달하지만, 폭은 2나노미터에 불과하다)가 작은 세포핵의 좁은 공간에 어떻게 들어갈 수 있는지에 관해 발표했다. 이 젊은이는 자신감이 부족했고, 발표도 들쑥날쑥했다. 그러나 지금 우리는 그 발견이 본질적으로 옳다는 사실을 안다.

발표 중간에 갑자기 프랜시스 크릭이 무대 앞으로 걸어 나갔다. 크릭은 DNA의 구조를 발견한 인물로, 세계에서 가장 유명한 생물학자다. 크릭은 연단 바로 앞에 서서 그 젊은 학자를 마주 보았다. 두 사람의 얼굴은 고작 30센티미터 정도밖에 떨어져 있지 않았다. 과학계의 전설이 보여주는 기이한 행태에 긴장한 박사후연구원은 서둘러 나머지 발표를 마쳤다. 그 친구가 말을 끝내자 크릭이 말했다.

"끝난 건가?"

젊은이는 고개를 끄덕였다. 크릭은 천천히 청중을 향해 몸을 돌리더니 말했다. "다른 사람은 어떻게 생각할지 모르겠지만, 이 학회에서 더 이상의 아마추어는 보고 싶지 않습니다." 나는 제멜바이스가 그 야심 찬 젊은 생물학자만큼이나 굴욕을 느꼈을 게 분명하다고 생각한다.

동료 학자들의 무시에 좌절한 제멜바이스는 산부인과 의사가 생각 없는 살인자라고 공공연히 비난하고 다녔다. 다른 의사들은 무시했다. 여전히 썩어가는 시체에 손가락을 넣었다가 아무렇지도 않게 똑같은 손으로 아기를 받았다. 제멜바이스는 술을 많이 마시기 시작했고, 곧 병원과 가족에게 당황스러운 존재가 되었다. 1865년에는 속아서 정신병원에 들어가 갇혔다. 제멜바이스는 탈출하려다가 경비에게 심하게 얻어맞았고, 2주 뒤 상처로 인해 세상을 떠났다. 감염을 일으키는 데 있어 세균의 역할을 알아낸 인물은 그렇게 비극적인 삶을 살았다.

몇 세기에 걸쳐 몇몇 사람이 직접적인 물리적 오염이 질병을 일으킨다는 식의 주장을 펼쳤지만, 병을 옮기는 병원체의 존재에 관한 명확하고 결정적인 증거는 1860년대에 유명한 프랑스 생물학자 루이 파스퇴르의 연구를 통해 드러났다. 파스퇴르는 독기설, 그리고 자연발생설을 반증하는 실험을 수행했다. 자연발생설은 당시 널리 퍼져 있던 생각으로, 생명이 없는 물질에서 새로운 생명체가 생겨날 수 있다는 이론이었다. 가령 여러분이 스마트폰을 쳐다보고 있는데 갑자기 화면에서 조그만 생명체가 꿈틀거리며 나타난다고 생각해보라. 19세기의 생물학자는 자연발생설에 의해 이렇게 생명체가 생겨나는 게 가능하다고 생각했다.

파스퇴르는 새로운 생명체의 발생이 공기 중에 있는 특정 입자에 노출되어야 가능하다는 사실을 증명했다. 그리고 결정적으로 이 특이한 입자는 이미 살아 있는 존재라는 사실을 보였다. 다시 말해, 질병은 너무 작아서 보이지 않는 유기체, 즉 미생물이 일으킨다는 것이다.

1600년대 이래 과학자는 미생물의 존재를 알고 있었다. 하지만 19세기 의학계는 그렇게 조그맣고 하찮은 존재가 건강한 인간을 아프게—심지어는 죽게—할 수 있다고는 상상하지 못했다.

보이지 않을 정도로 작은 유기체가 인류가 알고 있는 가장 끔찍한 질병을 일으킨다는 사실을 파스퇴르가 밝히고 나자 모두가 직접 눈으로 보기를 원했다. 병균을 관찰하는 사람에게는 아쉬운 일이지만, 감염성 세균과 곰팡이 세포는(동식물의 세포는 물론이고) 대부분 반투명했다. 슬라이드에 세포를 붙이고 현미경으로 들여다보면, 모호하고 흐릿한 윤곽만 보여 구분하기 어렵다. 대비되는 게 없어서 배경과 세포의 구조를 명확하게 구분할 방법이 없기 때문이다.

해결 방법은 19세기 중반 합성염료의 발명과 함께 등장했다. 염료 제조업은 마치 19세기의 항공우주산업처럼 핵심 시장을 위한 첨단 제품을 만드는 와중에 여러 가지 유용한 파생 상품을 만들었다. 미생물학자들은 기성품 염료가 세포를 염색하는 데 쓸모 있는지 시험하기 시작했다. 병균 연구를 개선할 수 있는 합성염료의 잠재성에 사로잡힌 사람 중 한 명이 파울 에를리히라는 독일 과학자였다.

에를리히의 사촌인 카를 바이게르트는 저명한 세포생물학자이자 조직학자(생체 조직의 구조를 연구하는 사람)였다. 1874년에서 1898년 사이 바이게르트는 합성염료를 이용한 세균 염색에 관한 일련의 논문을 발표했다. (지금도 과학자들은 여전히 '바이게르트 염색' 기법을 이용해 뉴런을 관찰한다.) 바이게르트의 연구 이후 동물 세포와 미생물을 연구하기 위해 '아닐린 염료'로 알려진 일련의 합성염료가 신속하게 도입되었다.

이런 염료는 썩은 물고기 같은 냄새가 나는 유기화합물인 아닐린 분자에 기반을 둔 물질이다.

라이프치히의 의과대학에 다니던 에를리히는 사촌의 발자취를 좇아 아닐린 염료를 이용해 동물 조직을 염색하기 시작했다. 1878년에 의학으로 학위를 받았지만, 한 번도 전도유망한 학생으로 인정받았던 적이 없었다. 에를리히의 지도교수는 조직 염색에 집착하느라 쓸데없이 정신이 산만해져 좀 더 유용한 기술을 연마하지 못하고 있다고 생각했다. 에를리히를 가르친 교수 중 한 명은 에를리히를 전염병에 관한 선구적인 연구로 세균학의 아버지로 불린 저명한 의사 로베르트 코흐에게 소개하며 이렇게 말했다. "이 친구는 에를리히 군입니다. 염색은 아주 잘하지만, 시험은 통과하지 못할 겁니다." 사실 에를리히의 초기 경력에는 그가 나중에 역사상 가장 영향력 있는 신약 사냥꾼 중 한 명이 되기는커녕 신약 사냥에 관여하게 되리라고 추측할 만한 근거가 전혀 없었다.

파울 에를리히가 실험하는 모습

처음에 에를리히는 어떤 염료는 특정 세포의 일부분(예를 들어 식물 세포의 세포벽이나 엽록체)을 물들이지만, 다른 세포(예를 들어 동물 세포)는 어떤 부분도 물들이지 못한다는 특이한 사실에 매력을 느꼈다. 다시 말해, 각 염료에는 달라붙을 수 있는 고유한 생물학적 표적이 있는 것처럼 보였다. 그러던 어느 날 에를리히는 매력적인 아이디어를 떠올렸다. 염료가 병원체의 특정 부분을 표적으로 삼으면서 동시에 그 병원체에 독성을 띤다면 어떨까? 만약 그렇다면 숙주에 해를 끼치지 않으면서 병원체를 죽일 수 있었다. 에를리히는 병원체를 노리는 독이라는 개념을 '마법의 탄환'이라고 불렀다.

1891년 에를리히는 말라리아를 일으키는 원충을 선택적으로 염색하고, 이를 죽이는 염료를 찾기 시작했다. 수십 개를 시험한 뒤에 메틸렌블루라는 한 특정 염료가 말라리아 기생충을 염색하지만, 인체 조직은 염색하지 않는다는 사실을 알아냈다. 다행히 염료는 말라리아 병원체에 어느 정도 독성이 있어 보였다. 에를리히는 메틸렌블루를 말라리아 환자 몇 명에게 시험하기 시작했고, 곧 그중 두 명을 치료했다고 보

독일 화폐에 그려진 파울 에를리히

고했다. 세계 최초의 완전 합성 약물은 코발트색을 내는 밝고 선명한 염료였다.

에를리히는 퀴닌이 여전히 훨씬 더 효과적이고 믿을 만한 치료제라는 사실을 인정했지만, 자신이 생각한 마법의 탄환이라는 개념이 단순한 이론이 아니라는 사실을 증명했다. 필요한 건 딱 맞는 염료뿐이었다. 에를리히는 베를린에 있는 전염병연구소에 자리를 얻어 최초의 성공적인 신약연구실 모형을 만들었다. 에를리히의 연구실은 신약 후보(즉, 새로운 합성염료)를 개발하는 유기 화학자와 병원체에 대한 신약 후보의 효과를 시험하는 미생물학자(이건 에를리히의 역할이었다), 동물에게—동물 실험이 성공적이면 사람에게—신약 후보의 효과를 실험하는 동물생물학자로 이루어져 있었다.

에를리히의 3인 실험실은 병원성 원충, 세균보다는 포유류 세포와 더 비슷한 감염성 단세포 미생물에 합성염료 수백 개가 어떤 염색 특성과 독성을 보이는지 조사했다. 많은 염료가 병원체를 선택적으로 물들였지만, 어떤 것도 원충의 활동을 방해하지 못했다. 그러다 트리판 레드라는 염료가 나타났다. 이 염료는 트리파노소마 에퀴눔이라는 쥐 기생충을 물들이고, 죽였다. 그러나 에를리히의 흥분은 금세 가라앉았다. 트리파노소마 병원체는 재빨리 저항력을 획득해 트리판 레드를 치료제로 쓸모없게 만들었다.

끝도 없어 보이는 연이은 실패 끝에 에를리히는 마법의 탄환 이론을 수정해야 할지도 모르겠다고 느꼈다. 병원체를 표적으로 삼아 염색하고 죽이는 두 가지 일을 하는 염료를 찾는 게 어쩌면 너무 어려운 일일 수도 있었다. 그 대신 병원체를 죽이는 기존의 독성 물질을 가지고 합성화학 기술을 이용해 그 위에 병원체를 표적으로 삼는 염료를 얹어서 일종의 '독성 탄두'를 만들면 어떨까? 그 독성 물질이 인간에게 해롭다고 해도 특정 병원체를 표적으로 하는 염료를 붙이면 유도미사일처럼 병원체에게만 해로운 화물을 직접 전달할 수 있었다.

에를리히는 비소를 화물 삼아서 새로운 독성 탄두 접근법으로 신약 사냥을 시작했다. 앙투안 베샹이라는 프랑스 과학자가 이미 비소 분자를 염료 분자에 붙여 아톡실이라는 새로운 화합물을 만들어낸 바 있었다. 아톡실은 인간에게 독성이 아주 컸다. 하지만 에를리히는 인간에게는 안전하지만, 병원체에게는 치명적인 아톡실의 변형물을 합성할 수 있을지 궁금했다. 아톡실이 트리파노소마증이라는 신경계 질병을 일으키는 기생충인 트리파노소마 크루지를 물들인다는 사실은 알고 있었다. 그래서 에를리히는 첫 번째 비소 실험으로 트리파노소마 크루지를 표적으로 골랐다. 연구팀은 수백 개의 아톡실 변형물을 만들어 그 기생충에 감염된 쥐에 시험했다. 그러나 이들 합성 탄두는 트리파노소마증을 치료하는 데 실패했다. 성공했을 때는 숙주도 함께 죽였다.

좌절한 에를리히는 질병을 바꿨다. 1905년 피부과 의사와 함께 일하던 한 동물학자가 매독을 일으키는 병원체를 확인했다. 트레포네마 팔리둠이라는 나선균이었다. 에를리히는 트리파노소마와 나선균 사이에 생물학적 유사성이 있다고 생각했다. 오늘날 우리는 둘 사이에 구조적 혹은 유전적 유사성이 거의 없다는 사실을 알고 있다. 하지만 이 잘못된 가정에 자극을 받은 에를리히는 아톡실 탄두를 매독에 적용했다.

에를리히의 연구팀은 900개가 넘는 비소 함유 염료를 만들어 매독에 감염된 토끼에 시험했다. 하나씩 시험했지만 다 실패였다. 전략을 다시 바꿀 생각을 하던 1907년, 에를리히의 동물생물학자 동료는 화합물 중 하나가 숙주에 해를 끼치지 않은 채로 세균을 죽인다는 사실을 알아챘다. 6번째 실험군의 6번째 화합물이라 '606'이라는 딱지가 붙은 물질이었다. 에를리히는 〈뉴잉글랜드 의학저널〉에 606의 성공을 보고하며, '아르스페나민'이라는 이름을 붙였다. 임상시험 결과 아르스페나민은 인간의 매독을 치료하는 효과적이고 안전한 약이라는 사실이 밝혀졌다. 마침내 진정한 마법의 탄환이 나타난 것이다.

에를리히는 독일 기업 획스트 AG—오랫동안 에를리히에게 많은 염료를 제공한 회사다—와 함께 아르스페나민을 상업적인 용도로 생산했다. 그리고 1910년 살바르산이라는 상표명으로 "생명을 구하는 비소"라는 문구와 함께 시판을 시작했다.

에를리히의 독성 탄두는 믿을 만하고 효과적인 첫 번째 전염병 치료제였다. 간단히 말하면, 세계 최초의 치료제였다. 그러나 그건 살바르산의 발견이 의학의 역사, 아니 인류의 역사에서 특별한 순간이 되는 유일한 이유가 아니다. 이전에는 어느 누구도 과거에 없었던 약을 만들어내는 새로운 방법을 생각하지—그리고 실제로 만들어내지—못했다. 살바르산은 스큅의 에테르처럼 기존의 약을 좀 더 낫게 복제한 게 아니었다. 혹은 아스피린처럼 기존의 약을 살짝 비튼 것도 아니었다. 살바르산은 병원체를 염색하는 염료를 찾고, 그 염료에 병원체를 죽이는 독성 물질을 붙인다는 완전히 독창적인 개념으로 만든 제품이었다.

하룻밤 사이에 살바르산은 명성과 악명을 함께 얻었다. 단순히 증상을 완화하는 게 아니라 영원히 병을 제거했다. 동시에 문제의 그 질병이 문란함과 매춘과 관련이 있는 성병이다 보니 606이라는 수는 순식간에 오늘날의 69처럼 수많은 음탕한 농담의 대상이 되었다. 새로 생긴 성적 암시 때문에 지역번호 606을 아예 버리는 전화교환국도 많았다.

회고록《아웃 오브 아프리카*Out of Africa*》의 작가 이삭 디네센은 살바르산으로 치료받은 초기의 인물이다. 실명이 카렌 폰 블릭센-프네케 남작 부인인 덴마크 귀족이었던 디네센은 케냐에서 커피 농장을 운영하며 성인기의 대부분을 보냈다. 회고록에 따르면 디네센의 남편은 엽색 행위를 일삼으며 디네센에게 매독을 옮겼다. 수치스럽고 치명적인 병에 걸렸다는 사실을 깨닫자 디네센은 덴마크로 돌아가 오랫동안 살바르산으로 치료했다. 마침내 의사가 완전히 나았다고 밝혔음에도 디네센은 의심을 놓지 않았다. 아마도 어떤—매독을 포함한—질병도 치료 가능했던 적이 없었다는 사실도 이유 중 하나였을 것이다. 아무리 시험을 해봐도 몸 안에 매독이 남아 있다는 증거가 없었지만, 디네센은 평생 자신이 매독에 걸려 있다고 확신했다. 그렇지만 세련된 문장으로 미루어 보아 디네센은 매독이 진행되었을 때 생기는 특징인 정신적 퇴보나 과도한 살바르산 치료에 의한 뇌 손상으로 고통받지 않았다. 에를리히의 마법의 탄환이 디네센이 20세기의 뛰어난 문학가 중 한 명이 될 수 있게 해준 것이다.

약의 엄청난 성공 덕분에 에를리히는 대중의 영웅이 되었다. 그러나 업적에 대한 축하를 들을 때마다 에를리히는 겸손하게 대답했다. "7년 동안 운이 따르지 않다가 한순간 운이 좋았던 겁니다." 만약 매독 병원체와 트리파노소마 병원체가 서로 아주 다른 미생물이라는 올바른 사실을 알았더라면 에를리히는 이 이탈리아 병에 독성 탄두를 시험해볼 생각도 하지 않았을 것이다. 독일 태생의 에를리히는 경험을 바탕으로 신약 사냥꾼에게는 4G, 즉 Geld(돈), Geduld(인내심), Geschick(창의력), 그리고 아마도 가장 중요한 Glück(행운)이 있어야 한다고 결론지었다. 에를리히의 공식은 선견지명이 있는 것이었다. 돈, 인내심, 창의력, 그리고 많은 행운은 오늘날까지 신약 발견의 필수 요소다.

살바르산을 개발한 에를리히의 방법은 약이 실제로 무엇인가에 관한 완전히 새로운 시각을 확립했다. 너무나 기묘하고 급진적인 개념이라 처음에는 과학계에서도 거부했다. 1895년에서 1930년 사이에 약이 작용하는 방식에 관한 4가지 경쟁 이론이 있었다. '물리 이론'과 '물리화학 이론', '아른트-슐츠 법칙', '베버-페히너 법칙'이었다. 네 이론 모두 완전히 틀렸다. 물리 이론은 어떤 조직 안에 있는 세포의 표면장력이 조직에 영향을 끼치는 약의 종류를 결정한다는 생각이었다. 물리화학 이론은 물리 이론의 변종으로, 약이 세포의 표면장력을 변화시킴으로써 작용한다고 했다. 아른트-슐츠 법칙은 다음과 같은 공식에 따라 약이 몸에 영향을 끼친다는 추측이었다. "약한 자극은 흥분시키고, 중간 자극은 부분적으로 억제하며, 강한 자극은 완전히 억제한다." 당연히 이 야만적인 가설은 생화학적 현실과 거의 연관성이 없다. 마지막으로 베버-페히너 법칙은 투약량과 효과의 정도 사이에 로그함수적인 관계가 있다는 가설이다. 인간의 인지 이론에서 끌어온 다소 어울리지 않는 생각이었다. 네 이론 모두 사실과 한참 떨어져 있는 데다 약을 개선하거나 신약을 찾는 방법에 관해 어떤 지침도 제공하지 않는다.

그러나 에를리히는 약에 관한 새로운 사고방식을 만들었고, 이를 간결하게 라틴어 Corpora non agunt nisil igata, 즉 '다른 물질과 연결되지 않는다면 그 물질은 효과가 없다'로 나타냈다. 에를리히는 이 새로운 개념의 틀을 '곁사슬 이론'이라고 불렀다. 인간의 면역 체계에 대한 에를리히의 이해에서 나온 개념이었다. 에를리히는 질병에 대한 인간의 면역력이 병원체의 독성 물질에 대한 혈청 속 특별한 물질의 반응에 바탕을 두고 있다는 정확한 가설을 세웠다. 이 물질을 '곁사슬'이라고 불렀고, 오늘날 우리는 '항체'라고 부른다. 항체가 반응하는 독성 물질은 '항원'이라고 부른다.

에를리히는 자물쇠와 열쇠처럼 특정 항체가 특정 독성 물질에 결합하며, 이 선택적인 화학 결합이 면역 체계로 하여금 병원체를 제거하게 한다고 주장했다. 지금 우리가 알고 있듯이 정확한 이론이었다. 에를리히는 자물쇠와 열쇠 개념을 똑같이 약에도 가져왔다. 병원체나 인간의 세포 위에 특정한 분자 구조가 있어서(수용체) 약의 특정 부분과 반응해 효과가 생긴다는 것이다. 이는 오늘날 '수용체 이론'으로 알려져 있다.

약의 작용에 관한 에를리히의 기발한 발상은 화학염료가 세포의 특정 부분만 물들인다는 발견에 바탕을 두고 있다. 그리고 이 수용체 이론은 현대 약학의 기초다. 그러나 1897년 에를리히가 수용체 이론을 처음 제안했을 때는 수용체의 존재에 관한 직접적인 증거를 내놓을 수 없었다. 에를리히는 수용체가 너무 작아서 당시의 현미경으로는 볼 수 없다고 주장했다. 다른 과학자들이 보이지 않는 항체 수용체라는 생각을 사이비과학과 터무니없는 소리의 중간 어딘가에 있는 것으로 받아들인 것도 놀라운 일은 아니었다.

파리에 있는 유명한 파스퇴르 연구소에서 일군의 과학자들이 수용체 이론에 앞장서서 반대했다. 10년 동안 파스퇴르 연구소의 과학자들은 혈액 단백질에 관한 실험을 하며, 이것이 수용체 이론을 부정한다고 주장했다. 에를리히는 똑같은 실험을 해서 비슷한 결과를 얻었지만, 그게 실제로는 자신의 이론을 정당화한다고 주장했다. 이 실험은 세부 내용이 아주 복잡하고 정교한 과학적 추론을 포함하고 있어 과학자 대부분은 명성이 높은 파스퇴르 연구소에서 내놓은 좀 더 간결한 주장을

루이 파스퇴르

믿는 경향이 있었다.

기분이 점점 나빠진 에를리히는 강박적으로 변해 자신의 생각을 활발히 변호했다. 수용체 이론에 대한 관점에 따라 동료들을 '친구'와 '적'으로 분류했다. 예를 들어, 1902년에는 윌리엄 헨리 웰치에게 이렇게 썼다. "당신이 이 이론에 따뜻한 호의를 보내는 사람이라는 것을 알게 되어 정말 기쁩니다. 당신이 그로 인해 새롭고 근본적인 통찰력을 얻을 수 있다는 점에서는 더욱더 기쁩니다." 반대로, 독일 할레에 있는 한 약학자에게는 이렇게 썼다. "그 문헌을 읽은 공정한 사람이라면 누구나 당신을 완전한 반대자로 여겨야 할 겁니다."

수용체 이론의 가장 위협적인 적은 뮌헨대학교의 유명한 위생학 교수 막스 폰 그루버였다. 누구도 그루버만큼 에를리히를 화나게 한 사람은 없었다. 그루버는 면역학이라는 태동하는 분야에 대한 에를리히의 공헌을 인정하면서, 몇 편의 논문에서 약의 수용체 이론이 '증거가 거의 없다'는 부담을 지닌 순수한 추측이라고 공격했다. 인체에서 약의 수용체를 확인할 방법이 없었던 당시의 과학계를 생각하면 그루버의 우려는 나름대로 합리적이었다. 그럼에도 에를리히는 이 위생학자의 비판을 '멍청하고 의미 없다'고 비난했다. 한 번은 에를리히가 기차 안에서 그루버에 대해 큰 소리로 불평하다가 쫓겨나기도 했다. 좀 더 온화한 그루버는 이런 글로 반응했다. "나는 에를리히가 비판은 받아들이지 않으면서 이론에는 환상을 너무 많이 허용한 것에 대해 비판했을 뿐이다."

결국, 에를리히의 이론이 옳은 것으로 밝혀졌지만, 수용체 이론의 근본적인 내용을 제대로 이해하는 데는 거의 한 세기가 걸렸다. 1970년대에 내가 처음으로 약학을 공부하기 시작했을 때 수용체의 정의는 아직 전과 다를 게 없었다. '아드레날린 수용체'는 아드레날린이 달라붙는 것이었다. 나는 그 전에 생화학과 분자생물학을 공부한 상태였다. 이 둘은 잘 발달한 분야로, 과학자들이 자신이 다루는 분자의 자세한 성질을 정확하게 알고 있었다. 생화학자들은 보통 특정 화합물이 다른 화합물과 어떻게 상호작용하는지 정확하게 설명할 수 있었다. 그와 비교하면, 약학자들은 보통 약의 작용에 관해 충격적일 정도로 모호하게 알고 있을 뿐이었다. 예를 들어, 아스피린이 작용하는 수용체는 내가 약학을 공부하기 몇 년 전에야 확인되었다. 아스피린이 환자를 치료하기 시작한 지 70여 년이 지난 뒤였다.

이제 우리는 인체에 있는 수용체가 대부분 단백질에 기반한 분자로 몸 안의 호르몬에 반응해 세포의 작용을 켜거나 끄는 스위치라는 사실을 알고 있다. 예를 들어, 인체에는 서로 다른 아드레날린 수용체가 여럿 있다. 그중 베타-2 수용체는 평활근세포에 있는 단백질로, 아드레날린에 반응해 근육을 이완한다. 일단 과학자들이 베타-2 수용체가 아드레날린 수용체라는 사실을 확인하자 신약 사냥꾼은 이를 활성화하는 약을 찾기 시작했다. 이 탐색의 결과 중 가장 유명한 것이 천식 환자의 흡입기에 쓰이는 알부테롤이다. 알부테롤은 폐의 평활근을 이완해 기도를 열어주어서 호흡을 개선하고 천식 발작을 예방하거나 가라앉힌다.

과학자 대다수는 약의 작용에 관한 에를리히의 이론에 회의적이었지만, 살바르산의 놀라운 효과를—혹은 병원체를 죽이는 화합물을 염료 분자에 붙여 살바르산을 만든 완전히 독창적인 방법을—부정할 수는 없었다. 그건 식물 도서관에서 찾아내거나 기존 약을 비틀어 만드는 대신 최초로 맨땅에서 약을 만들어내는 확실한 방법으로, 합성화학 시대의 정점을 찍었다.

여러분은 에를리히가 독창적으로 만든 매독 치료제가 신약 사냥의 황금시대를 열어 전 세계의 약학자들이 독자적인 마법의 탄환을 만들어냈을 것으로 생각할지 모른다. 그럴 수 있다. 그러나 그건 틀린 생각이다.

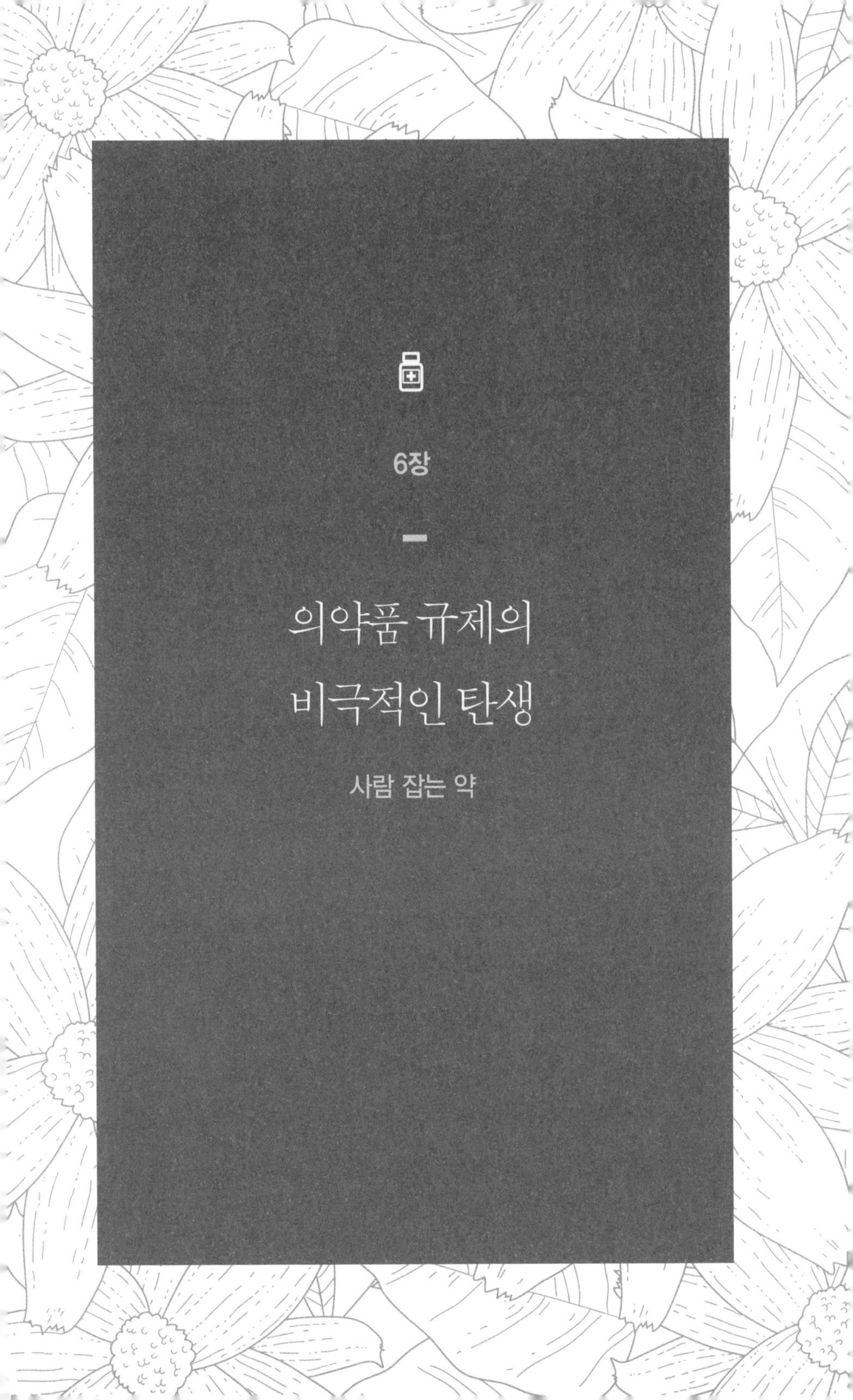

6장

의약품 규제의 비극적인 탄생

사람 잡는 약

"우리는 적법하게 전문적인 수요에 맞춰 공급을 해왔고,
예기치 못한 결과를 예상할 수 있었던 적은 한 번도 없습니다.
우리 쪽에 책임이 있다고는 생각하지 않습니다."
_새뮤얼 에반스 매센길, 1937년

1909년 에를리히의 살바르산 발견은 신약 사냥에 관한 합리적이고 체계적인 접근법을 확립했다. 아무것도 없는 상태에서 화학과 생물학 지식을 신중하게 적용해 신약을 설계하고 합성하는 게 가능하다는 사실을 보였다. 살바르산은 다른 측면에서도 신약 사냥의 기념비적인 일이었다. 606번 화합물은 최초의 성공적인 항생제였다. 에를리히가 카키색 염료에 비소 탄두를 탑재하기 전에는 전염병을 치료하는 믿을 만하고 효과적인 약이 없었다. 의사들이 때때로 여러 가지 병의 증상을 완화할 수는 있었지만, 확실한 치료법은 없었다. 에를리히 이후 모든 게 바뀌었다. 살바르산은 병의 원천인 매독균을 실제로 파괴할 수 있는 전에 없던 무기를 제공했다.

그렇지만 살바르산에도 상당한 단점이 있었다. 아주 신중하게 투

약해야 했다. 너무 적게 투약하면 매독균이 죽지 않았고, 너무 많이 투약하면 환자가 죽을 수 있었다. 그리고 매독이 이미 상당히 진행된 상태에서는 약이 효과적이지 않았다. 그러나 살바르산의 가장 큰 한계는 단 한 가지 병, 매독에만 효과가 있다는 사실이었다.

오늘날 우리는 페니실린이나 플루오로퀴놀론 같은 '광범위항생제'의 혜택을 많이 본다. 이런 약은 다양한 감염성 병원체와 싸운다. 그러나 살바르산은 '좁은 범위의 항생제', 즉 히트곡이 하나뿐인 가수였다. 에를리히가 훌륭한 발견을 해냈을 당시에는 여러 가지 감염병을 공격하는 약을 개발할 수 있을지도 모른다는 생각조차 명확하지 않았다. 무엇이든 새로운 약을 찾아내는 게 관심사였다. 그게 은탄환이든 은으로 만든 산탄이든 상관없었다. 에를리히의 영향을 받은 새로운 세대의 신약 사냥꾼은 다른 합성 항감염제를 찾기 위해 박차를 가했다. 20세

살바르산

기 초의 대형 제약연구실, 특히 라인강을 따라 있는 독일 회사들은 최고의 연구자를 투입해 세균을 죽이는 염료를 스크리닝했다. 이들은 엄청난 열의를 가지고 합성 치료제 개발에 뛰어들었고, 많은 화학자는 신약 발견의 황금시대가 오리라고 예상했다.

이런 낙관주의로 빛나던 빛은 서서히 어두워졌다. 충분한 예산을 투입한 신약 사냥이 20년 동안 이루어졌지만, 단 한 가지 항생제도 찾지 못했다. 1930년대 초에는 이미 에를리히가 합성 변론서를 발견한 게 말도 안 되게 운이 좋은 일이었던 것처럼 보이기 시작했다. 과학자들은 살바르산이 특별한 경우라고 생각하기 시작했다. 그러던 1935년 아스피린을 만든 화학회사의 후신인 바이엘 AG가 마침내 금맥을 찾았다. 바이엘 AG는 1932년에 아닐린 염료로 다목적 항생제를 만드는 수수께끼를 풀어내기 위한 연구팀을 추가로 만든 바 있었다. 이 연구팀은 수천 가지 염료를 수천 마리의 생쥐에게 시험했지만, 아무것도 유망한 게 없었다. 그러던 어느 날, 연구팀은 밝은 빨간색 염료를 시험했다. 이 염료는 몇 가지 다른 감염성 세균을 죽였다. 바이엘은 이 신약에 프론토질이라는 이름을 붙였다.[9]

프론토질은 최초의 광범위항생제였다. 혈액 감염, 피부 감염, 그리고 산욕열을 포함해 연쇄상구균이 일으키는 다양한 병을 치료했다. 그러나 이 약에는 꽤 혼란스러운 면이 있었다. 살아 있는 동물이나 사람에게만 효과가 있었던 것이다. 이는 바이엘 AG에 새로운 수수께끼를 안겨주었다. 왜 프론토질은 몸 안에 있는 병원체는 없애면서 똑같은 병원체가 몸 밖에 있으면 죽이지 못하는 걸까?

이 약학의 수수께끼는 파스퇴르 연구소의 한 연구팀이 해결했다. 프론토질은 간에서 대사를 거쳐 더 작은 몇 가지 화합물로 나뉘었다. 그중 한 화합물이 술파닐아미드라는 무색의 분자였다. 파스퇴르 연구소의 과학자들은 커다란 프론토질 분자 자체는 세균에 아무 효과가 없음을 보였다. 진짜 항생제는 그보다 훨씬 작은 술파닐아미드였다. 술파닐아미드는 살아 있는 동물의 몸 안이나 페트리 접시 위에서 모두 세균을 죽였다. 프론토질이 몸 밖의 세균을 죽이지 못한 이유는 활성 성분으로 나뉘지 않았기 때문이었다.

최초의 광범위항생제를 만들었다는 바이엘의 훌륭한 업적은 잘못된 가정, 살바르산과 같은 방식으로 독성 염료가 선택적으로 세균을 표적으로 삼는다는 생각에 바탕을 두고 있었다. 사실 그건 포유류의 생리 현상 덕분에 빨간 프론토질 염료가 감염을 치료할 수 있는 완전히 새로운 화합물로 바뀐 순전한 생화학적 행운이었다는 사실이 드러났다. 바이엘에게는 이 발견이 과학적으로는 당혹스러웠고, 재정적으로는 파괴적이었다. 술파닐아미드는 수십 년 동안 쓰여 온 익숙한 화합물이었고, 따라서 특허를 낼 수 없었다. 1936년 파스퇴르 연구소가 술파닐아미드에 관한 발견을 책으로 출판하자 전 세계의 화학물질 제조사는 하루아침에 누구나 합법적으로 만들어 팔 수 있는 기적의 약이 있다는 사실을 알게 되었다.

몇 년 안에 수백 개의 회사가—대부분은 이전에 약을 만들어본 경험이 없었다—자신만의 독특한 술파닐아미드를 쏟아내며 세계적인 '술파 유행'을 시작했다. 새로 등장한 수많은 술파닐아미드 제품 중에테네시의 제약회사 S. E. 매센길이 생산한 엘릭서 술파닐아미드가 있었다. 이곳은 내슈빌 의과대학을 졸업한 새뮤엘 에반스 매센길이 1898년 테네시주 브리스톨에 세운 회사였다. 매센길은 진통제에서 연고까지 뭐든지 생산하다가 술파 유행을 타고 돈을 벌어보려고 했으며, 보통 아나길, 더마길, 지아길, 레사길, 살로길처럼 자기 이름과 비슷하게 만든 이름을 붙인 제품을 시장에 내놓았다.

매센길의 술파닐아미드 제조법은 간단했다. 술파닐아미드를 디에틸렌 글리콜에 녹였다. 그리고 라즈베리 향을 첨가했다. 이 방법은 S. E. 매센길의 수석 약학자 해롤드 왓킨스가 만들었다. 왓킨스는 숙련된 화학자였지만, 그간의 경험으로도 달콤한 맛이 나는 디에틸렌 글리콜에 강한 독성이 있다는 사실은 몰랐던 게 분명했다. (오늘날 디에틸렌 글리콜은 브레이크액이나 벽지 제거제에 쓰인다.)

1930년이면 제약산업에서 동물 실험은 꽤 널리 퍼져 있었다. 그러나 엘릭서 술파닐아미드를 시장에 빨리 내놓아야 한다는 생각에 왓킨스는 자신의 제조법을 살아 있는 생물에게 시험하지 않았다. 이런 말도 안 되어 보이는 행위가 불법은 아니었다. 약을 대중에게 판매하기 전에 시험해야 한다는 법률은 없었다. 1906년에 의회가 식품의약국 Food and Drug Administration을 만들기는 했지만, 거의 힘이 없는 기관이었다. 안전을 강제하기보다는 품질이 나쁘거나 상표가 잘못 붙은 제품을 금지하는 게 주요 목적이었다.

엘릭서 술파닐아미드는 1937년 9월 전국의 약국에서 판매에 들어갔다. 미시시피주 마운트 올리브에 사는 제임스 에드워드 버드라는 목사가 첫 번째 손님이었다. 버드는 65세의 침례교 목사로, 미시시피 침례교 주일학교 사무관으로 오랫동안 일했다. 10월 11일 버드는 친한 친구인 아치발드 칼훈 박사에게 고통스러운 비뇨기과 감염병인 방광염에 관해 상담했다. 칼훈은 안전하고 효과가 좋은 방광염 치료제인 술파닐아미드를 처방했다. 버드는 동네 약국으로 갔고, 약국에서는 의사의 처방대로 S. E. 매센길의 엘릭서 술파닐아미드 한 병을 주었다. (칼훈 박사는 다른 6명에게도 엘릭서를 처방했다.)

버드는 처방받은 양만큼 복용한 뒤 연이은 목사 회의에 참석하려고 녹스빌로 떠났다. 다음 날 버드는 "끊이지 않고 오줌이 마려운 기분"을 느꼈지만, "배뇨를 시작하기 어려웠고 거의 누지 못한다"는 사실을 알게 되었다. 며칠 동안 오줌을 누는 데 어려움을 느꼈던 버드는 녹스빌 병원에 입원했다. 그리고 심각한 신부전이라는 진단을 받았다. 병원에서는 신장 기능을 자극하기 위해 급히 생리식염수와 포도당을 정맥으로 투여했지만, 소용이 없었다. 아내인 레오나와 두 아들이 지켜보는 가운

1937년, 독성 용매인 디에틸렌 글리콜에 제제화된 술파닐아마이드 항생제 용액을 삼키고, 100명이 넘는 사람들이 죽었다.

데 버드는 고통스럽게 세상을 떠났다.

시카고대학의 두 의사가 버드의 죽음이 신장을 파괴하는 것으로 알려진 디에틸렌 글리콜로 인한 것이었다는 결론을 내린 논문을 〈미국의학협회지〉에 실었다. 버드를 진료한 의사 칼훈은 낙심했다. 그리고 프랭클린 D. 루스벨트 대통령에게 다음과 같이 편지를 썼다.

> 사반세기 이상 의술을 행한 의사라면 누구나 자기 몫의 죽음을 목격했을 것입니다. 그러나 6명 모두 제 환자였으며, 그중 한 명은 가장 친한 친구였습니다. 그의 죽음이 제가 아무 의심 없이 처방한 약 때문이었으며, 오랫동안 그런 경우에 사용했던 약이 테네시에서 가장 크고 명성 있는 제약회사가 추천한 최신의 가장 현대적인 형태로 복용했을 때 갑자기 치명적인 독이 된다는 사실을 깨달으니 인간이 견딜 수 있으리라고는 생각하지 못했던 정신적이고 영적인 고통으로 밤낮을 보내고 있습니다.

전국에서 100명이 넘는 사람이 S. E. 매센길의 술파 제품을 먹고 죽었다. 그중에는 목이 아파서 그 약을 처방받은 어린이도 많았다. 그런 아이들의 어머니 중 한 명인 오클라호마주 툴사의 메이즈 니디플러 부인도 루스벨트 대통령에게 편지를 썼다.

> 조안 때문에 의사를 찾아간 건 처음이었습니다. 조안은 엘릭서 술파닐아미드를 처방받았습니다. 지금 우리에게 남은 건 작은 무덤뿐입니

다…. 딸 아이의 몸이 이리저리 옮겨지는 게 눈에 선하고, 아파서 소리 치는 작은 목소리가 귓가에서 울리고 있습니다. 저는 미칠 것만 같습니다…. 작은 목숨을 앗아가고 크나큰 고통으로 오늘 밤을 보내는 저처럼, 쓸쓸하기 짝이 없는 미래에 대한 전망을 남기는 약의 판매를 막을 조치를 취해달라는 청원을 드립니다.

1930년대에는 연방정부가 약을 종이클립이나 바지처럼 특별한 안전 규정이 전혀 필요 없는 상품과 똑같이 취급했다. 미국의학협회AMA도 약을 승인하는 일에는 관여하지 않았다. 이 주요 전문 의료 조직은 단순히 제약회사나 의사가 특정 약에 관해 자발적으로 제공하는 정보를 공유하는 데 그쳤다. S. E. 매센길은 엘릭서 술파닐아미드에 관한 정보를 공유하지 않았고, 따라서 AMA에는 아무 자료도 없었다.

엘릭서 술파닐아미드를 먹은 환자가 죽었다는 보고가 들어오자 AMA는 새뮤얼 에반스 매센길에게 전보를 보내 약의 성분을 요청했다. 메센길은 디에틸렌 글리콜이 들어 있다고 인정했지만, 이 사실을 엄격하게 비밀로 지켜야 한다고 당부했다. 이 용매가 위험하다고 생각해서가 아니었다. 매센길은 다른 회사가 제조법을 훔쳐서 직접 만들까봐 걱정했다. AMA가 엘릭서 술파닐아미드로 인한 죽음이 늘어나고 있다는 사실을 알리자 매센길과 수석 화학자인 왓킨스는 독성 시험을 하지 않았다고 고백했다. 하지만 모종의 새로운 조합을 만들어내는 다른 약과 함께 복용했기 때문에 사망했을지도 모른다고 주장했다. 자신의 제품에 대한 확신을 증명하기 위해 왓킨스는 엘릭서 술파닐아미드를 소량 삼키고 "다행히 어떤 부작용도 확인하지 못했다"라고 보고했다.

자신을 대상으로 한 왓킨스의 경솔한 실험으로부터 2주도 지나지 않아 회사의 태도가 돌연히 바뀌었다. 1937년 10월 20일, 매센길 박사는 AMA에 짤막한 전보를 보냈다. "엘릭서 술파닐아미드 사용에 따른 해독제와 치료 방법 제안을 웨스턴 유니온을 통해 전보로 모아주기 바람." AMA도 마찬가지로 간결하게 답변했다. "엘릭서 술파닐아미드-메센길의 해독제는 알려져 있지 않음. 치료는 증상에 따라 다를 것임." 즉 그 약이 신장을 망가뜨리는 효과를 되돌릴 방법은 없다는 뜻이었다.

FDA는 한정된 자원으로 이 위기에 대처하기 위해 최선을 다했다. 테네시주 브리스톨에 있는 S. E. 매센길 본사에는 조사관을 파견했다. 조사관이 도착했을 때는 이미 회사가 영업사원과 약사, 의사들에게 엘릭서의 재고를 반품해달라는 전보를 보낸 뒤였다. 그러나 그 전보는 딱히 급박하다는 느낌을 주지 않았다. "엘릭서 술파닐아미드 제품을 철수함. 미사용 재고 즉시 반품 바람." FDA 조사관은 매센길이 좀 더 강력한 전보를 보내야 한다고 주장했고, 10월 19일 매센길은 새로운 메시지를 보냈다. "공급한 엘릭서 술파닐아미드를 즉시 회수할 것. 생명에 위험할 수 있음. 모든 재고를 반품할 것. 비용은 회사 부담."

미국의 사상 첫 번째 약품 위기에 대응하기 위해 FDA에 있던 현장 조사관 239명이 거의 모두 전국을 돌며 이 치명적인 약을 수거했다. 약품 안전이 사실 FDA의 임무가 아니었다는 점을 고려하면 상당히 대단한 일이었다. 조사관들은 엘릭서 술파닐아미드를 처방한 의사와 그 약을 판 약국, 그 약을 먹은 환자를 하나하나 끈질기게 추적했다. 이들은 시장에 공급된 240갤런 중에서 234갤런과 1파인트를 수거해냈다. 그러나 사라진 6갤런은 100명 이상의 목숨을 앗아갔다.

업턴 싱클레어가 소설 《정글 *The Jungle*》에서 식육가공 산업에 관해 폭로했던 이래 산업계의 관행에 관해 아마도 가장 큰 공분을 불러일으킨 이 사건에 언론은 폭발했다. 이 사건에 대한 개인적인 책임을 묻는 말에 새뮤얼 에반스 매센길은 이렇게 밝혔다. "우리 회사 화학자들과 저는 이 치명적인 결과를 아주 유감스럽게 생각합니다. 그러나 제품 생산에는 어떤 실수도 없었습니다. 우리는 적법하게 전문적인 수요에 맞춰 공급을 해왔고, 예기치 못한 결과를 예상한 적은 한 번도 없습니다. 우리 쪽에 책임이 있다고는 생각하지 않습니다."

법적으로 말하면, 매센길은 옳았다. 당시의 법률에 따르면 매센길의 회사는 중범죄로 간주할 만한 일을 하지 않았다. 테네시주 그린빌에 있는 연방법원은 S. E. 매센길이 알코올이 들어 있지 않은 제품에 '엘릭서'라는 상표를 붙이는 것을 금지한 1906년 순수 식품 의약품법의 사소한 규정 하나를 위반했다며 유죄를 선고했다. 이 위반으로 회사는 상표 오표기 170건에 대해 건당 150달러, 총 2만 6000달러의 벌금을 냈다. 그러나 피해자 121명의 가족은 아무것도 받지 못했다.

매센길의 치명적인 술파닐아미드 제품을 만든 화학자 해롤드 왓킨스는 자신의 상사만큼 뻔뻔하지 못했다. 왓킨스는 이 재난에서 자신이 한 역할 때문에 괴로워했다. 연방법원의 판결을 기다리던 왓킨스는 머리에 총을 쏘아 자살했다. 반면 새뮤엘 에반스 매센길은 사장 자리를 유지했다. 혼자서 회사를 소유하고 있었기 때문에 쫓겨날 수가 없었다. S. E. 매센길은 가족 소유의 제약회사로 1971년까지 운영되다가 1971년 비참에 인수당했다. 비참은 1989년 다른 제약회사와 합병해 스미스클라인이 되었고, 스미스클라인은 2000년에 다시 합병을 통해 글락소스미스클라인이 되었다. 따라서 S. E. 매센길의 후신은 여전히 남아 있으며 매년 수십억 달러어치의 약을 팔고 있는 셈이다.

피해자의 가족이 루스벨트 대통령에게 보낸, 널리 알려진 편지를 비롯해 엘릭서 술파닐아미드 중독 사건에 대한 광범위한 분노의 목소리로 인해 의회는 1938년 의약품의 판매와 마케팅을 규제하기 위해 식품, 의약품, 화장품에 관한 법률을 통과시켰다. 이 법률이 바로 현대의 FDA를 만들었다. 오늘날 미국식품의약국FDA은 아주 초기, 임상시험에 들어가기 한참 전부터 약 개발을 감독한다.[10] 궁극적으로 상업적인 약 개발로 이어질 수 있는 모든 약학 연구는 '우수실험실운영기준', 약자로 GLP라 불리는 관리통제 체계 아래에서 이루어져야 한다. 대형 제약회사 시안아미드의 한 임원은 내게 GLP가 "사기꾼이 아니라는 점을 스스로 증명하도록 강제하기 위해 설계한" 체계라고 말한 적이 있다.

임상시험을 승인하기 전에 FDA는 제조사가 시험관과 실험동물을 이용해 수행한 안전성 시험 결과를 종합적으로 검토한다. 이 자료가 만족스러우면 FDA가 FDA의 감독하에 임상시험을 진행하도록 허가한다. 약이 안전하며 주장하는 것과 같은 효과를 낸다고 FDA가 판단할 때만 판매할 수 있다. FDA의 감독은 약이 시장에 나온 뒤에도 계속

된다. 시험 과정에서 놓쳤을 수도 있는 예상치 못한 혹은 드물게 나오는 반응을 관찰하는 것이다.

1937년 술파닐아미드 유행이 한창이었을 당시의 FDA는 조사관과 화학자를 합해 현장 인력이 모두 239명 있었다. 2013년에는 FDA에 9000명의 직원이 있었고, 연간 예산은 12억 5000달러가 넘었다. 환자이자 소비자로서 나는 제약산업처럼 사람에게 해로울 수 있는 산업은 세심한 관리감독이 필요하다고 굳게 믿는다. 진짜 문제는 정부의 감독과 혁신의 자유 사이에서 적절한 균형을 어떻게 맞출 것이냐다.

1937년에는 균형이 맞지 않았다. 제약회사는 공공의 비용으로 너무 많은 위험을 감수할 수 있었다. 에이즈 위기 초기에 액트 업 같은 활동가들이 FDA에 잠재적인 에이즈 치료제의 임상시험 기준을 완화해 달라고 청원했던 일[11]을 생각해보라. 희생자들은 에이즈 환자가 이미 죽어가고 있으므로 회사가 실험적인 항HIV 약을 시험하도록 허용해서 조금이나마 살 수 있는 기회를 주어야 한다고 주장했다. 안전보다 혁신 쪽으로 균형을 기울이는 게 일리가 있다는 생각이 들게 하는 상황이었다.

제약산업에서 거의 40년을 보낸 뒤 나는, 개인적으로, 약학 연구자의 대다수가 아픈 사람을 진정으로 도울 수 있는 약을 찾는 데 헌신하는 정직한 사람이라고 믿는다. 대형 제약회사에 대한 대중의 반감에도 불구하고 의약품 리콜 사건의 대부분은 기만이나 탐욕이 아니라 인간 생리에 관한 지식의 최전선에서 일하는 사람들이 저지른 진짜 실수 때문에 일어난다. 동시에 현대의 신약 개발에 들어가는 엄청난 비용으로 인해 돈을 조금 아껴보려는 유혹도 여전히 크다.

펜-펜이라는 다이어트약이 한창 유행하고 있을 때 나는 아메리칸 홈 프로덕트AHP의 제약 부문에서 일하고 있었다. 펜플루라민은 1970년대에 AHP가 체중 감소 약물로 처음 임상에 도입했다. 그러나 체중 감소가 일시적이었기 때문에 별로 인기를 끌지 못했다. 그 약은 적당히 팔리고 있었는데, 1992년 로체스터대학교 연구팀이 펜플루라민을 펜터민(이것도 AHP에서 제조했다)이라는 또 다른 체중 감소 약물과 섞으면 식단 조절이나 운동보다 만성 비만 환자의 체중 감소에 훨씬 더 효과적이라는 연구 결과를 발표했다.

펜-펜 칵테일은 하룻밤 사이에 충격을 일으켰다. 1996년에는 이미 미국에서 매년 660만 건의 펜-펜 처방이 이루어졌다. 불행히도, AHP는 두 약을 모두 제조했지만, 펜플루라민-펜터민 조합에 관한 실험을 한 번도 한 적이 없었다. 나는 다른 동료 연구원 몇 명과 함께 회사가 갑자기 유명해진 이 조합에 관한 지식을 쌓기 위한 노력을 해야 한다고 주장했다. 우리는 AHP가 완전히 이해하지 못하고 있는 약을 수백만 명에게 팔고 있다고 경영진에게 경고했다.

경영진은 우리의 우려를 무시했다. 어쨌거나 두 약은 모두 FDA의 승인을 받았고, FDA의 승인을 받는 것은 쉬운 일도 경제적인 일도 아니었다. 게다가 로체스터대학교 연구팀은 독자적으로 그 조합이 안전하고 효과적인 체중 감소 방법이라고 추천했다. 경영진은 AHP가 해야 할 일을 다 했으니 새로운 연구나 시험을 위해 추가로 자원을 쓸 필요가 없다고 주장했다. 그들은 곧 예산을 아끼려던 결정을 후회하게 되었다.

1996년 〈뉴잉글랜드 의학저널〉에 펜-펜을 복용한 환자 24명에 관한 논문이 실렸다. 논문 저자는 그 조합의 복용과 승모판 기능장애에 상관관계가 있다고 설명했다. 같은 해 얼마 뒤에, 30세 여성 한 명이 펜-펜을 한 달 동안 복용한 뒤 심장 문제를 겪었다. 그 여성은 사망했다. 곧이어 펜-펜을 복용한 환자가 승모판 관련 심장 질환을 겪었다는 보고가 100건 넘게 FDA에 들어왔다. 자세한 조사 결과 각각의 약이 독성을 띠는 건 매우 드물지만, 조합으로 함께 쓰일 경우 심장 문제를 일으킬 가능성이 더 크다는 사실이 드러났다. 결국 FDA는 펜플루라민을 그 칵테일의 유해 요소로 결론지었고, 1997년 시장에서 펜플루라민을 회수하도록 지시했다.

환자들은 무더기로 AHP를 고소하기 시작했다. 잡지 〈아메리칸 로이어〉는 펜-펜에 관한 특집 기사를 게재하며 이른바 체중 감소 칵테일의 피해자들로부터 5만 건 이상의 제조물 책임 배상 소송이 제기되었다고 보도했다. 2005년 당시 AHP(나중에 와이어스로 이름이 바뀌었고, 현재는 화이자에 합병되었다)는 소송을 제기한 수많은 피해자에게 5000달러에서 2만 달러의 합의금을 제시했다. 이 제안은 너무 적다는 이유로 종종 거부당했다. AHP의 총 배상금은 140억 달러까지 올라갔다.

펜-펜의 몰락은 규제의 균형을 똑바로 맞추는 게 어렵다는 점을 보여준다. 엘릭서 술파닐아미드를 개발했을 때와 달리 두 체중 감소 약을 각각 개발할 때는 모든 단계를 엄격하고 신중하게 감독했다. AHP가 펜-펜 조합을 확실히 시험한 건 아니었지만, 의사가 합법적인 약을 새로운 조합으로 처방하는 건 드문 일도 불법도 아니었다. 펜플루라민이 갑자기 인기가 좋아졌을 때 AHP의 경영진이 더 이상 실험하지 않기로 결정했지만, 그게 윤리적으로 문제가 있는 결정인지는 분명하지 않았다. 어쨌거나 경영진은 항상 약이 잘 팔리기를 바랐고, FDA의 엄격한 시험 체계는 약이 널리 쓰일 수 있다는 가정하에 이루어졌다.

엘릭서 술파닐아미드에 관해서는 S. E. 매센길의 소유주와 담당 화학자 모두에게 가장 간단한 안전 시험조차 하지 않은 책임이 있다. 반면, AHP는 기업으로서 펜-펜의 피해자에 대한 도덕적이고 법적인 책임을 지고 있지만, 잘못된 판단 때문에 칵테일약으로 생긴 피해에 윤리적인 책임을 져야 하는—탐욕스러운 악당이나 생각 없는 경영자 같은—한 사람을 지목하기는 어렵다. 승모판 문제는 아주 드문 반응으로, 엄청나게 많은 사람이 두 약의 조합을 집중적으로 먹기 전까지는 드러나지 않았을 뿐이다.

내 생각에 AHP가 선을 넘은 것처럼 보이는 것은 마케팅이었다. 영업사원이 의사에게 로체스터대학교의 연구 결과를 알려주는 건 전적으로 합법적이었지만, FDA가 펜-펜 조합의 사용을 실제로 승인하지 않은 상황에서 영업사원이 의사에게 노골적으로 두 약을 함께 처방하라고 권하는 건 비윤리적이고 불법이었다. 그런데도 AHP의 판매사원들은 공공연하게 그 조합을 처방하라고 권유했다.

엘릭서 술파닐아미드와 펜-펜 이야기는 신약 개발에서 가장 골치아픈 문제를 잘 보여준다. 바로 부작용이다. 매센길이 판 약의 경우 주요 부작용(복용자의 신장을 치명적으로 파괴함)은 약의 유효 성분이 아니라 제조법, 사람이 먹을 수 있도록 약을 만드는 방법에서 나왔다. 오늘날 FDA 규정은 제약회사가 독성 불순물이 들어가는 제조법을 쓰는 일을 원천차단할 수 있도록 만들어져 있다.

반대로 펜-펜 칵테일의 위험한 부작용은 두 가지 다른 원인으로 생겼다. 첫째는 두 약의 유효 성분의 예상치 못했던 상호작용이었다. 둘째는 임상시험에서 나타나지 않았던 펜플루라민의 드문 부작용이었다. 요즘에는 약의 상호작용에 따른 부작용이 상당히 흔한 위험이다. 예를 들어, 알코올에 벤조디아제핀(리브륨 같은)을 섞거나 MAO 억제 항우울제(나르딜 같은)에 SSRI 항우울제(프로작 같은)를 섞으면 치명적일 수 있다. 약의 조합으로 생길 수 있는 예상치 못한 부작용을 빨리 확인하기 위해 출시 뒤에도 FDA가 감시하고 있지만, FDA가 승인한 약이 향후에 조합으로 쓰이면서 위험하거나 치명적인 부작용이 생길 수 있다는 건 분명하다.

애초에 왜 약에는 원치 않는 부작용이 그렇게 많은 걸까? 한 가지 이유로 한 가지 약만 먹어도 말이다. 내가 보기에는 기본적이고 기계적인 두 가지 설명이 있다. 먼저, 우리 몸의 여러 다른 부분은 종종 비슷한 생물학적 표적을 공유하고 있기 때문에 많은 약은 몸 안에서 복수의 생리학적 표적에 영향을 끼친다. 암을 공격하는 전형적인 화학요법이 좋은 사례다. 화학 요법은 암세포 안에서 일어나는 빠른 세포 분열 과정에 작용함으로써 암세포를 파괴한다. 그러나 몸 안의 다른 많은 세포(새로운 피를 만들어내는 골수 세포 같은)도 빠른 세포 분열을 하고, 마찬가지로 화학 요법에 부정적인 영향을 받는다. 다른 사례로는 남성 성기의 PDE5 효소를 표적으로 삼는 비아그라가 있다. PDE5는 심혈관계에도 있다. 그래서 비아그라는 의도치 않게 홍조와 두통을 유발한다. 게다가 눈의 망막에는 PDE6이라는 아주 비슷한 효소가 있다. 따라서 비아그라를 많이 먹으면 시력을 잃을 수 있다.

우리 몸 안에는 보통 여러 곳에 같은 수용체가 있고, 서로 종류가 다른 수용체도 비슷한 경우가 종종 있기 때문에 딱 한 가지 생리학적 표적에만 영향을 끼치는 화학물질은 찾기가 매우 어렵다. 그러나 때로는 약이 동시에 여러 표적에 작용한다는 사실이 이익이 되기도 한다. 예를 들어, 항정신병제는 여러 표적에 작용한다. 그러나 이런 표적 중 2개(도파민 수용체와 세로토닌 수용체)에 작용하는 효과는 우연히 서로 상쇄한다. 항정신병제는 도파민 수용체에 작용해 몸의 움직임을 제어할 수 없게 만든다. 하지만 똑같은 약이 세로토닌 수용체에 작용하면서 그런 움직임을 억제한다.

약이 원치 않는 부작용을 일으키는 또 다른 기본적이고 기계적인 이유는 약이 화학물질이라는 점이다. 몸 안에 외부의 화학물질이 들어오면 우리 몸 안에서 자유롭게 돌아다니는 자연스러운 화학물질(대사 산물이라고 하며, 건강한 생리학적 과정의 부산물이다)과 바람직하지 않은 방식으로 상호작용한다. 예를 들어, 약은 대사 산물의 불완전한 대체물로 작용해 우리 몸이 잘못된 방식으로 작동하게 한다. 어떤 약은 우리 몸의 대사 산물과 직접 화학 반응을 일으켜 새로운 그리고 독성이 있을 수도 있는 화합물을 만든다.

대개는 화학물질이 불쾌하거나, 해롭거나, 위험한 효과를 내지 않으면서 이로운 효과만 내는 건 가능하지 않다. 따라서 신약 사냥꾼(그리고 FDA)은 항상 어떤 약을 인간에게 쓸지 결정하기 전에 긍정적인 반응과 부정적인 반응을 놓고 저울질해야 한다.

새로운 약과 치료 방법을 찾기 위해서는 위험을 어느 정도 감수해야 한다. 그러지 않고서는 진귀한 약을 개발할 수 없다. 더 많은 규정을 만들어 이 위험을 줄일 수는 있지만, 그런 규정은 신약 개발 비용을 더욱 증가시킨다. 오늘날에 이르러 신약을 개발하는 데 들어가는 평균 예상 비용은 14~16억 달러다. 이렇게 과도한 재정 부담으로 인해 아주 극소수의 약만 계획 단계를 통과할 수 있다. 만약 우리가 또 다른 펜-펜 재앙이 일어날 가능성을 제거하고자 한다면, 유일한 해결책은 다양한 약의 조합을 평가한 뒤에야 약을 승인하도록 규정을 확대하는 것이다. 그러면 자연히 신약 개발비는 더욱 늘어나게 되고, 등장하는 신약의 수는 더욱 줄어들 것이다. 이는 현대의 신약 개발이 가장 해결하기 어려운 난관으로 남아 있다. 새로운 약을 안전하게 찾는 일에는 상상하기 어려울 만큼 많은 비용이 든다. 그러나 그런 엄청난 안전 비용을 들이지 않고서는 힘없는 사람들이 아프거나 죽을 수도 있다.

게다가 FDA는 여전히 정부 기관이기 때문에 어느 정도는 비효율적일 수밖에 없다. 따라서 유용한 약의 개발을 망치거나 방해할 수도 있다. 한 사례로, 1980년대 후반 내가 다니던 제약회사에서 한 동료가 상사에게 화가 나서 사표를 낸 뒤 FDA에 들어갔다. 이렇게 대형 제약회사에서 FDA로 옮기는 일은 흔해서 나는 별다른 생각을 하지 않았

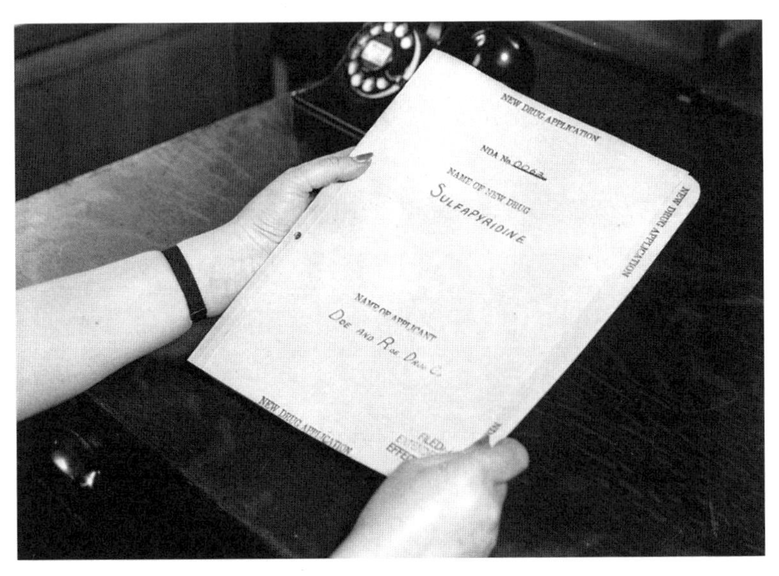

FDA에 제출한 첫 번째 약 신청서

다. 그저 평소처럼 약을 개발하고 있었다. 그런데 FDA가 우리가 제출하는 자료를 유난히 까다롭게 검토한다는 사실을 눈치 채기 시작했다. 보고서를 제출할 때마다 FDA가 사소하고 단순한 실수가 분명해 보이는 것을 찾아내 고쳐서 다시 제출하라고 했다. 일은 계속 늘어졌고, 설상가상으로 다시 제출하는 것은 우리의 비용이 꾸준히 늘어나게 됨을 의미했다.

마침내 시안아미드는 왜 FDA가 우리를 그렇게 과도한 규정 적용으로 꽁꽁 묶어놓으려 하는지 알아보기로 했다. 바로 내 전 동료 때문이었다. 그 동료가 FDA에서 일하면서 우리의 신약 사냥 노력을 방해하고 있었다. 엄밀히 말해서 불법은 아니었다. 아무 근거도 없이 반대하거나 방해하는 건 아니었다. 단순히 우리가 제출한 자료에서 흠을 찾아내고 있었으며, 아무리 의미 없고 사소한 실수라도 종합적으로 (그리고 비용을 들여서) 검토해 수정하라고 요구했던 것뿐이다. 원한이 있어서 복수하는 건 분명했다. 그렇지만 우리는 우리를 괴롭히는 그 자가 FDA에서도 상사에게 화가 나서, 운이 좋다면, 사표를 던지기를 바라는 것 말고는 할 수 있는 게 없었다.

오늘날 FDA는 또 다른 엘릭서 술파닐아미드 재앙을 막는 미국의 가장 훌륭한 안전장치다. 그러나 이 안전장치에는 상당한 비용이 든다. 2001년 9월 11일로부터 2주 뒤 나는 뉴저지에서 보스턴으로 비행기를 타고 갔다. 내가 흔히 다니는 길이었다. 뉴어크 공항에 도착했는데 조용하고, 사람도 없고, 기괴한 분위기였다. 보통 티켓을 초과판매해서 100명 이상이 북적거리던 비행기에 고작 20여 명밖에 없었다. 나는 복도 쪽 좌석에 앉았고, 건너편에 한 여성이 앉았다. 얼마 뒤 시커먼 턱수염을 기른 피부가 어두운 남자가 우리 쪽으로 다가왔다. 그 여성은 놀라서 내 손을 잡으며 떨리는 목소리로 속삭였다. "오, 맙소사…."

당연히 아무 일도 벌어지지 않았다. 그 남자는 중동 사람처럼 보였지만, 얼마든지 다른 지역 출신일 수 있었다. 그리고 아마도 다른 사람들처럼 긴장한 채로 비행기에 탔을 것이다. 그렇게 두려움과 편집증이 넘치는 환경에서는 누구나 미국 교통안전청TSA이 생겼다는 데 고마움을 느꼈을 것이다. 9·11 테러 직후에 우리는 공항에 TSA 요원이 있는 게 안심이 되고 좋았다. 그러나, 당연하게도, 요즘은 다들 TSA에 불평한다. 여행할 때마다 호주머니를 비워야 하고, 신발을 벗어야 하고,

허리띠를 풀어야 하고, 노트북을 꺼내야 하니 말이다. 이제 우리는 음료수를 갖고 들어갈 수도 없고, 심지어는 샴푸나 치약, 면도크림 같은 세면용품도 아주 적은 양이 아니면 가져갈 수 없다. 그리고 그걸 항상 까먹는다. 보안 검색을 기다리는 줄은 갈수록 길고 느려진다. 게이트까지 가는 데 걸리는 시간이 늘어져서 비행기를 놓치는 경우도 있다.

테러리즘으로부터 사회를 보호하려면 안전과 개인의 자유 및 비용(예를 들어, 강화된 보안을 위해 세금이나 항공료가 늘어남) 사이에서 균형을 계속 잡아나가야 하듯이 위험한 약으로부터 사회를 보호하려면 안전과 비용 및 중요한 약이 병원까지 도달하는 데 걸리는 시간의 지연 사이에서 균형을 계속 잡아나가야 한다.

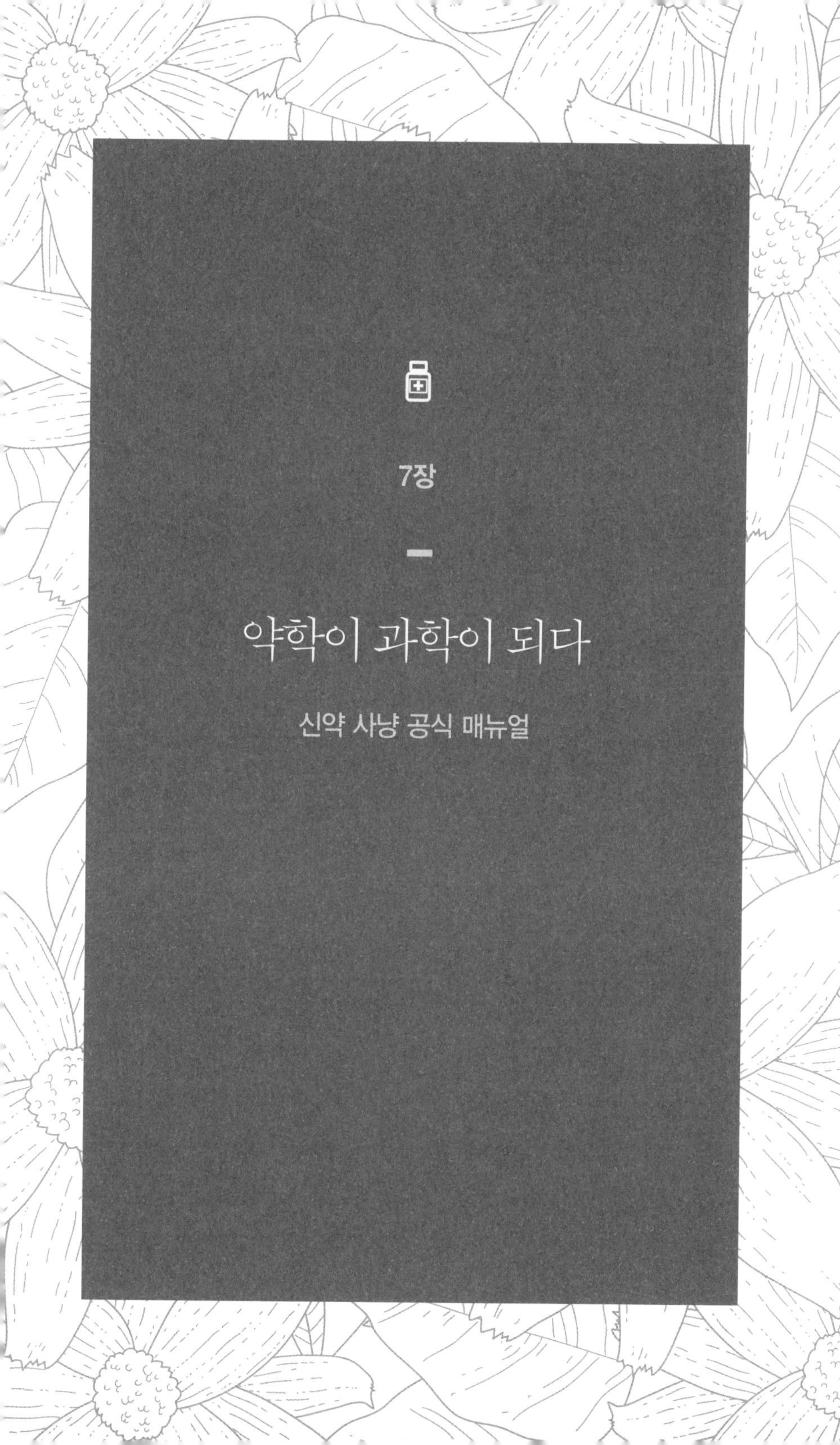

7장

약학이 과학이 되다

신약 사냥 공식 매뉴얼

"내가 예일대학교에 다닐 때 하버드와 예일 학생들은

어느 학교 약학 과정이 최악인지 논쟁하곤 했다."

_루이스 S. 굿맨 박사,

《치료의 약학적 기초*The Pharmacological Basis of Therapeutics*》 저자

19세기 하반기에 중국 노동자 수천 명이 대륙횡단 철로 건설을 위해 미국으로 몰려들었다. 이들 이민자는 즐겨 쓰는 민간요법을 하나 함께 가지고 들어왔는데, 약한 독이 있는 중국 진흙뱀에서 추출한 기름이었다. 중국 노동자들은 관절염과 점액낭염으로 생기는 통증을 줄이기 위해 이 약을 관절에 발랐다. 많은 기업가가 아시아 이민자 사이에서 인기 좋은 이 이국적인 연고를 보고 미국식 뱀 기름을 생산하면 어떨까 생각했다.

이런 적극적인 자본주의자 중에 훗날 방울뱀 왕으로 명성을 떨치게 된 사람이 하나 있었다. 클라크 스탠리라는 카우보이는 호피족 의술사가 자신에게 서부방울뱀 기름의 놀라운 힘을 알려주었다고 주장했다. 스탠리는 1893년 시카고에서 열린 세계박람회에서 자신이 만

든 뱀 기름 조제약을 들고 다니며 팔았다. 그 방식을 보면 새로운 의약품을 판촉할 때 쇼맨십이 얼마나 중요한지 스탠리가 잘 알고 있었다는 사실을 알 수 있다. 스탠리는 집중해서 보고 있는 잠재적 고객 앞에서 꿈틀거리는 주머니 안에 손을 넣어 이빨을 드러내고 있는 기다란 방울뱀을 한 마리 꺼냈다. 그리고 칼로 능숙하게 가른 뒤 내장을 빼내고 끓는 물에 집어넣었다. 기름이 냄비 위로 떠오르면 방울뱀 왕은 기름을 걷어내 높이가 10센티미터인 투명한 병에 담았다. 클라크 스탠리의 '스네이크 오일'은 정신이 팔린 관객에게 순식간에 팔려나갔다.

사실 스탠리의 '스네이크 오일'에는 보통 방울뱀이든 무슨 뱀이든 뱀 기름이 전혀 들어 있지 않았다. 그 대신 병 속에는 광유와 소 지방, 고추, 그리고 약 같은 냄새를 내기 위한 소량의 테레빈유가 들어 있었

스네이크 오일을 판매하는 모습

다. 스탠리의 고객은 완전한 가짜 상품을 사고 있었지만, 그게 중요한 건 아니었다. 진짜든 가짜든, 어떤 종류의 뱀 기름도 치료에는 쓸모가 없기 때문이다.

세계박람회에서 스탠리가 순진한 사람들을 대상으로 스네이크 오일을 판매한 지 거의 반세기 만인 1937년 엘릭서 술파닐아미드 사태는 규제받지 않은 의약품의 위험을 도드라지게 만들었다. 이는 50년 이상 이어져 온 황량한 서부, 즉 미국에서는 약을 팔기 위해 무슨 짓을 해도 상관없다는 태도에 종지부를 찍었다. 그렇지만 엘릭서 술파닐아미드로 인한 죽음이 제약산업에 정부가, 훨씬 더 강력하고 활동적인 FDA라는 형태로 개입하는 일에 대한 사회의 태도를 크게 바꾸었음에도 신약 사냥에 관한 가장 골치 아픈 사실 하나는 바꾸지 못했다. 아직도 약학이라는 과학이 확실하게 정립되지 않았다는 점이었다.

1940년대에 들어서 소비자들은 정부가 새로운 의약품 개발을 좀 더 면밀하게 감시하기를 요구했지만, FDA가 감독을 위한 길잡이로 삼을 만큼 확고한 과학이 거의 없었다. 1940년대 의과대학의 대다수는 약학과가 없었을 뿐 아니라 대부분은 약학 수업을 개설하지도 않았다. 한 가지 이유로는 약물 관련 과학에 근본적인 철학적 교의나 조직적인 인과관계 원칙이 없다는 점을 들 수 있다. 예를 들어 항공우주과학은 비행과 관련된 4가지 힘을 잘 정리하고 있어 어떤 모양의 날개가 있어도 실무자가 양력을 정확하게 예측할 수 있다. 그런데 약학은 미생물학, 생리학, 화학, 생화학은 물론 다양한 환경에서 약의 효과를 관찰한 일관성 없는 임상 자료가 뒤섞여 있는 혼돈의 뽑기 주머니와 같았다.

신약 개발 분야에서는 사실과 거짓이 뒤죽박죽으로 섞여 혼란스러웠기 때문에 의사의 대부분은 의대생에게 약학의 원리를 가르치는 게 무의미하다고 생각했다. 그렇게 혼란스러워서야 유용한 지식 못지않게 틀린 지식을 가르칠 가능성이 컸기 때문이다. 그 대신 학생들은 수련을 받는 병동에서 의사들로부터 직접 약의 성질을 배웠다. 단순히 좀 더 나이 든 의사들이 다양한 약에 대한 경험을 공유하는 것이었다. 따라서 어떤 상황에서 어떤 약을 쓸 것이냐는 스승이 제자에게 전수하는 사적인 지식이었다. 중세의 약제사와 다를 게 없었다. 책이나 과학 문헌으로 약에 관해 공부하는 게 가능하지 않았다.

신약 사냥, 신약 시험, 그리고 제약 행정이 마침내 합리적이지만 독특한 과학이 된 이야기는 예일대학교의 두 젊은이로부터 시작한다. 1930년대 후반 알프레드 길먼과 루이스 굿맨은 미국에 얼마 없는 약학과였던 예일 의과대학 약학과에 갓 부임한 조교수였다. 두 사람은 여기서 학생들에게 약학을 가르쳐야 한다는 곤란한 임무를 맡았다. 둘이 직면했던 가장 큰 문제는 쓸 만한 약학 교과서가 없다는 사실이었다. 당시에 있던 교과서는 모두 형편없거나 내용이 너무 낡았다. 그리고 대부분은 이 둘 모두에 해당했다.

그래서 길먼과 굿맨은 함께 책을 쓰기로 했다. 5세기 전에 코르두스가 펜을 들고 《조제서》라는 획기적인 저작을 썼듯이 이 두 젊은 과학자도 약에 관한 모든 지식을 종합한 개론서 저술에 나섰다. 코르두스와 마찬가지로 이들도 이 계획을 수행하는 데 있어 실용적인 증거 중심의 접근법을 채택해 구전 지식이 아닌 출간된 문헌에 실린 데이터에 의존했다. 그러나 이들은 코르두스가 해낸 것보다 더 멀리 나갔다. 의학의 다른 분야에 의지해, 약에 관해 알고 있는 미약한 지식을 인간 생리학, 병리학, 그리고 치료 원리에 관한 더 큰 지식의 틀 안에 넣으려는 독창적인 시도를 했던 것이다. 가장 대담했던 결정은 책의 구조를 약력학, 즉 약의 투여량과 생리적 효과의 관계를 연구하는 신생 분야를 중심으로 짜는 것이었다. 오늘날 약력학은 현대 약학의 중심 개념이다. 그러나 1930년대에는 굿맨과 길먼의 동료 상당수가 그 분야를 쓸모없다고 여겼다. 그러나 굿맨과 길먼은 약에 관해 알려진 사실과 증거를 한 곳에 모두 모아놓고자 했다.

당연한 이야기지만, 그 교과서를 저술하는 일은 엄청난 과업이었다. 순식간에 두 사람의 시간을 모두 잡아먹는 바람에 수업에 집중하기 어려웠고 연구에도 방해되었다. 이는 결국 아주 위험한 모험이 되었다. 굿맨과 길먼의 학자 경력은—종신재직권을 받을 가능성을 포함해—학생용 교과서가 아니라 독자적인 연구를 출판하는 데 바탕을 두고 있었다. 그래도 두 사람은 밀고 나갔다. 전례가 없을 정도로 공을 들여 약전을 수집하니 책은 점점 더 두꺼워져 갔다.

지금 여러분이 보고 있는 이 책에는 약 7만 5000단어가 들어 있다. 두 종교의 경전을 담고 있는 킹 제임스 성경은 78만 3137단어다. 그런데 맥밀란 출판사가 마침내 굿맨과 길먼이 완성한 원고를 받았을 때 편집자는 100만 단어가 넘는 양을 보고 충격을 받았다.

맥밀란 출판사는 즉시 원고의 양을 줄이라고 종용했다. 두 저자는 한 문장도 뺄 수 없다고 맞섰다. 약물의 과학에 관한 최초의 종합 과학 서적을 펴냈다고 생각했던 것이다. 결국 맥밀란 출판사는 마지못해 1941년 《치료의 약학적 기초 *The Pharmacological Basis of Therapeutics*》 무삭제판을 내기로 합의했다. 하지만 1200쪽짜리 책에 12.5달러라는 가격을 책정했다. (현대로 치면 185달러다) 당시의 의학 교과서 대부분보다 50퍼센트 비싼 가격이었다. 의구심을 버리지 못한 출판사는 이 무지막지한 가격에 책이 거의 팔리지 않을 것으로 예상해 3000부만 인쇄했다. 두 저자에게는 4년 안에 1쇄가 팔리면 보너스로 스카치 위스키 한 상자를 주겠다고 약속했다.

굿맨과 길먼은 위스키를 받았다. 고작 6주밖에 걸리지 않았다. 교과서 초판은 8만 6000부 이상 팔렸다. 《치료의 약학적 기초》는 출간 즉시 약학계의 통합 경전으로 인정받았다. 이 책은 당시에 쓰이던 모든 약에 관한 상세하고 증거에 기반을 둔 정보를 담고 있었다. 게다가 이런 정보를 혼란스러운 지식으로부터 심오한 질서를 이끌어내려고 시도하는 과학 원리 지침을 중심으로 정리한 건 처음이었다. 사상 처음으로 특정 약에 관해 확실히 공부하고 싶다면—혹은 약물의 과학 전체를 독학하고 싶다면—굿맨과 길먼의 책을 보기만 하면 되는 상황이 되었다. 사실 그 책에 단점이라고 할 만한 게 있다면 너무 학술적이어서 원래 의도한 독자였던 의대생조차 읽기 어려울 때가 있다는 점이었다.

책을 출간한 굿맨과 길먼은 미국이 제2차 세계대전에서 싸우는 동안 전시 지원의 일환으로 군대에서 일했다. 그곳에서 《치료의 약학적 기초》에서 설명한 아이디어를 종합해 합리적인 접근법으로 신약 사냥에 나섰다. 미국 육군은 예일대학교와 계약을 맺고 유기인산염과 질소 겨자를 포함한 독일의 독가스 무기를 위한 해독제 개발에 나섰다. 길먼과 굿맨이 이 대응계획의 책임을 맡았다. 연구를 진행하는 동안 질소 겨자가 세포 독성을 띤다는 사실을 알게 되었다. 그 독가스가 인간의 세포, 특히 골수와 소화관, 림프 조직에서 빠르게 자라는 세포를 파괴한다는 뜻이었다. 두 젊은 과학자는 질소 겨자를, 건강한 세포는 그대로 두고 빠르게 자라는 림프종 종양 세포를 표적으로 삼는 림프종 치료제로 만들 수 있을지도 모르겠다고 생각했다.

당시에는 어떤 암이든 치료하는 유일한 방법이 수술과 방사선 요법이었다. 굿맨과 길먼은 질소 겨자를 림프종에 걸리게 한 쥐에 시험했다. 종양이 빠른 속도로 줄어들었다. 그러자 두 사람은 질소 겨자를 방사선 요법도 효과가 없는 말기 림프육종 환자에게 시험했다. 반응은 극적이었다. 이틀 만에 환자의 종양이 부드러워졌다. 4일 뒤에는 종양이 손으로 만져지지 않았다. 그로부터 며칠 지나자 종양이 사라졌다. 굿맨과 길먼이 암을 공격하는 최초의 화학 요법을 만들어냈던 것이다. 합리적인 신약 사냥의 훌륭한 결과였다.

루이스 굿맨은 신경계에 영향을 끼치는 약에도 관심이 있었다. 열대의 나무를 휘감고 자라는 개화 식물의 껍질에서 추출하는 쿠라레는 그런 약 중 하나였다. 아마존강 상류를 탐험한 유럽인들은 원주민이 쿠라레를 묻힌 화살이나 바람총 다트를 이용해 사냥한다는 기록을 남겼다. ('쿠라레'라는 단어는 '새를 죽인다'라는 뜻인 카리브 언어 '위리어리 uireary'에서 유래했다.) 쿠라레는 호흡기 근육을 마비시켜 결국 질식을 일으킨다. 흥미롭게도 먹었을 때는 쿠라레가 해롭지 않다. 구성 물질이 소화관을 뚫고 혈액으로 들어가지 못하기 때문이다. 그래서 남아메리카의 부족민은 쿠라레에 중독된 사냥감을 안전하게 먹을 수 있었다. 1940년대까지 의학계는 쿠라레를 신기한 외래 물질 정도로 여겼다. 그러나 굿맨은 쿠라레를 수술용 마취제로 쓸 수 있을지 궁금했다.

수술용 마취제는 두 가지 특성을 갖춰야만 한다. (1) 의식을 잃게 만들어야 한다. (2) 통증을 차단해야 한다. 쿠라레가 이 두 조건을 만족시키는지 확인하기 위해 굿맨은 유타 의과대학 마취과 학장에게 쿠라레를 투여하고 무슨 일이 벌어지는지 관찰하겠다고 설득했다. 굿맨의 연구팀은 이 나이 많은 동료에게 상당량의 쿠라레를 주입한 뒤 핀으로 피부를 찌르기 시작했다. 사전에 약속한 대로 눈 깜빡임을 통해 소통하며 마취과 학장의 의식도 관찰했다.

불행히도, 학장은 질문에 대한 답으로 눈을 깜빡이며 완전히 의식이 깨어 있음을 보여주었다. 따라서 1번 조건에는 어긋났다. 게다가 통증도 느꼈다. 학장은 바늘이 찌를 때마다 속으로 움찔했다. 2번 조건도 어긋났다. 사실 쿠라레는 학장의 의식에 조금도 영향을 끼치지

쿠라레는 스트리크노스 나무의 껍질과 뿌리에서 뽑아낸다.

못했다. 단순히 근육이 움직이지 못하게 했을 뿐이었다. 주입량도 너무 많아서 주사를 맞은 지 30분이 지나자 학장의 호흡이 멈췄다. 굿맨의 신약 사냥 실험은 마취과 학장의 사망으로 끝날 뻔했지만, 다행히 굿맨은 약효가 가실 때까지 고무 주머니를 이용해 학장의 폐에 공기를 불어넣었다. 이번에는 흥미로운 물질을 이용한 새로운 치료법을 찾으려는 굿맨의 시도가 실패로 끝났다. 하지만 이 실험은 잠재적인 신약을 체계적이고 논리적인 방식으로 평가하는 게 가능하다는 사실을 다시 한번 확인시켰다.

오늘날 굿맨과 길먼의 저서는 전보다 더 길어졌다. 하지만—현재 12판인—《치료의 약학적 기초》는 21세기 의대생을 위한 뛰어난 약학 교과서이자 모든 신약 사냥꾼의 성경으로 남아 있다. 아이의 이름에 영감을 준 유일한 교과서일지도 모른다. 두 사람이 역사적인 책을 쓴 뒤 알프레드 길먼은 아들의 이름을 '알프레드 굿맨 길먼'이라고 지었다. 약학 분위기가 나는 이름이 도움이 되었던 걸까. 이 어린 굿맨 길먼은 자라서 댈러스에 있는 텍사스대학교 사우스웨스턴의 교수가 되었고, 주요 약의 표적인 G단백질 결합 수용체에 관한 독자적인 신약 연구로 1994년 노벨 생리의학상을 받았다.

1941년 《치료의 약학적 기초》 출간과 함께 신약 사냥꾼은 마침내 약물의 과학에 관한 일관적인 틀을 보유하게 되었다. 이제 그것을 이용해 새로운 의약품을 찾아내는 일만 남았다.

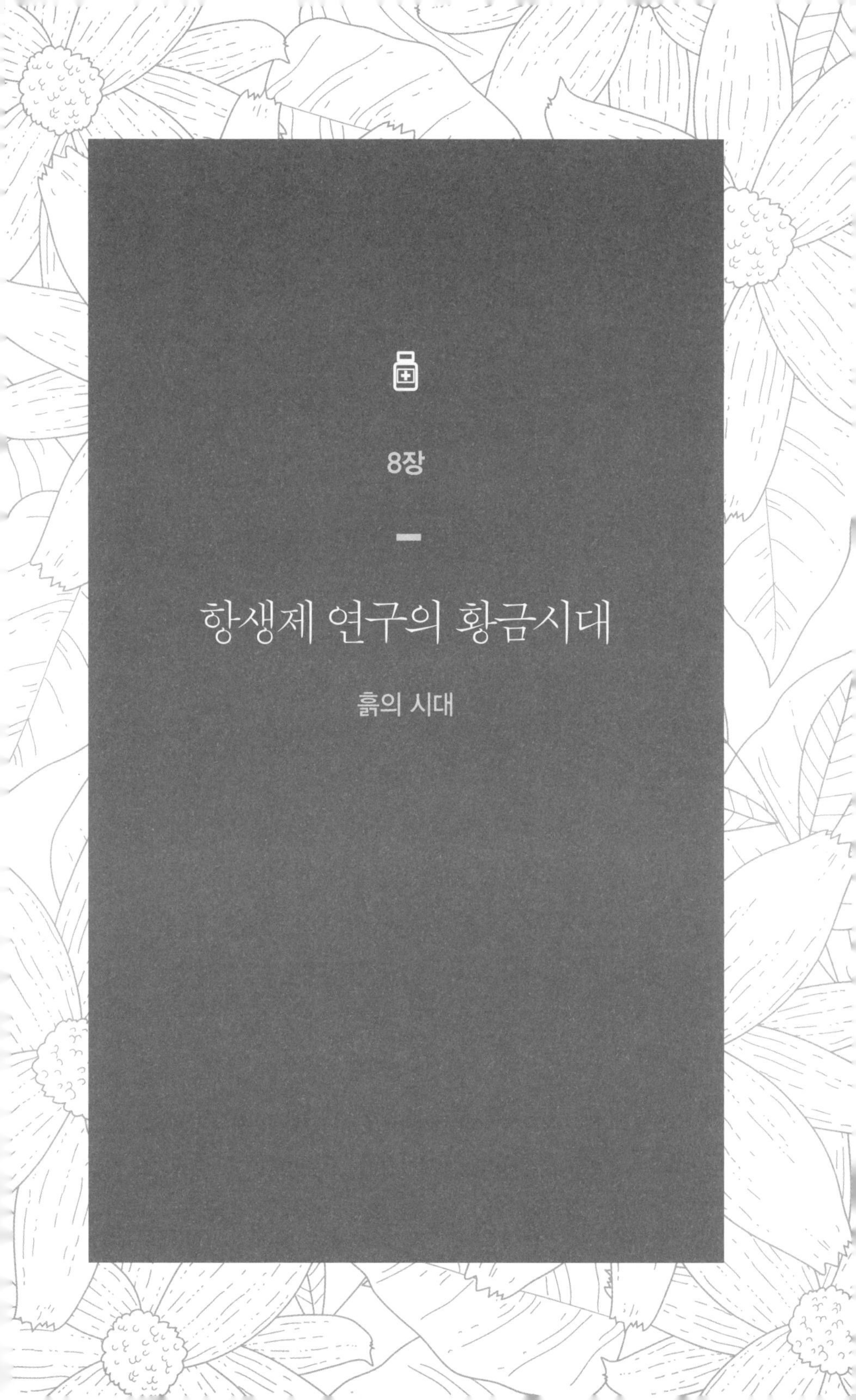

8장

항생제 연구의 황금시대

흙의 시대

"땅은 열리고 그들은 구원을 가져온다."

_이사야서 45:8

파울 에를리히의 매독 박멸자 살바르산은 세계 최초의 진정한 감염병 치료제로서 '기적의 약'이라는 칭송을 받았다. 다만 한 가지 문제가 있었다. 치료할 수 있는 병이 매독뿐이었다.

처음에는 에를리히도 자신의 마법 탄환이 다른 감염성 세균까지 죽일 수 있을지도 모른다고 생각했다. 그러나 1910년대에 이루어진 실험 결과 매독균 말고는 다른 어떤 병원체에도 효과가 없다는 사실이 드러났다. 결핵이나 파상풍, 탄저병, 백일해, 임질, 디프테리아, 장티푸스, 패혈성 인두염, 류머티스열, 포도상구균 감염 같은 수많은 질병이 여전히 치료 불가능했고, 치명적인 결과를 낳을 수 있었다. 제1차 세계대전 때도 살바르산이 있었지만, 전체 사망 원인의 3분의 1을 차지하는 세균 감염으로 인한 죽음을 막는 데는 쓸모가 없었다.

1928년 런던 성메리병원의 한 미생물학자가 황색포도상구균을 연구하고 있었다. 이 세균은 보통 우리 피부 위에서 해를 끼치지 않고 조용히 살아가지만, 혈액 안으로 침투하면 어떻게 되는지 보자. 감염의 결과는 어린이 피부에 작은 물집이나 통증을 일으키는 농가진처럼 독하지 않을 수도 있지만, 다른 포도상구균 감염은 패혈증(혈액 감염)이나 건강한 사람을 몇 시간 만에 시체로 만들 정도로 치명적인 병인 독성쇼크 증후군을 일으켜 생명을 위협할 수 있다. 이 생물학자는 한천배지 기법을 이용해 황색포도상구균을 연구했다. 세균을 영양분(한천)이 담긴 접시 위에서 길렀다는 뜻이다. 한천배지는 표면이 단단해서 연구자가 시험관 속에 세균으로 가득한 불투명한 국물을 들여다보는 대신 접시 위에서 세균 군집이 퍼져나가는 모습을 관찰할 수 있었다.

어느 날, 이 미생물학자가 연구실에 들어와서 뭔가 이상한 점을 발견했다. 이 과학자의 이름은 알렉산더 플레밍이었다. 아마 여러분 모두 이다음에 무슨 일이 생겼는지 알 것이다. 전설에 따르면, 플레밍이 연구실 창문을 열어놓고 나갔다가 돌아와서 한천배지를 살펴봤더니 그 안에서 곰팡이가 자라고 있었다. 아마도 창문을 통해 날아 들어왔을 것이다. (나는 항상 이 설명이 의심스러웠다. 나는 대개 창문을 닫아놓은—혹은 창문이 아예 없는—연구실에서 일하는데, 그래도 배지는 오염되곤 한다. 곰팡이 포자는 어디에나 있다.) 곰팡이가 어디서 왔는지는 모르겠지만, 플레밍은 한 가지 확실한 사실을 깨달았다. 황색포도상구균 군집이 침입해 온 곰팡이 주변에서는 자라지 못하고 있었다. 플레밍은 그 곰팡이가 황색포도상구균에게 독성을 띠는 물질을 만들어내고 있다고 추측

페니실린을 발견한 알렉산더 플레밍

하고, 이런 질문을 던졌다. 이 정체불명의 물질로 또 다른 기적의 약을 만들 수 있을까?

플레밍은 아직 정체를 파악하지 못한 이 물질에 접시에서 자라고 있는 곰팡이 페니실리움 크리소게눔에서 따온 '페니실린'이라는 이름을 붙였다. 그리고 페니실린의 항균 성질을 시험하기 위해 실험을 했다. 기쁘게도, 페니실린은 다양한 병원성 세균을 소멸시켰다. 플레밍은 이 낙관적인 결과를 1929년 〈영국 실험병리학 저널〉에 발표했다.

플레밍의 페니실린이 디프테리아와 류머티스열, 패혈성 인두염 같은 고약한 병에 쓸 만한 잠재력을 보여주었지만, 상업 의약품이 되려면 몇 가지 장애물을 넘어야 했다. 첫째, 페니실린을 대량으로 생산할 수 있는 방법이 확실하지 않았다. 살바르산은 염료의 분자를 살짝 비틀어 만든 합성 분자로, 재료가 되는 화학물질만 충분하면 얼마든지 생산할 수 있었다. 그러나 페니실린은 조그만 곰팡이가 만드는 물질이었다. 페니실린을 더 얻는 유일한 방법은 곰팡이, 페니실리움 크리소게눔을 더 많이 길러서 항균 물질을 뽑아내는 것뿐이었다. 플레밍이 페니실린을 발견했을 때는 영국은 고사하고 작은 마을 하나가 쓸 정도의 페니실린을 만드는 데 필요한 만큼 곰팡이를 기르는 방법도 없었다. 사실 당시의 곰팡이 재배 기술로 치료할 수 있는 감염 환자의 수는 한 손으로 꼽을 정도였다.

둘째, 플레밍은 페니실린이 세균을 짓밟아 죽이는 데 시간이 오래 걸린다는 점을 알아냈다. 오늘날 우리는 이 오해가 플레밍의 잘못된 투약 방식 때문에 생겼다는 사실을 알고 있다. 플레밍은 환자에게 주사나 알약을—약이 환자의 혈류 속으로 들어가게 하는 방법—쓰는 대신 환자의 피부에 페니실린을 문질렀다. 페니실린이 작용하기 전에 몸 안에서 분해될까 봐 우려했기 때문이다. 더구나 생산의 어려움 때문에 어쩔 수 없이 용량을 적게 써서 효과가 더 약해졌다.

페니실리움 크리소게눔을 기르기가 어렵고 약의 효과도 시원치 않아 보이는 탓에 좀 더 정제된 물질을 만들자고 화학자를 설득할 수 없었다. 낙담한 플레밍은 1930년대가 지날 때까지 곰팡이에서 나온 이 항생제에 관한 연구를 간헐적으로 계속했다. 하지만 의학계는 플레밍의 연구를 무시했다. 페니실린이 상업용 의약품으로 유용하지 않다고 간주했던 것이다. 1929~1940년 페니실린은 쓰이지도 않고 사실상 연구도 되지 않은 특이한 물질 정도로 취급받으며 실험실에 처박혀 있었다. 만약 두 이민자가 다시 들여다보지 않았다면 역사상 가장 유명한 약은 결코 존재하지 않았을 수도 있다.

하워드 플로리와 에른스트 보리스 체인은 둘 다 과학자였고, 둘 다 영국 밖에서 태어났다. 그러나 나머지 성장 배경은 완전히 달랐다. 체인은 1906년 베를린의 한 유대인 가정에서 태어났다. 하워드 플로리는 1898년 사우스오스트레일리아의 애들레이드에서 태어났다. 체인의 아버지는 여러 화학 공장을 소유한 화학자였고, 체인은 아버지의 뒤를 이어 1930년에 프리드리히빌헬름대학교에서 화학으로 학위를 받았다. 곧 나치가 권력을 잡자 체인은 1933년 영국 해협을 건너 주머니에 단 10파운드만 가진 채 영국으로 이주했다. 반대로 플로리는 애들레이드대학교에서 의학을 공부했고, 로즈 장학금을 받아 영국에서 병리학 대학원 과정을 밟았다.

1939년 로즈 장학생과 유대인 난민은 옥스퍼드대학교에 있는 플로리의 병리학 연구실에서 힘을 합쳐 한 가지 목표를 추구하기로 했다. 페니실린이 다목적 항생제로 유용할지 확인하는 것이었다. 플레밍의 논문을 읽은 뒤 두 사람은 좀 더 정제되고 농축된 페니실린은 플레밍이 썼던 묽고 품질이 떨어지는 것보다 세균을 죽이는 데 더 효과적일지도 모른다고 추측했다. 숙련된 화학자였던 체인은 순도가 높은 페니실린을 만드는 연구에 착수했다. 그 일이 끝나자 두 과학자는 준비한 페니실린을 쥐에 시험했다. 더 강력한—오늘날 벤질페니실린으로 불리는—페니실린은 플레밍이 만든 것보다 훨씬 더 빠르고 더 완벽하게 세균 감염을 치료했다. 두 사람은 1940년 이 인상적인 결과를 발표했다.

이 논문을 보고 흥분한 플레밍은 곧바로 플로리에게 전화를 걸어 며칠 안에 두 사람의 병리학 연구실을 방문하겠다고 말했다. 플레밍이 페니실린에 관한 초기 논문을 발표한 지 10년이 넘게 지났던 터라 플레밍이 곧 찾아온다는 사실을 알게 된 체인은 이렇게 말했다. "맙소사! 난 그 사람이 죽은 줄 알았어."

1941년 플로리와 체인은 첫 환자를 치료했다. 앨버트 알렉산더는 장미 가시에 얼굴을 긁혔다. 운이 나쁘게도 그 가시는 나쁜 병균에 감염되어 있었다. 긁힌 상처는 감염되었고, 감염은 빠르게 퍼져나갔다. 며칠 만에 알렉산더의 얼굴 전체와 두피, 눈이 심하게 부풀어 올랐다. 눈은 곧 심하게 감염되어 의사들은 감염이 뇌로 퍼져 목숨을 잃게 될까 봐 걱정했다. 그래서 적출 수술을 시행했다. 즉, 수술로 안구를 제거했다. 이렇게 극단적인 수술까지 했지만, 탐욕스러운 세균을 막을 수는 없었다. 다른 치료 방법 없이 죽음을 앞둔 알렉산더는 페니실린 실험의 완벽한 대상이었다.

플로리와 체인은 주사로 알렉산더의 혈류에 약물을 직접 투여했다. 24시간도 채 지나지 않아 알렉산더는 회복하기 시작했다. 불행히도 플로리와 체인은 첫 투약 때 가지고 있던 정제 페니실린을 모두 써버렸다. 결과적으로 보면 그 정도로 진행된 감염을 막기에는 너무 적고 기간도 짧았다. 초기 경과는 좋았지만, 알렉산더는 다시 나빠졌다.

페니실린 주입으로 세균을 일부 막을 수 있었지만, 나머지 세균이 무자비하게 공격을 계속했다. 며칠 뒤 알렉산더는 세상을 떠났다. 플로리와 체인은 페니실린의 항생 작용을 제대로 시험하려면 더 많은 물질을 만들 방법이 필요하다고 생각했다.

곰팡이로 페니실린을 만드는 유일한 방법은 '표면 발효법'이었다. 즉, 한천배지 위에서 페니실리움 크리소게눔을 기르는 것이었다. 플로리와 체인은 환자용 변기 전체를 한천으로 채워 표면적을 최대한 넓혔다. 하지만 그렇게 공간을 넓혀도 효과가 있을 정도의 양을 생산하기에는 부족했다. 두 사람은 앞으로 모든 실험을 어린이에게 하기로 했다. 어린이는 몸집이 작아서 약을 적게 써도 되었기 때문이다. 곧 플로리와 체인은 페니실린이 다양한 세균 감염을 치료하는 데 아주 효과적이라는 사실을 보일 수 있었다. 다만 혈류에 직접 투약해야 했고(벤질 페니실린은 구강 투여로는 효과가 없었다), 투여량이 충분히 많아야 했다. 많은 양이 필요해 페니실린 부족 현상이 더 심해졌다.

페니실린이 살바르산보다 더 뛰어난 기적의 약이라는 사실이 드러나자 모든 병원에서 끔찍하게 부족한 공급량을 늘려달라고 아우성쳤다. 제2차 세계대전 초기 최고의 페니실린 공급원은 이미 페니실린을 투여받은 환자의 오줌이었다. 활성 성분이 거의 변하지 않은 채 오줌으로 나오기 때문이었다. 그 결과 병원 직원들은 이 귀중한 물질을 재활용하기 위해 환자의 오줌을 한 방울도 흘리지 않고 모으느라 무진장 애를 썼다.

페니실린 제조는 금세 산업계의 커다란 문제가 되었다. 영국은 나치 독일과 전쟁 중이었고, 생존을 위해 싸우고 있었다. 아무리 중요한 약이라고 해도 필사적인 전시 지원 상황에서는 그걸 만들기 위해 돌릴 수 있는 산업 자원이 부족했다. 플로리의 연구를 지원하고 있던 록펠러 재단은 플로리에게 미국으로 건너와 영국의 동맹에 도움을 구해보라고 강력하게 권했다. 1941년 7월 플로리는 뉴욕으로 날아와 정부기관과 사기업 인사들을 만났다. 플로리와 영국에게는 다행히도, 미국 농무부USDA가 관여하기로 했다.

USDA는 이미 일리노이주 피오리어에 있는 연구소에서 곰팡이 배양을 늘리기 위해 발효 기법에 관한 연구를 하고 있었다. 그리고 이제 피오리어 연구팀이 페니실리움 크리소게눔 생산량을 늘릴 방법을 연구하기 위해 나섰다. 결과적으로 USDA의 과학자들은 두 가지 큰 공헌을 했다. 첫째, 피오리어의 과일 시장에 있던 곰팡이 핀 캔터루프에서 기존의 다른 균주보다 페니실린을 훨씬 더 많이 생산할 수 있는 페니실리움 크리소게눔 균주를 발견했다. 둘째, 옥수수침지액(옥수수를 제분할 때 생기는 값싼 부산물)이 담긴 깊숙한 통 속에서 곰팡이를 배양한 뒤 곰팡이가 들어 있는 액에 공기를 불어넣어 통과시키면(공기주입법이라고 부르는 과정이다) 훨씬 더 빨리 훨씬 많은 양의 페니실린을 생산할 수 있다는 사실을 알아냈다. 무엇보다도 이 깊숙한 통을 이용한 발효 기법은 대량생산이 가능했다. 세계 최초로 좀 더 넓은 범위에 작용하는 항생제[12]의 산업적 생산이 가능해진 것이다.

미국의 주요 제약회사들이 컨소시엄을 이루어 공동으로 연구하고 페니실린 생산에 관한 정보를 공유하기 시작했다. 이들 회사는—머크,

스큅, 화이자, 애보트, 일라이 릴리, 파크 데이비스, 그리고 업존—제약산업계에서 '페니실린 클럽'이라고 불렸고, 당대의 대형 제약회사를 대표했다. 이 과거의 거인들 중에서 오로지 둘, 애보트와 일라이 릴리만 지금까지도 독립 회사로 존재한다는 사실은 대형 제약회사의 진화에 얽힌 재미있는 이야기다. 스큅은 브리스틀 마이어스에 인수당했다. 머크는 쉐링에게 강제 합병되었다. 파크 데이비스는 한때 세계에서 가장 큰 제약회사였지만, 현재 역사상 가장 큰 제약회사가 된 화이자에게 흡수당했다.

1943년이 시작되고 첫 5개월 동안 미국은 환자 4명을 치료하는 데 충분한 페니실린을 생산했다. 그다음 7개월 동안은 20명을 치료하는 데 충분한 페니실린을 생산했다. 생산 기법은 점점 좋아져 D-데이에 연합군이 프랑스를 침공했을 때는 연합군의 수요를 감당할 수 있을 만한 페니실린이 있었다. 사상 처음으로 전쟁터에서 입은 상처로 감염된 병사가 빠르게 회복할 수 있게 되었다. 훗날 체인은 어머니와 누이가 독일의 수용소에서 사망했다는 소식을 들었지만, 자신의 연구가 나치를 물리치는 데 의미 있는 역할을 해냈음을 알 수 있었다.

1944년이 끝날 무렵에는 깊숙한 통을 이용한 생산 기법이 마침내 완벽해졌고, 화이자는 매달 환자 100명을 치료하기에 충분한 페니실린을 생산하는 세계 최대의 제조사가 되었다. 페니실린이 진정한 기적의 약이기는 했지만, 어떤 세균성 질환은 페니실린에도 끄떡없었다.[13] 아마 그중에서 가장 무서운 병은 결핵이었을 것이다.[14] 결핵에 걸리면 빈혈로 창백해지기 때문에 '하얀 죽음'이라고도 불렸다.[15] 19세기에는

'낭만적인 병'이라는 인식도 있었다. 결핵 환자의 여위고, 창백하고, 우울해 보이는 겉모습을 종종 '끔찍한 아름다움'으로 여겼기 때문이다. 극작가와 시인들은 비극적이고 음울한 특성과 남은 시간 동안 환자가 삶을 정리하고 망가진 관계를 회복시키고 난 뒤에 극적인 죽음을 맞을 수 있도록 느리게 진행된다는 점 때문에 결핵에 매력을 느꼈다. 푸치니의 〈라 보엠〉과 베르디의 〈라 트라비아타〉의 여주인공은 모두 오페라의 마지막 장면에서 결핵으로 죽는다. 〈라 트라비아타〉에서는 의사가 사망 선고를 내리면서 막이 내려온다. 결핵이 없었다면, 오늘날 세계적인 오페라 하우스에는 불이 켜질 일이 없었을지도 모른다.

결핵의 전파를 막기 위한 공공 건강 캠페인 포스터
(출처: U.S. National Library of Medicine)

실제로는 결핵에 낭만적이거나 아름다울 법한 요소는 거의 없다. 결핵균은 폐를 감염시키고 느리지만 확실하게 기도를 먹어치워 환자가 기침하면서 피를 토해내게 만든다. 결핵 환자는 고통스러워하며 나날이 창백하고 여위어 간다. 결핵에 먹혀들어가는consumed 것처럼 보이기 때문에 결핵 환자를 가리키는 가장 흔한 별칭이 consumption(우리나라로 치면 폐병쟁이가 된다 – 역자)이 되기도 했다. 그리고 결핵은 전염성이 높다. 감염 환자가 기침이나 재채기를 하거나 침을 뱉으면 병원체가 쉽게 다른 사람에게 옮겨갈 수 있다. (침 뱉기를 금지하는 법은 원래 결핵의 전파를 막기 위해 만들어졌으며 대부분의 미국 자치체 규정에 남아 있다.) 페니실린이 나왔을 때 쓰이던 유일한 결핵 치료법은 환자를 요양소에 격리하고 저절로 낫기를 바라는 것이었다. 하지만 그렇게 저절로 낫는 일은 거의 없었다.

결핵균은 사람을 서서히 죽이는 병원체다. 따라서 고도로 진화한 병원체이기도 하다는 사실을 알 수 있다. 최근에 진화한 HIV나 사스, 니파 바이러스 같은 병원체는 환자를 빨리 죽인다. 병원체 입장에서 보면 이는 잘못된 전략으로, 자기가 가진 식권을 찢어버리는 짓과 같다. 활동이 빠른 병원체는 숙주를 빨리 죽여서 많은 숙주에게 퍼져나갈 기회를 얻지 못한다. 반대로 고도로 진화한 질병은 가능한 한 오랫동안 숙주를 쥐어 짜내며, 병원체가 다른 숙주를 감염시킬 기회를 더 많이 만들어낸다. 결핵은 가장 진보한 사람의 질병 중 하나로 인류만큼이나 오래된 것으로 보인다. 오늘날에도 대략 지구상의 인간 3명 중 1명이 감염된 상태이며, 매초 새롭게 감염되는 사람이 생긴다. 다행히 대부분은 어떤 증상도 보이지 않는다. 그렇지만 2016년 기준으로 전 세계에 1400만 명의 만성 환자가 있으며, 매년 약 200만 명이 목숨을 잃고 있다.

1905년 로베르트 코흐는 마이코박테리움 투베르쿨로시스가 결핵을 일으킨다는 사실을 발견해 노벨상을 받았다. 과학자들은 살바르산, 나중에는 페니실린을 써 보았지만, 두 항생제 모두 이 유난히 튼튼하

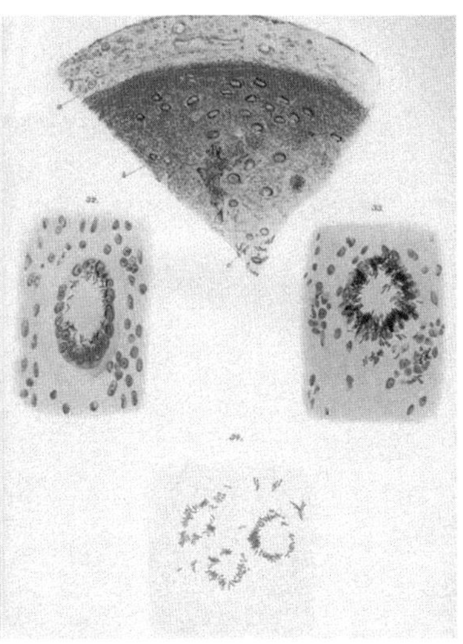

로베르트 코흐와 결핵의 원인에 대한 그림(1900년)

고 회복력이 좋은 세균을 건드리지 못했다. 많은 연구자는 마이코박테리움 투베르쿨로시스 같은 특정 종의 세균은 약으로 죽일 수 없을지도 모른다고 추측했다. 그러나 이 관점을 받아들이지 않은 한 남자가 있었다.

셀먼 에이브러햄 왁스먼은 러시아 키예프 근방의 프릴루카에서 태어났다. 하지만 미국으로 이민 가서 뉴저지에 있는 럿거스대학교에 다녔고, 1915년에 농학으로 학위를 받았다. 작물과 흙, 그 흙에 사는 미생물의 상호작용은 작물의 성장에 영향을 끼친다. 왁스먼은 이 상호작용, 특히 작물을 길러주는 비옥하고 거무스름한 흙에 흥미를 느꼈다. 그리고 흙, 좀 더 구체적으로는 흙 속의 세균을 연구하며 연구자로서 경력을 시작했다. 토양 미생물은 땅 위로 떨어지는 유기물을 분해해서

약 사냥꾼은 세균을 학살하는 미지의 미생물을 찾아 흙 속의 세균을 연구했다.

식물이 자라는 데 필요한 양분으로 바꾸기 위해 꼭 필요한 존재다. 왁스먼은 농업대학에 근무하면서 토양 미생물에 대한 더 많은 지식이 궁극적으로 작물 수확량을 늘리는 길을 열어주기를 바랐다.

과학에서는 과학자가 종종 연구를 하다가 다른 분야에서 뜻하지 않게 위대한 발견을 해내는 경우가 종종 있다. 예를 들어, 생물학자 바바라 매클린톡은 옥수수 낟알의 색깔이 왜 서로 다른지 알아내려고 연구를 시작했다가 현대 생물학에서 가장 중요한 사실 하나를 발견했다. DNA 안에서 위치를 옮길 수 있는 유전인자인 트랜스포존이다. 이와 비슷하게, 신경학자 스탠리 프루시너가 레지던트로 있을 때 크로이펠츠-야콥병CJD 환자가 찾아왔다. CJD는 결과가 치명적인 신경퇴행성 질환이다. 당시에는 병원체를 찾을 수 없었기 때문에 이 기묘한 불치병을 일으키는 원인을 누구도 몰랐다. 하지만 환자를 돕기 위해 최선을 다했던 프루시너는 이전까지 과학계가 전혀 모르고 있었던 완전히 새로운 단백질 기반의 병원체, 프리온을 발견했다. 맥클린톡과 프루시너는 의도하지 않은 발견으로 노벨상을 받았다. 그리고 왁스먼도 자신의 연구로 결국 노벨상을 받았다.[16]

흙에 사는 낯익은 곰팡이에서 나온 물질인 페니실린의 성공 소식을 접한 왁스먼은 곧바로 다른 토양 미생물도 항생 작용을 할지 모른다고 생각했다. 왁스먼이 오랫동안 연구해온 미생물 그룹 중에 스트렙토미세스가 있었다. 이 세균은 대단히 풍부해서 흙을 막 뒤집어엎었을 때 나는 특징적인 '흙냄새'를 만들어낸다. 1939년 왁스먼은 스트렙토미세스 중에서 세균을 죽이는 종류가 있는지 조사하기로 했다. 아무 세균이나 죽인다고 되는 건 아니었다. 왁스먼은 처음부터 페니실린도 다스리는 데 실패한 가장 끔찍한 질병, 결핵의 치료제를 노렸다.

자신의 전공 분야였으므로 왁스먼은 이미 토양 미생물을 분리해서 배양하는 방법을 알고 있었다. 몰랐던 것은 스트렙토미세스가 만든 물질이 결핵균을 죽이는지 시험하기 위한 효과적인 측정 방식을 개발하는 방법이었다. 물론 이론적으로는 결핵균을 페트리 접시에 배양한 뒤 시험용 물질을 넣어보면 된다. 플레닝이 페니실린을 이런 방식으로 발견했다. 그러나 당연하게도 왁스먼은 살아 있는 결핵균을 대량으로 배양해 연구하는 게 위험한 일이며 자칫하다가는 연구실 인원 전체가 감염될 수도 있다고 우려했다.

이는 궁극적으로 스크리닝과 관련된 문제였다. 왁스먼은 마이코박테리움 스메그마티스라는, 마이코박테리움 투베르쿨로시스와 가까운 관계지만 인간에게 해롭지 않은 세균을 대상으로 스트렙토미세스가 만든 물질을 스크리닝하는 방식으로 문제를 해결했다. 게다가 마이코박테리움 스메그마티스는 마이코박테리움 투베르쿨로시스보다 훨씬 더 빨리 자라서 실험하기에 편했다. 왁스먼은 대체물로 쓴 세균을 죽이는 물질이 결핵균도 죽일 수 있기를 바랐다. 우리 모두에게 다행스러운 일이지만, 왁스먼의 가설은 옳은 것으로 드러났다.

왁스먼의 연구실은 1940년에 처음으로 악티노마이신이라는 항생물질 후보를 발견했다. 악티노마이신은 결핵을 포함한 다양한 병원체에 매우 효과적이었다. 그러나 왁스먼의 흥분은 오래가지 않았다. 악티노마이신을 동물에게 시험한 결과 약으로 사용하기에는 독성이 너무 강했다. 왁스먼은 다시 스트렙토미세스가 만든 물질을 스크리닝하는 과정으로 돌아갔다. 그리고 1942년 현재 우리가 스트렙토트리신이라고 부르는 또 다른 항생물질 후보를 찾아냈다. 이 물질은 아주 효과적인 세균 박멸자였다. 그리고 이번에는 동물에게 시험했을 때도 동물이 죽지 않았다. 어쨌든 처음에는 그랬다.

왁스먼의 연구팀은 스트렙토트리신이 서서히 신장에 손상을 입힌다는 사실을 알아냈다. 단기간이라면 실험동물이 견뎌냈지만, 오랜 시간 동안 꾸준히 사용하면 실험동물은 신장이 망가지며 죽었다. 항생제는 세균이 자라고 있을 때 공격해서 죽인다. 만약 세균이 포자나 낭포 상태로 동면 중일 때는 항생제에 죽지 않는다. 일반적으로 세균이 빨리 자랄수록 항생제가 죽이기 쉽다. 불행히도, 고도로 진화한 결핵균은 굉장히 천천히 자랐다. 어떤 항생제든 결핵균을 깨끗이 없애버리기 위해서는 치료 기간이 상당히 길어야 한다는 뜻이었다. 스트렙토트리신은 소용이 없었다.

결핵 치료제를 발견한 셀먼 에이브러햄 왁스먼

두 번이나 실망했지만, 이 끈질긴 신약 사냥꾼은 자신의 연구팀이 언젠가 해낼 것이라고 확신했다. 스트렙토미세스가 만드는 물질을 계속 스크리닝하던 1943년 어느 날, 얼마 전에 닭의 기도에서 찾아낸 스트렙토미세스 그리세우스 균주를 시험했다. 연구팀은 이 특이한 균주가 결핵균을 포함해 다양한 세균을 없애는 항생물질을 만들어낸다는 사실을 알아냈다. 동물에 시험했더니 다행히도 독성을 띠지 않았다. 연구팀은 이 물질에 스트렙토마이신이라는 이름을 붙였다. 스트렙토마이신은 머크가 상업용 제품으로 개발했고, 1949년에는 최초의 결핵 치료제로 전 세계적으로 쓰이기 시작했다. 곧 그 약은 수백만 명의 목숨을 구했다.

미국에서는 가난한 이민자들 사이에서 특히 결핵이 유행했다. 결핵을 진단받으면 절반 이상이 5년 이내에 사망했다. 19세기 후반에는 가장 좋은 결핵 치료법이 햇빛과 신선한 산속 공기라고 생각했다. 미국 전역, 특히 로키 산맥이 지나가는 주에 햇빛이 잘 드는 요양소가 여기저기 생겨났다. 그중에서 유명한 결핵 요양소로 에드워드 리빙스턴 트루도 박사가 뉴욕주 북부 사라낙 레이크라는 마을에 세운 트루도 병원이 있었다. 얄궂은 일이지만, 트루도 병원은 그다지 햇빛이 많이 들지 않았고 산중에 있지도 않았다. 그래도 별 차이는 없었다. 요양소의 결핵 치료 효과는 거의 없는 것이나 마찬가지였다.

항투베르쿨린 약물의 도입은 큰 변화를 일으켰다. 결핵 환자는 요양소에서 병이 저절로 낫기를 바라며 기다리는 대신 이제 확실히 나으리라는 기대를 품고 집으로 돌아올 수 있었다. 오늘날 결핵 환자는 항투베르쿨린 약물을 이용한 칵테일 요법으로 치료받는다. HIV/에이즈 환자를 치료하는 데 쓰는 칵테일 요법과 비슷하다. 현재 권장하는 칵테일 요법에는 네 가지—이소니아지드, 리팜피신, 피라지나마이드, 에탐부톨—항생제가 들어가며 적절히 투약하면 항상 결핵이 거의 치료된다.

왁스먼에게 노벨상을 안겨준 발견은 흙의 도서관 문을 열어젖혔고, 제약산업계는 미친 듯이 달려들었다. 수백 명의 신약 사냥꾼이 새로운 세균 박멸 미생물을 찾겠다는 희망을 갖고 전 세계의 땅을 파헤치며, 오늘날 '항생제 연구의 황금시대'라고 불리는 시기를 출발시켰다. 21세기의 약장 안에 든 항생제의 상당수가 이 황금시대에 나왔다. 바시트라신(1945년), 클로람페니콜(1947년), 폴리믹신(1947년), 클로르테트라사이클린(1950년), 에리트로마이신(1952년), 반코마이신(1954년)

과 같은 항생제들이 그런 사례다.

플로리와 체인의 페니실린 재발견은 의사와 과학자, 일반 대중에게 몸 안에 침입한 병원체를 완전히 박멸해 모든 증상을 없애고 병이 다른 사람에게 퍼지지 않게 해줄 수 있는 항생제가 존재한다는 사실을 입증했다. 감염병 치료제, 그건 20세기 초 신약 사냥의 성배였다. 그 결과 흙의 시대가 열리면서, 주요 제약회사는 모조리 흙 속을 뒤지는 데 전념하는 조직을 만들었다. 그러나 페니실린으로 또 다른 사실도 밝혀졌다. 극도로 성가신 사실이었다. 항생제에 노출되고 난 뒤에는 약이 더 이상 듣지 않도록 병원체의 성질이 바뀌어버릴 수도 있다는 점이었다. 마치 날아오는 약의 공격을 튕겨내도록 새로 만든 갑옷을 입고 나타나는 것 같았다.

페니실린에 내성을 지닌 병원체에 대한 첫 보고는 1947년에 있었다. 페니실린이 대량생산된 지 불과 4년 만이었다. 페니실린은 더 이상 유일한 기적의 약이 아니었다. 또 다른 초기 항생제인 테트라사이클린 내성은 도입 이래 10년 만에 나타났다. 에리트로마이신 내성은 15년이 걸렸고, 겐타마이신 내성은 12년, 반코마이신 내성이 생기는 데는 16년이 걸렸다. 과학자들은 처음에 당황했다. 새롭게 나타난 경이로운 약들이 늙어가는 종마처럼 결국 능력을 잃고 있었다. 하지만 곧 병원체가 진화하고 있다는 사실을 깨달았다.

이 현상은 약학계 최대의 싸움, 사실 의학계 전체에서 가장 큰 싸움으로 이어졌다. 바로 질병과 치료제 사이의 끝없는 무기 경쟁이었다. 싸움의 양상은 거의 똑같았다. 신약 사냥꾼이 땅속에서 새로운 항생제를 찾아낸다. 그 약은 한동안 세균을 죽이고 다닌다. 그러나 궁극적으로 빠르게 복제하는 세균의 게놈이 살짝 돌연변이를 일으켜 약이 세균에 대한 효과를 잃게 만든다.

종종 약학자들은 항생제를 살짝 비틀어 돌연변이를 일으킨 병원체도 죽일 수 있는 조금 다른 물질(유사체라고 한다)로 만들기도 한다. 그러나 결국 병원체가 다시 돌연변이를 일으켜 유사체도 효과가 없어진다. 항생제 내성은 오늘날까지도 해결하지 못한 문제다. 우리는 여전히 수많은 항생제 내성균을 마주하고 있고, 황색포도상구균MRSA과 임균(임질), 녹농균(폐렴과 패혈증), 대장균, 화농연쇄상구균을 포함한 이들 내성균은 페니실린 발견 이전만큼 치명적인 존재가 되었거나 그렇게 되어가고 있다. 결핵균도 표준 결핵약 칵테일에 견딜 수 있는 균주가 새로 나타나기도 했다.

치명적인 세균에 감염될 위험이 여전히 현실로 남아 있는 상황에서 1980년대에 대형 제약회사들이 새로운 항생제 개발을 포기하려고 했다는 사실을 알면 놀랄 것이다. 왜 그렇게 뻔한 시장을 버리려고 했던 걸까? 제약회사에게는 항생제가 그다지 수익이 많이 남는 장사가 아니기 때문이다. 대형 제약회사는 계속해서 먹어야 하는 약을 선호한다. 예를 들면, 항고혈압제나 항콜레스테롤제가 그렇다. 그런 만성 질환이 있는 사람은 매일같이 약을 먹어야 하며, 이는 막대한 매출로 이어진다. 하지만 항생제는 기껏해야 1주일 정도 먹으면 끝이다. 환자가 나으면 다시 약을 먹을 필요가 없다. 그래서 낼 수 있는 수익에는 뚜렷한 한계가 있다.

그러나 항생제의 경제성은 1회성 치료라는 점을 감안했을 때보다도 더 나쁘다. 새로운 항생제가 모두 궁극적으로 병원체의 내성을 길러준다는 사실을 깨닫자 의사들은 새 약을 비축용으로 쌓아두기 시작했다. 항생제 내성 세균에 지독하게 감염된 환자를 치료할 때만 꺼내 썼다. 새로운 항생제의 효과를 보존할 수 있는 합리적인 방법이었다. 그러나 그건 곧 제약회사가 어렵게 개발해낸 새로운 (그리고 값비싼) 항생제 매출이 더욱 줄어든다는 뜻이었다. 처방은 하지 않고 쌓아만 두고 있을 테니 말이다.

1950년에 사실상 모든 제약회사에는 항생제 연구진이 있었다. 1990년이 되었을 때는 미국의 대형 제약회사 중 상당수가 항생제 연구를 소홀히 하거나 아예 포기했다. 같은 해 우리는 MRSA를 비롯한 다른 항생제 내성균의 창궐로 과학계 안에서 갑작스럽게 항생제에 관한 관심이 다시 높아지는 현상을 목격했다. 그러나 제약산업계는 이렇게 다시 높아진 관심에도 무심하게 감염성 질병과 맞선 싸움에서 꾸준히 후퇴를 계속했다. 1999년 로슈는 항생제 개발에서 철수했다. 2002년이 되기 전에 브리스틀 마이어스 스큅 컴퍼니, 애보트 연구소, 일라이 릴리 앤 컴퍼니, 아벤티스, 와이어스는 모두 항생제 개발 계획을 종료하거나 큰 폭으로 축소했다. 최후의 보루 중 하나였던 화이자도 2011년에 주요 항생제 연구 시설을 폐쇄했다. 흙의 시대가 저물어가는 신호였을지도 모른다. 오늘날 18개의 대형 제약회사 중에서 15곳이 항생제 시장을 완전히 포기했다.[17]

나는 전통적인 대형 제약회사의 항생제 개발 계획에 참여해본 적이 있는 생존 인물 중 가장 어린 축에 속한다. 내 연녹색 모노박밴을 타고 체서피크 만을 돌아다니던 모험이 이런 계획의 일부였다. 세균을 학살하는 미지의 미생물을 찾아내겠다는 희망을 품고 새로운 흙을 찾아다니던 시대는 몰락하고 있었다. 나는 결국 델마바 반도의 흙에서 새로운 항생제를 찾아내지 못했다. 찾아냈다고 해도 상업용 의약품으로 개발되기 전에 한참 동안 구석에 처박혀 있었을 것이다.

오늘날 사태는 위험한 상황에 이르렀다. FDA의 신약 평가 및 연구센터장인 재닛 우드콕 박사는 최근에 이런 말을 했다. "우리는 세계적으로 항생제 공급처가 없다는 중대한 위기를 맞고 있다. 현재 심각한 상황이며, 감염병과 싸우는 의사들은 필사적이다. 그러나 우리가 5년, 혹은 10년 뒤에 어떤 상황일지를 생각하면 더욱 문제가 크다." 미국에서는 한때 항생제로 쉽게 치료 가능했지만 지금은 내성이 생긴 세균에 매년 2만 3000명 이상이 감염되어 목숨을 잃는다. 매년 (바이러스로 인한) 에이즈로 죽는 미국인보다 많은 수다.

알렉산더 플레밍은 여러 병을 고칠 수 있는 치료제라는 인류 역사상 가장 위대한 발견을 해냈다. 안타깝게도 이 약은 영구적이지 않다. 끊임없이 새롭게 다시 만들어야 한다. 약은 질병과 마찬가지로 역동적이고 끊임없이 변해야만 한다.

9장

인류를 구원한 돼지의 묘약

유전자 의약품 시대

"평화는 내면에서 나온다.
외부에서 찾지 마라."
_부처

우리 인간이 이 드넓은 초록 행성에서 지낸 대부분의 세월 동안 신약 사냥꾼은 새로운 연고와 진통제를 찾아 잡다한 식물 도서관을 뒤졌다. 약초로 만든 의약품은 많다. 반대로 빈약하기 짝이 없는 동물의 도서관은 약의 원천으로는 쓸모가 없었다. 한 가지 간단한 이유는 지구에 식물보다 동물이 훨씬 적다는 점이다. 그렇지만 고대부터 현대에 이르기까지 사람들은 동물로부터 수많은 약을 뽑아냈다. 그중에서 효과가 있는 건 한 줌밖에 되지 않았다. 대부분은 전혀 효과가 없었다. 있어 봤자 플라시보 효과였다.

코뿔소의 뿔을 보자. 중국 전통 의학에서 코뿔소의 뿔 가루를 최음제나 암 치료제로 썼다는 이야기는 흔한 오해다. 실제로는 어떤 중국 의학 문헌에도 그런 쓰임새는 나오지 않는다. 중국 전통 의학에서는 코뿔소 뿔을 열과 경련을 치료하는 약으로 권장한다. 하지만 이런 증상을 치료하는 효과는 암을 치료하는 효과와 같은 수준이다. 즉 효과가 없다는 소리다. 사실 최근에 나온 연구서 《중국의 약초학*Chinese Herbal Medicine*》은 코뿔소 뿔 가루 섭취를 깎아낸 손톱 섭취와 비교하고 있다.

그럼에도 중국인이 코뿔소 뿔을 최음제로 사용했다는 나쁜 인식 때문에 베트남과 같은 동남아시아 국가에서는 희귀한 코뿔소 뿔 판매가 일어나고 있다. 이런 수요로 인해 코뿔소 밀렵이 활발해진 결과 현재 국제자연보호연맹은 5종의 코뿔소 중에서 3종을 절멸위급종 목록에 올려놓기에 이르렀다.

호랑이도 상황은 비슷하다. 판테라 티그리스(호랑이의 학명 – 역자)의 뼈, 눈, 수염, 이빨은 중국 전통 의학에서 말라리아나 뇌수막염, 피부 질환 같은 다양한 병에 쓰였다. 중국 전통 의학에서는 호랑이의 거의 모든 부분을 의학적으로 쓸 수 있다고 주장한다. 발톱은 불면증에 쓰는 진정제, 이빨은 열병 치료제, 지방은 한센병과 류머티즘 치료제, 코 가죽은 외상과 벌레 물린 데 쓰는 진통제, 눈알은 간질과 말라리아 치료제, 수염은 치통용 진통제, 뇌는 게으름 교정용 약, 성기는 갈아서 죽으로 만들면 사랑의 묘약, 똥은 치질에 쓰는 만병통치약이었다. 여러분도 예상했겠지만, 이런 약에 의학적 가치가 있다는 증거는 전혀 없다.

불쌍한 코뿔소에게 일어났던 것처럼, 호랑이로 만든 약, 가루, 술의 치료 효과에 대한 잘못된 믿음은 이 우아한 고양잇과 맹수에게 재앙을 가져왔다. 원래 존재했던 호랑이의 9가지 아종 중에서 3종이 지난 80년 사이에 멸종했다. 남은 아종 중에서 4종은 멸종위기종이고, 2종은 위급한 상태다. 국제자연보호연맹은 남은 6가지 아종 전체의 개체 수를 4000마리 이하로 추정하고 있다. (비교를 해보자면, 미국에만 4000만 마리가 넘는 애완용 고양이가 있다.)

식물 도서관은 21세기까지 살아남은 고대의 변론서를 몇 개—예를 들어 모르핀, 맥각(1930년대까지 분만을 촉진하고 낙태를 유도하는 데 쓰였지만, 지금은 금지됨), 디기탈리스(여전히 심장 질환을 처치하는 데 쓰임)—만들어냈지만, 동물 도서관에서 나온 20세기 이전의 약 중에서 현대까지 살아남은 것은 하나도 없다. 왜 동물보다는 식물에 약효가 있는 유용한 물질이 이렇게 많은 걸까? 확실히는 알지 못한다. 그러나 수억 년 동안 곤충으로부터 자신을 방어해온 식물의 면역 체계가 대단히 폭넓은 침입자 곤충을 물리치거나 상처를 입히거나 죽이기 위해 눈부실 정도로 다양한 물질을 만들어냈다는 이론이 있다. 이런 방어용 화학물질(식물학자들은 식물독소라고 부른다)은 고도의 생리활성을 지니고 있다. 곤충의 생리에 영향을 끼치거나 해칠 목적으로 만들었기 때문이다. 인간의 생리는 풍뎅이나 나방의 생리보다 훨씬 더 복잡하지만, 우리 몸은 여전히 똑같은 기초 생화학 원리를 공유하고 있다. 따라서 특정 식물 독소가 우리 몸 안에서는 곤충의 몸 안에 있을 때와 똑같은 효과를 내지 못한다고 해도, 인간의 생리 과정 안에서 모종의 효과를 낼 수는 있다. 경우에 따라서는 그런 효과가 우리에게 이로울 수도 있다. 아마도 동물은 생리 과정을 교란할 수 있는 물질을 훨씬 적게 만드는 듯하다. 곤충이나 여타 자신을 갉아먹는 벌레를 쫓아낼 필요가 적었기 때문이다. 물론 독뱀이나 전갈, 두꺼비 같은 일부 동물은 천적이나 먹이의 생리를 교란하는 독소를 만든다. 이와 비슷하게, 토양 미생물도 영겁의 세월 동안 서로 전쟁을 치러 왔다. 그 결과 우리가 거두어 약으로 쓰일 수 있는 항진균과 항생 작용을 하는 독소를 놀라울 정도로 다양하게 만들어내는 것이다.

1900년이면 이미 생물의학계에 동물 소재의 약이 유용하지 않다는 의견의 일치가 있었다. 제약회사와 신약 사냥꾼 모두 동물의 몸에서 유용한 물질을 찾으려는 시도를 포기했다. 그렇지만 20세기에 접어들고 20년이 지난 뒤 역사상 가장 중요한 약 중 하나를 개의 장기에서 발견했다.

이 동물 소재의 변론서에 얽힌 이야기는 바이엘이 아스피린을 대중에게 판매하면서 전례 없던 이익을 쓸어담고 있던 1897년에 시작한다. 이 합성 치료제의 세계적인 성공은 제약업계에 완전히 새로운 기회의 땅을 열어젖혔고, 제약회사는 독창적인 약을 만들기만 하면 막대한 수익이 기다리고 있다는 사실을 깨달았다. 20세기의 동이 트면서 많은 대형 제약회사는 신약 개발 연구조직을 만들고 새로운 치료용 물질을 찾아 분자의 도서관을 뒤지기 시작했다. 이렇게 자신만의 약을 개발하려고 나선 초창기 미국 제약회사 중 하나가 일라이 릴리다.

이 회사는 1876년 남북전쟁 참전 용사이자 약제사였던 일라이 릴리 대령이 설립했다. 릴리의 초기 제품은 대부분 설탕과 물약, 시럽 따위를 입혀 손으로 빚은 알약이었다. 그중에는 가장 많이 팔린 수쿠스

알테란 같은 게 있었다. 매독과 "특정 유형의 류머티즘, 그리고 특히 습진이나 건선 같은 피부병"에 쓰는 약으로 팔렸지만, 사실 쓸모는 없었다. 조시아 릴리는 1898년 아버지가 사망하자 가업을 물려받았고, 마침내 조시아의 손자인 일라이(증조할아버지의 이름을 받았다)가 회사의 사장이자 이사회 의장이 되었다. 3대 경영자인 일라이 릴리는 독일에서 바이엘이 신약을 개발해 거둔 성공을 부러운 눈으로 바라보면서 자기 회사도 신약 사냥에 뛰어들어야겠다고 결심했다.

1919년 릴리는 알렉 클로즈라는 과학자를 영입했다. 여기저기 배회하는 일종의 기회주의자처럼 새로운 제품을 만들 기회를 찾아다니는 게 클로즈의 임무였다. 요즘 라이센싱 디렉터의 역할과 비슷했다. 클로즈는 암 연구자 출신이었다. 버팔로에 있는 유명한 로즈웰 파크 메모리얼 연구소에서 18년을 근무하면서 뛰어난 과학자로 명성을 얻었다. 클로즈는 기업가적인 경향도 있어서 릴리가 약 재포장 사업에서 벗어나 신약 개발 사업으로 옮겨가게 해줄 적임자로 매력적이었다. 1919년 클로즈는 어디서 신약을 개발할 가장 좋은 기회를 얻을 수 있을지 살펴보기 위해 다양한 질병과 질환을 검토하기 시작했다. 그리고 곧 치료법을 아무도 모르는 질병 하나를 정했다. 당뇨병이었다.

기원전 2000년, 인도의 의사들은 특정 환자의 오줌에 개미가 꼬인다는 사실을 알아챘다.[18] 비슷한 시기의 이집트 문헌에는 몇몇 환자가 "오줌을 너무 많이 누느라" 괴로워하고 있다고 쓰여 있다. 이는 당뇨의 증상을 묘사한 가장 오래된 기록이다. 인도인은 이 병을 마드후메하, 혹은 '달콤한 오줌'이라고 불렀다. 그리스인은 다이어비티스

diabetes라고 불렀는데, '통과하는'이라는 뜻으로 오줌이 과도하게 나온다는 점을 가리켰다. 1675년 한 영국 의사는 '달콤한 맛'을 뜻하는 라틴어 단어를 덧붙여 '다이어비티스 멜리투스diabetes mellitus'라는 명칭을 만들었다. 오늘날 이런 형태의 당뇨병은 흔히 제1형 당뇨병이라고 부른다.

환자들의 소변을 더 잘 관찰하기 위해 의사들은 바닥이 둥근 유리 플라스크를 발명했다.

제1형 당뇨병은 대부분 어린 시절에 시작된다. 그리고 치료 방법이 없어서 어쩔 수 없이 치명적인 결과로 이어진다. 보통 환자는 억누를 수 없는 갈증과 허기에 시달린다. 그렇지만 음식과 물을 아무리 먹어도 서서히 체중을 잃고 꾸준히 쇠약해진다. 당뇨병은 혈액 순환을 방해하고 신경계 손상을 입히기도 한다. 혈액 순환이 나빠서 망막에 혈액이 충분히 가지 않으면 시력을 잃는 수도 있다. 게다가 팔다리를 절단해야 하는 일까지 생긴다. 동시에 신경이 천천히 망가지기 때문에 환자는 나날이 통증을 더 느끼게 된다.

클로즈가 릴리에 들어왔을 때 당뇨병 환자 대부분은 진단을 받은 지 1년 안에 목숨을 잃었다. '달콤한 오줌' 병이 처음 기록에 남은 지 4000년이 지났지만, 여전히 치료법은 아무도 알지 못했다. 식물의 시대에 수천 가지 식물 기반의 화합물을 당뇨병에 시험했지만, 전부 효과가 없었다. 화학의 시대 역시 쓸 만한 치료법을 만드는 데 실패했다.

그러나 클로즈는 그런 상황을 바꿀 수 있기를 바라고 있었다.

다행히 당뇨병을 치료할 수 있을지도 모른다고 폭넓은 합의가 이루어져 있는 약이 하나 있었다. 순전한 우연에 의해 얻게 된 통찰이었다. 1889년 요제프 폰 메링과 오스카 민코프스키라는 두 유럽 의사는 췌장이라고 부르는, 위와 작은창자 사이에 있는 수수께끼의 타원형 장기가 어떤 기능을 하는지 알아내기 위해 일련의 실험을 하고 있었다. 실험 방법은 간단했다. 두 사람은 건강한 개에게서 췌장을 제거하고 어떻게 되는지 관찰했다. 그 결과 이 애완견은 실험실 바닥에 오줌을 싸기 시작했다. 온종일 그랬다.

두 연구자는 잦은 배뇨가 당뇨병의 증상임을 알고 있었으므로 개의 오줌을 검사했다. 당 수치가 높았다. 폰 메링과 민코프스키는 자신들이 개의 췌장을 제거함으로써 인공적으로 유도한 당뇨병의 첫 사례를 만들었다고 추측했다. 이어서 두 사람은 건강한 사람의 몸에서 췌장이 어떤 역할을 해서 명백하게 당뇨병을 막고 있는지 알아내려고 연구했다. 이들은 개의 췌장이 몸의 글루코스 대사를 조절하는 호르몬을 만든다고 추측했다. 오늘날 우리가 인슐린이라고 부르는 호르몬이다.

글루코스는 세포의 가장 중요한 에너지원으로 쓰인다. 인슐린은 세포막에 있는 특수한 문을 열어 글루코스가 배고픈 세포 안으로 들어가게 하는 일종의 열쇠 역할을 한다. 인슐린이 없으면 글루코스가 혈액 안에 많이 쌓이지만, 당 분자가 세포 안으로 들어가 에너지가 될 수 없다. 얼마 뒤 글루코스의 농도가 신장이 재흡수할 수 있는 수준을 넘어서면 여분의 당이 오줌으로 흘러나와 당뇨병 특유의 '단 오줌'을 만든다.

폰 메링과 민코프스키의 선구적인 업적을 바탕으로 과학자들은 환자에게 인슐린을 투여해 제1형 당뇨병을 치료할 수 있을 것으로 추측했다. 처음에 건강한 췌장을 꺼내 갈아서 인슐린을 추출한 뒤 당뇨병 환자에게 주사하기만 하면 될 것으로 생각했다. 그러나 쓸모 있는 인슐린을 얻는 일이 거의 불가능하다는 점이 드러났다. 예상보다 힘들었던 이유는 췌장이 생리학적으로 기이하고 독특하다는 사실 때문이었다. 췌장의 주요한 두 기능 중 하나는 인슐린을 비롯한 호르몬 생산이다. 하지만 다른 기능은 작은창자가 단백질을 소화하는 데 필요한 효소를 생산하는 것이다. 불행히도, 인슐린은 단백질이다. 연구자들이 인슐린을 추출할 수 있다는 기대를 품고 췌장을 갈 때마다[19] 인슐린 단백질과 단백질 소화 효소가 뒤섞여서 인슐린을 파괴하고 말았다.

인슐린을 추출한 프레데릭 밴팅

이런 험난한 장애물 앞에서도 인슐린에 대한 의학계의 의견은 여전히 일치했다. 인슐린을 얻을 수 있는 믿을 만한 방법만 알아낸다면, 당뇨병을 치료할 수 있을 터였다. 전 세계의 과학자들은 동물로부터 인슐린을 추출하는 다양한 방법을 연구하기 시작했다. 모두 실패였다. 뒤늦게 인슐린을 찾는 연구에 뛰어든 한 남자가 있었는데, 프레데릭 밴팅이었다.

캐나다 온타리오의 한 농장에서 태어난 밴팅은 의학계 경력을 늦게 시작했다. 1910년 토론토대학교 교양과정에 등록했지만, 첫해에 낙제했다. 그렇지만 1912년에 다시 토론토 의과대학에 합격했다. 1914년 캐나다가 제1차 세계대전에 참전하자 의무병으로 입대하려고 했지만, 거부당했다. 밴팅은 다시 지원했고, 이번에도 시력이 나쁘다는 이유로 다시 거부당했다. 세 번째 지원하고서야 마침내 입대할 수 있었다. 아마도 의무병이 많이 필요했기 때문이었을 것이다. 밴팅은 졸업한 다음 날부터 군 복무를 시작했다. 하지만 전쟁이 끝나자 직업적으로 더 어려움을 겪게 되었다. 어린이 병원에서 레지던트 자리를 얻었지만, 레지던트 기간이 끝나면 갈 수 있는 정규 일자리를 찾을 수 없었다. 밴팅은 어쩔 수 없이 개인 병원을 개업했다. 하지만 그쪽으로도 그다지 성공하지 못했다.

실망과 실패로 점철된 경력으로 인해 밴팅은 직업적인 면에서 얕보이는 것에 굉장히 민감해졌다. 이런 생각에 사로잡힌 밴팅은 새로운 경력을 찾았다. 그리고 1920년 췌장관을 묶는 실험에 관한 논문을 읽은 뒤 인슐린 연구에 관심을 갖게 되었다. 췌장관은 소화 효소를 작은창자에 전달하는 관이다. 이 논문에 따르면, 췌장관을 묶어서 막으면 췌장에서 효소를 만드는 세포가 죽었다. 하지만 뜻밖의 중요한 사실이 하나 있었다. 인슐린을 만드는 세포는 살아 있었고, 기능도 유지했다.

이 논문은 읽은 밴팅은 췌장관을 묶은 췌장에서 효소를 만드는 세포가 죽는다면 더 이상 효소가 나오지 않을 것이고, 따라서 마침내 안전하게 인슐린을 추출할 수 있다고 추측했다. 이는 상당히 좋은 생각이었다. 사실 아주 좋은 생각이어서 이미 다른 연구팀이 시도해본 적이 있었다. 그러나 과거의 시도는 항상 실패로 끝이 났다. 밴팅은 이런 과거의 시도에 관해 전혀 모르고 있었다. 당뇨병을 치료할 수 있다는 가능성에 고무된 나머지 전업 개업의에서 전업 신약 사냥꾼으로 변신하겠다고 결정했다.

인슐린 추출이라는 꿈을 이루기 위해서는 연구 장비를 모두 갖춘 연구실이 필요했다. 그래서 토론토대학의 J. J. R. 매클라우드라는 세계적인 명성을 지닌 생리학자의 연구실을 찾아갔다. 밴팅의 제안을 들은 매클라우드는 대단히 회의적이었다. 밴팅과 달리 인슐린을 추출하려다가 실패한 과거의 사례를 잘 알고 있었다. 그러나 결국 밴팅의 열정과 추진력에 흔들리고 말았다. 자신이 곧 여름 휴가로

프레데릭 밴팅과 베스트, 그리고 당뇨병에 걸린 개

토론토를 떠나 스코틀랜드의 하이랜드에 갈 예정이었기 때문에 그동안 밴팅이 자신의 아이디어를 시험해보는 것도 나쁠 게 없다고 생각했다. 매클라우드는 관대하게 밴팅에게 연구실 공간을 제공했고, 심지어는 의대생 한 명도 조수로 붙여주었다.

뜨거웠던 1921년 토론토의 여름, 밴팅과 조수인 찰스 베스트는 개의 췌장관을 묶는 실험을 시작했다. 막상 해보니 이 실험은 굉장히 어려웠다. 인슐린을 분리하려던 이전 연구팀이 실패한 이유 중 하나가 바로 이것이었다. 밴팅과 베스트가 수술한 첫 번째 개는 마취제 과다로 죽었다. 두 번째 개는 과다 출혈로 죽었다. 세 번째는 감염으로 죽었다. 결국, 7마리가 수술에서 살아남았지만, 결찰 과정은 여전히 아주 까다로웠다. 봉합선을 너무 조이면, 감염이 생겼다. 반대로 너무 느슨하게 조이면, 효소를 만드는 세포가 줄어들어 죽지 않았다. 살아남은 7마리 중 5마리가 여전히 인슐린을 생산했지만, 효소를 만드는 세포는 전혀 위축되지 않았다. 다시 췌장관을 묶으려고 이 5마리를 재수술하자 두 마리가 합병증으로 죽었다.

밴팅과 베스트는 계획했던 연구를 절반 정도까지 해낸 상태였지만, 노력에 비해 보여줄 게 없었다. 게다가 개가 모자랐다. 두 사람은 토론토 시내의 떠돌이 개들을 잡아서 연구실로 데려왔고, 그곳에서 이 불쌍한 개들은 배를 가르는 수술을 받았다. 3주 뒤, 밴팅과 베스트는 마침내 결찰에 성공한 개에게서 첫 번째 위축된 췌장을 얻었다. 이 췌장을 갈아서 만든 추출물을 췌장을 제거해 당뇨병을 일으킨 개에게 주사하자, 마침내 성공이었다! 한 시간도 지나지 않아 그 개의 혈당 농도가 거의 절반 가까이 떨어졌다.

두 사람은 끈질기게 이 실험을 다른 당뇨병에 걸린 개에게 반복했다. 모든 개가 인슐린 처치에 반응하지는 않았지만, 밴팅과 베스트가 그럴듯한 당뇨병 치료법을 만들어냈다는 사실을 입증하기에는 충분한 반응이 있었다. 감격스럽고 기쁜 성취였지만, 인슐린을 추출하는 과정은 아직 많이 불안해서 인슐린이 전혀 나오지 않는 경우도 종종 있었다. 게다가 수술로 희생당한 개 한 마리가 만드는 인슐린은 고작 몇 번 쓸 수준에 불과했다. 당뇨병 환자는 평생 하루에도 몇 번씩 투약해야 한다. 이 방법으로는 한 명에게 필요한 인슐린도 만들 수 없는 게 분명했다. 개에게서 인슐린을 추출하는 미봉책으로 전국의 당뇨병 환자 모두를 치료하겠다는 생각은 얼토당토않은 것이었다.

사실 밴팅의 새로운 추출 방법은 전례가 없던 것이었다. 그때까지 상업 의약품은 모두 식물 추출물이거나 합성화학을 이용해 만들었다. 밴팅과 베스트는 동물의 몸에서 직접 유용한 약을 추출한다는 유례없는 방법을 만들어냈다. 그렇지만 이 방법으로 당뇨병 환자를 몇 명이라도 치료할 정도의 약을 만들려면, 미시 규모에 머물러 있는 생산량을 어떻게 해서든 산업화 가능한 수준으로 끌어올려야 했다. (당뇨병에 걸린 어린이의 생명을 구하는 데 충분한 인슐린을 얻는 유일한 방법이 수많은 포유류를 학살하는 일뿐이라는 당황스러운 사실 또한 고려해야 했다.)

가을이 되어 스코틀랜드에서 돌아온 매클라우드는 어떻게 해서인지 이 아마추어 과학자와 젊은 의대생이 세계 최초로 인슐린을 분리하는 데 성공한 연구자가 되었다는 사실에 깜짝 놀랐다. 매클라우드

제임스 콜립

는 대량생산의 문제점을 파악하고 그 즉시 인슐린 추출 과정을 최적화해줄 사람이 필요하다는 사실을 인식했다. 그래서 이 계획에 영입한 사람이 토론토대학교에 있는 유명한 생화학자 제임스 콜립이었다. 콜립은 개에게서 추출한 인슐린에 최상급 생화학 기법을 적용해 좀 더 정제된 형태로 만들었다.[20]

여러분은 밴팅이 이 일련의 사건에 기뻐했으리라고 생각할 것이다. 그들은 가장 유서가 깊고 해로운 인류의 질병 하나에 대한 올바른 치료법을 손에 넣으려는 참이었다. 그러나 평생 실패를 겪으며 살았던 밴팅은 콜립을 공적을 훔치려고 끼어드는 경쟁자로 보았다. 실제로 콜립을 냉랭하게 대하며 수시로 시비를 걸었다. 때로는 그런 시비가 드잡이로 이어지기까지 했다. 한 번은 밴팅이 콜립의 관여에 너무 화를 낸 나머지 주먹질까지 벌어졌다. 콜립은 눈가에 멍이 들었다.

1921년 말이 되자 밴팅과 베스크, 콜립, 매클라우드로 이루어진 삐걱거리는 연구팀은 개의 췌장에서 인슐린을 추출하는 신뢰할 만한—하지만 대량생산은 아직 안 되는—방법을 개발했고, 이 인슐린이 개의 당뇨병을 성공적으로 치료할 수 있음을 보였다. 그러나 사람에게도 효과가 있는지 보일 수 있으려면 일단 추출 과정의 규모를 좀 더 키워야 했다. 자신의 명예를 훔치려 한다는 생각이 드는 사람이라면 누구에게나 공격적으로 구는 밴팅 때문에 이런 전망은 갈수록 어두워졌다. 바로 여기서 일라이 릴리가 등장한다.

일라이 릴리에서 신약 개발 기회를 찾는 책임을 맡았을 때 알렉 클로즈는—산업화 가능한 수준으로만 대량생산한다면—인슐린이 블록버스터 약이 될 가능성이 크다는 사실을 알고 있었다. 1921년 클로즈는 예일대학교에서 열린 학회에 참석했고, 그곳에서 밴팅의 연구에 관한 본격적인 첫 발표를 들었다. 밴팅이 희망적인 결과를 공유하자 클로즈는 점차 기분이 들떴다. 발표가 끝난 뒤 클로즈는 곧바로 인디애나폴리스에 있는 회사에 짤막한 전보를 보냈다. "바로 이것임."

밴팅은 아주 다른 반응을 보였다. 발표 전에 매클라우드 자신이 모든 공적을 차지하려는 듯이 밴팅을 일부러 낮춰서 소개한 방식이 마음에 들지 않았다. 밴팅이 발표를 마친 뒤에도 과학자들이 자신이 아닌 매클라우드에게 몰려간 것, 밴팅 대신에 매클라우드에게 질문을 던지는 것도 마음에 들지 않았다. 밴팅은 또 자신이 어렵게 이룩한 공적을 다른 사람이 빼앗고 있다고 확신하며, 실망과 화, 상심이 섞인 심정으로 학회장을 떠났다.

뉴헤이븐을 떠나기 전 클로즈는 매클라우드의 호텔에 쪽지를 남겼다. 릴리가 매클라우드의 연구팀과 협력해 인슐린을 상업적으로 개발하기를 원한다는 내용이었다. 그러나 캐나다인이었던 매클라우드는 미국 제약회사와 엮이는 게 꺼려졌다. 대신 토론토대학교와 관련이 있는 백신제조 회사, 콘노트 래보러토리와 함께하기를 원했다. 매클라우드는 클로즈의 제안을 거절했다.

클로즈는 거절당했다고 포기할 생각이 없었다. 이어지는 4개월 동안 토론토에 4번 찾아가 매클라우드를 설득했다. 매클라우드는 만날 때마다 인슐린을 캐나다 안에서 개발하고 싶다고 주장했고, 클로즈는 릴리가 이 계획에 기여할 수 있는 이득을 설파했다. 만약 연구팀의 불화가 아니었다면 매클라우드가 생각을 고수할 수 있었을지도 모른다.

1921년 초, 연구팀 내부의 관계는 빠르게 무너지고 있었다. 콘노트 소속 과학자들과 하는 협업은 갈등을 더할 뿐이었다. 분쟁의 원인은 대부분 아직 자신의 것이라고 생각하는 계획을 좌우할 권한과 공적을 빼앗길까 봐 두려워하는 밴팅의 질투심이었다. 4월 초가 되자 사태는 건잡을 수 없이 나빠져 매클라우드는 마침내 클로즈의 끈질긴 유혹에 넘어갔다. 매클라우드는 클로즈에게 연구팀이 새로운 장소에서 인슐린을 상업적으로 생산하는 데 쓸 수 있는 분리 기법을 완벽하게 만들기 직전에 이르렀다고 편지를 썼다. 새로운 장소란 토론토와 싸움박질이나 하는 연구팀으로부터 먼 곳이 좋을 것 같았다.

매클라우드는 릴리에게 인슐린 생산 라이센스를 내주는 협상에 들어갔다. 클로즈는 향후 협력을 위해 인디애나에 있는 릴리의 부지에서 돼지와 소의 췌장을 대량으로 구할 수 있도록 재빨리 안배했다. 그동안 토론토의 연구팀은 토론토 종합병원에서 첫 번째 인간 기니피그가 되어 줄 당뇨병 환자를 물색했다. 찾아낸 환자는 레너드 톰슨으로, 14살이었지만 몸무게는 30킬로그램밖에 나가지 않았다. 이 쇠약한 소년은 3년째 당뇨병으로 고통받고 있었고, 서서히 의식도 잃어 가고 있었다. 당뇨병으로 의식을 잃은 뒤에는 어김없이 죽음이 찾아왔다. 톰슨은 어차피 목숨을 잃을 예정이었으므로 연구팀은 인슐린 시험이 부당한 일은 아니라고 생각했다. 그러나 예비 실험은 예상치 못했던 논쟁에 발목을 잡혔다. 과연 누구의 손으로 레너드 톰슨에게 인슐린을 주사할 것인가?

치열한 싸움이 벌어졌다. 밴팅은 스스로 인슐린 추출 기법의 단독 개발자라고 생각했으므로 당연히 자신이 주사를 놓아야 한다고 생각했다. 그러나 톰슨이 환자로 있던 토론토 종합병원의 교육병동 책임자가 허락하지 않았다. 밴팅이 아니라 당뇨병 치료에 전문성이 있는 의사가 주사를 놓아야 한다고 주장했다. 그 책임자는 이 역사적인 주사를 놓을 사람으로 자신이 지도하는 인턴 한 명을 뽑았다. 밴팅은 폭발했다. 자신이 해낸 뛰어난 발견을 처음 시험하는 일에서 배제당하고 있었다. 게다가 인슐린 발견과 아무 상관없는 누군지도 모르는 젊은 인턴 하나에게 명예가 돌아갈 판이었다.

밴팅은 자신이 주사기를 잡아야 한다고 요구했다. 다소 특이한 합의가 이루어진 결과, 교육병동 책임자는 인턴이 주사를 하되 콜립이 만든 더 정제된 인슐린이 아니라 밴팅과 베스트가 만든 인슐린을 사용하게 했다. 그러면 밴팅이 직접 주사기를 잡는 것은 아니지만, 주사기 안의 인슐린은 밴팅 자신이 직접 노력해 만들어낸 결과물이라고 정당하게 말할 수 있었다. 이 방법은 밴팅을 만족시킬 수 있었지만, 큰 실수로 드러났다.

밴팅과 베스트의 약은 톰슨의 건강을 아주 조금 나아지게 했을 뿐이었다. 더구나 그 약은 알레르기 반응을 일으켰다. 아마도 정제되지 않은 인슐린에 들어 있던 불순물 때문이었을 것이다. 자신의 비정제 인슐린을 써야 한다는 밴팅의 고집은 어린 소년의 괴로운 삶을 더욱 힘들게 만들었다. 연구팀은 곧바로 아직 시간이 있을 때 콜립의 정제된 인슐린을 쓰기로 했다. 이번에는 효과가 있었다. 톰슨의 혈당 수치가 급격히 떨어졌고, 곧 기운을 되찾기 시작했다. 허기와 갈증도 줄어들었고, 몸무게도 다시 늘어나기 시작했다.

이것은 당뇨병 환자를 성공적으로 치료한 최초의 사례였다.

톰슨은 계속 (정제된) 인슐린 주사를 맞았다. 비록 인슐린으로 당뇨병을 완치하지는 못했지만, 톰슨은 13년을 더 살았다. 이전에는 당뇨병 진단을 받은 어린이가 1년을 생존하면 운이 좋은 것이었다. 오늘날 매일 인슐린을 투약하는 당뇨병 환자는 끝까지 생존할 수 있으며, 평균 수명은 비당뇨병 환자와 비교해서 10년 짧은 수준에 그친다. 클로즈는 일라이 릴리가 진정한 블록버스터 약을 손에 넣었음을 깨달았다. 모든 제약회사의 꿈이었다. 미국에만 1만 명이 넘는 당뇨병 환자가 있었고—그리고 제1형 당뇨병은 어린이 4000명당 1명꼴로 발생하기 때문에 매년 새로운 환자가 생겼다—이들은 모두 평생 계속해서 투약을 받아야 했다. 그런데 인슐린을 생산하는 유일한 방법이 살아 있는 췌장에서 만드는 것뿐인 상황에서 어떻게 생산량을 늘릴 수 있을까?

클로즈는 인슐린의 상업적 생산 공정을 완전히 개발하는 데 적어도 1년은 걸릴 것으로 예측했다. 릴리는 개발 비용으로 20만 달러(오늘날의 약 250만 달러)를 책정했다. 콜립과 베스트는 즉시 인디애나폴리스로 가서 릴리 소속의 화학자들에게 인슐린 정체에 관해 아는 것을 모두 설명했다. 몇 주 안에 릴리의 화학자들은 작은 규모의 제조 방법을 재현했다. 산업화가 가능한 첫 대량생산은 그로부터 불과 2주 뒤에 완벽하게 이루어졌다. 토론토 연구팀의 방법보다 100배 많은 인슐린을 생산할 수 있었다. 곧 릴리의 인슐린 공장은 3교대로 24시간 내내 돌아가기 시작했고, 여기에 투입되는 과학자는 100명이 넘었다. 두 달이 채 지나지 않아 인슐린 생산량은 극적으로 높아졌다. 하지만 효과는 줄어들었다. 한 발짝 앞으로 나갈 때마다 한 발짝 후퇴하는 것만 같았다. 거의 2년이 걸렸지만, 1922년 말 릴리는 마침내 효과가 좋은 인슐린을 산업화 가능한 수준으로 생산하는 신뢰할 만한 공정을 완성했다.

1923년 인슐린은 최초로 북아메리카의 당뇨병 환자를 대상으로 판매에 들어갔다. 캐나다에서는 캐나다 제약회사 콘노트가 인슐린을 판매할 권리를 보유했지만, 릴리는 미국에서 독점권을 얻었다. 이는 제약의 혁명이었을 뿐 아니라 의료행위의 혁명, 주사기의 혁명이기도 했다. 피하주사기는 1853년에 발명되었지만, 주사는 언제나 숙련된 의사의 전문 영역이었다. 하지만 이제 인슐린을 투약하려면 환자가 직접 주사를 놓아야 했다. 제1형 당뇨병 환자는 보통 하루에 3~4번 주사를 맞아야 하기 때문에 그렇게 자주 의사를 찾아갈 수 없었다. 평범한 어린이들이—그리고 평범한 부모들이—이 단백질 약을 스스로 주사하는 방법을 배웠다.

일라이 릴리의 약은 효과가 있었지만, 소와 돼지가 만드는 인슐린은 사람의 인슐린과 완전히 똑같지는 않았다. 그 결과 때때로 환자가 알레르기 반응을 일으켰다. 발진이 일어나는 사람도 있었지만, 동물 인슐린에 대한 가장 흔한 반응은 지방위축증, 즉 피하지방이 사라지는 것이었다. 물론 진짜 사람 인슐린을 쓰면 해결할 수 있었다. 하지만 어떻게 얻을 수 있을까? 인슐린을 얻는 유일한 방법은 췌장을 꺼내 분쇄하는 것이었다. 그렇게 기꺼이 자신의 장기를 제공할 사람은 거의 없었다. 인슐린이 시장에 나온 뒤로 50여 년 동안 당뇨병 환자는 동물 인슐린을 써야만 했고, 자주 불편한 알레르기 반응을 겪었다.

그러나 밴팅이 개의 췌장에서 인슐린을 추출한 뒤 반세기가 지난 1970년대에 새로운 기회가 등장했다. 1972년 바이러스 연구자인 스탠퍼드대학교의 폴 베르그 교수가 20세기의 가장 중요한 실험을 해낸 것이다.[21] 베르그는 세균 세포에서 DNA 한 조각을 제거한 뒤 원숭이 세포의 DNA에 넣었다. 원숭이 세포의 방어 체계를 뚫기 위한 일종의 트로이 목마 작전으로, 무해한 바이러스에 세균의 DNA를 붙여서 원숭이의 유전체 속에 직접 세균의 DNA를 집어넣는 방식이었다. 이 과정은 '재조합DNA'라고 불린다. 서로 다른 두 유기체의—세균과 바이러스의—DNA를 조합하기 때문이다.

이 실험이 왜 그렇게 중요할까? 일단 원숭이 세포가 외부 DNA를 받아들이면, 세균의 DNA가 세균 세포 안에서 하던 것처럼 똑같은 단백질을 만들어내기 때문이다. 즉, 세균의 유전자가 원숭이 세포의 조직을 멋대로 이용해 새로운 분자를 생산하도록 재조정할 수 있다는 뜻이다. 신약 사냥꾼에게는 정반대의 재조합DNA가 아주 희망적이었다.

포유류의 세포에서 유전자를 꺼내 세균 속에 넣는 것이다. 1975년 헤모글로빈을 만드는 토끼의 유전자가 페트리 접시 위에 있는 대장균 속으로 들어가며 다른 유기체로 이동한 최초의 포유류 유전자가 되었다. 이제 이 대장균을 조작해 토끼의 헤모글로빈을 생산할 수 있었다. 이는 유전학의 분수령이자, 유전자 의약품의 탄생을 의미했다.

같은 해 재조합DNA의 눈부신 발전에 관한 처음이면서 가장 중요한 학회가 열렸다. 정량적 생물학에 관한 콜드스프링하버 심포지엄이었다. 내 논문 지도교수가 학회에서 돌아와서 매우 흥분한 채로 들은 내용을 공유해주었던 일이 떠오른다. "이제 어떤 인간 DNA라도 시험관에서 인간 단백질을 만드는 데 쓸 수 있어. 맨 처음 할 일은 뻔해. 우리는 인슐린 유전자를 복제해서 인간 인슐린을 만드는 데 써야 해."

유전자 의약품을 처음 개발하려는 시도로 인슐린 유전자는 아주 훌륭한 선택이었음이 드러났다. 인슐린에 대한 엄청난 수요 때문이 아니었다. 인슐린 유전자는 대단히 짧다. 그리고 유전자가 짧을수록 조작하기 쉽다. 1976년 허브 보이어(캘리포니아대학교 샌프란시스코 캠퍼스의 생화학 교수)와 로버트 A. 스완슨(벤처 투자자)은 재조합DNA라는 신기술을 이용해서 약을 개발하기 위해 샌프란시스코에 새로운 회사를 세웠다. 진테크의 첫 번째 프로젝트는 인간 인슐린 생산이었다.

이것은 완전히 새로운 신약 사냥 접근법이었다. 식물의 시대처럼 식물에서 새로운 분자를 찾거나, 합성화학의 시대처럼 기존 분자를 비틀어 만든 새로운 화합물을 찾거나, 흙의 시대처럼 세균과 싸우는 화합물을 찾아 흙 속을 뒤지는 대신 진테크는 단백질 기반의 유용한 약을 만들 수 있는 DNA 조각을 찾아 인간 유전체를 뒤졌다. 그러나 잠재적인 유전자 약의 도서관이 새것이었음에도 신약 사냥은 전과 다를 바가 없었다. 유용한 약을 찾는 일은 아주, 아주 어려웠고, 탐색이 늘어질수록 점점 더 어려워졌다.

진테크가 인간 인슐린을 분리하는 데는 1년이 넘게 걸렸다. 그때쯤에는 빠르게 돈이 떨어져 가고 있었다. 진테크는 신약 개발에 자금을 대기 위해 새로운 재정적인 파트너가 필요했다. 인슐린 사업이 상업적인 결과에 다다르기에 충분한 현금을 지원해줄 수 있는 파트너가 있어야 했다. 진테크의 잠재적 파트너로는 두 곳이 유망했다. 일라이 릴리와 E. R. 스큅이었다. 1970년대 후반에도 릴리는 인슐린 생산에서 적수가 없는 일인자로, 미국 인슐린 시장의 95퍼센트를 좌지우지하고 있었다. 반면, 스큅은 나머지 5퍼센트의 틈새를 차지하고 있는 훨씬 작은 참가자였다. 진테크 경영진은 스큅이 좀 더 나은 선택이라는 결론을 내렸다. 작은 시장 점유율을 끌어올리는 데 관심이 있을 테고, 재조합 기술로 만든 인간 인슐린은 바로 그렇게 할 수 있는 전례 없는 기회였기 때문이다.

진테크는 스큅과 접촉해 연합을 제의했다. 스큅이 많은 연구 인력을 보유한 대형 제약회사이긴 했지만, 재조합DNA 기술에는 아무런 경험이 없었다. 그래서 스큅은 대형 제약회사가 새로운 과학을 이해하지 못할 때 으레 하는 일을 했다. 컨설턴트를 고용하는 것이다. 옥스퍼드대학교의 흠정 의학 교수 헨리 해리스 경은 아주 인상적인 경력을 지닌 제약 컨설턴트였다. 해리스는 의사 교육을 받았고, 그 뒤에는 종양 세포를 연구하며 경탄할 만한 경력을 쌓았다. 불행히도, 생물학 분야에서 쌓은 해리스의 경험은 진테크의 제안을 평가하는 데 적당하지 않았다. 최신 유전자 기술은 해리스도 접해본 적이 없었다. 그러나 해리스가 적절한 전문성은 없을지 몰라도 자신감이 없지는 않았다.

해리스는 세균 세포 안에서 인간 인슐린을 생산하기 위해 진테크가 제안한 방법을 자세히 검토했다. 그리고 다음과 같은 분석 결과를 내놓았다. 단백질은 3차원 분자다. 특정 단백질의 정확한 3차원 모양은 그 단백질을 사용하는 생리 과정의 작용에 큰 영향을 끼친다. 단백질 분자를 이루는 특정 아미노산은 수많은 방식으로 결합해 다양한 모양을 만든다. 그러나 어떤 단백질이 체내에서 제대로 작동하기 위해서는 몸이 인식하고 사용할 수 있는 적절한 모양이어야 한다. 여기까지는 좋았다. 그러나 여기서 해리스가 올바르지 못한 주장을 했다.

해리스는 인간 인슐린 유전자를 세균 세포 안에 넣으면, 인간의 세포 안에서와 달리 세균이 다른 3차원 모양의 인슐린 단백질 분자를 만들어낼 것이라고 주장했다. 기하학적 형태가 다른 인슐린 분자를 재구성하는 건 불가능하므로 진테크가 진정한 인간 인슐린을 생산할 수 없다는 이야기였다. 그래서 해리스는 스컵에게 제안을 받아들이지 말라고 권했다.

스컵은 해리스의 신중한 의견을 진지하게 받아들였다. 그리고 그 조언에 따라 진테크의 협력 요청을 거절했다. 진테크는 스컵의 반응에 놀랐지만, 스컵의 경영진은 해리슨의 생각이 틀렸음을 보여주려는 진테크의 열띤 노력을 무시했다. 결국, 진테크는 아무 확실한 근거도 없

일라이 릴리에서 인슐린약을 포장하는 모습

이 기하학 문제를 해결할 수 있다고 약속하는 것 외에는 제안할 수 있는 게 없었다.

그래서 진테크는 일라이 릴리 쪽으로 방향을 돌렸다.

릴리는 이 상황을 전혀 다른 방식으로 파악했다. 진테크가 인간 인슐린을 생산할 가능성이 작지만, 어느 정도는 있다고 보았다. 만약 진테크가 릴리와 아무 상관 없이 성공한다면, 그로 인한 상업적인 결과는 릴리에게 재앙일 터였다. 인슐린은 릴리에게 가장 중요한 상품이었다. 릴리는 유일한 당뇨병 치료제를 보유하고 있었고, 가능성이 아무리 작다고 해도 이 시장 전체를 잃을 수 있는 위험을 감수할 수는 없었다. 따라서 릴리는 1978년 진테크와 협력하기로 했다.

재조합DNA 기술로 올바른 모양의 단백질을 만드는 게 어렵다는 헨리 해리스 경의 분석은 틀린 것으로 드러났다. 해리스는 인간의 유전자를 가진 대장균이 만드는 인슐린은 틀린 모양일 것이라고 추측했다. 그 점에 관해서는 옳았다. 그러나 곧 진테크는 이 어려워 보이던 문제를 해결했다. 대장균이 생산한 잘못된 모양의 인슐린을 올바른 모양으로 다시 접는 생화학적 과정을 개발했다. 릴리의 재정 지원을 받은 진테크는 시험관 안에서 이 귀중한 단백질을 만드는 데 성공함으로써 최초의 인간 인슐린을 생산했다. 그리고 1982년 인간 인슐린이 처음으로 시장에 나왔다. 현재 사실상 모든 인슐린은 재조합DNA 기술을 이용해 만든다. 그리고 일라이 릴리는 지금까지도 인슐린 생산에서 세계적인 선도 기업으로 남아 있다.

헨리 해리스 경의 틀린 의견은 내 경력에도 커다란 영향을 끼쳤다. 1970년대 후반 나는 재조합DNA 분야의 새로운 기술 발전에 흥미를 느끼고 있었다. 나도 이 신기술을 이용해 직접 신약 사냥에 나서고 싶어서 몸이 달아 있었다. 그러나 나는 1981년 스큅에 들어갔다. 해리스가 유전자 의약품에 관한 비관적인 의견을 밝힌 직후였다. 그리고 내 상사는 회사가 재조합 기술로 단백질 약을 만드는 데 아무런 흥미도 없다고 알렸다. 스큅은—그리고 나는—신약 사냥의 역사에서 아주 중요한 혁명을 놓치고 말았던 것이다. 그 대신 나는 분자생물학 기법으로 전통적인 약을 개발하는 일을 받았다. 그리고 나머지 경력 내내 바로 그 일만 했다.

내가 흙 도서관과 합성화학 도서관에서 전통적인 약을 찾는 동안 새로 문을 연 유전자 도서관에는 광풍이 몰아닥쳤다. 제약회사는 세균 안에서 만들 수 있는 새로운 치료용 단백질을 찾기 위한 경주를 벌였다. 많은 호르몬은 단백질이므로 초창기에는 대부분 호르몬제에 집중해 노력했다. 재조합 인슐린의 엄청난 성공에 이어 시장에 나온 다음 재조합 단백질은 왜소증 치료제인 인간의 성장호르몬HGH이었다. 1985년 진테크는 HGH를 생산했다. 인슐린보다는 시장이 훨씬 작았지만 HGH는 재조합 기술로 생산하기에 상대적으로 쉬운 호르몬이었다. 뒤이어 1986년 바이오젠이 암 치료제인 인터페론을 내놓았고,

1989년 암젠이 신장 질환을 치료하는 에리트로포이에틴을, 1992년에는 지네틱스 연구소가 A형 혈우병을 치료하는 제7 혈액응고인자를 내놓았다.

처음에 대형 제약회사들은 재조합 기술이 단백질 결핍으로 생기는 모든 병을 치료하는 사실상 무한한 능력을 제공한다는 사실을 깨닫고 전율했다. 그러나 초기의 흥분은 곧 사그라들었다. 단백질 결핍으로 생기는 질병이 사실 그렇게 많지 않았기 때문이다. 1990년대 초까지 새로운 재조합 약 10여 개가 나오고 나자 이제 더 치료할 질병이 남지 않았다. 신약 사냥은 언제나처럼 똑같은 경로를 따랐다. 가능성 있는 분자가 있는 새로운 도서관이 발견된다. 몇 가지 중요한 발견이 이루어진다. 산업계 전체가 이 도서관으로 몰려든다. 그리고 곧 도서관은 효용을 다한다. 물론 새로운 도서관은 언제나 다시 나타나는 듯하고, 바이오테크 산업계는 곧 재조합 단클론항체라고 불리는 또 다른 도서관을 찾았다.

단클론항체가 작용하는 방식은 이렇다. 병원체가 들어오면 이에 대응해 우리 몸의 백혈구는 항체를 만들어낸다. 항체는 침입해온 세균과 바이러스, 곰팡이, 기생충 같은 외부 물질을 공격하는 화학물질이다. 그러나 모든 병원체는 제각기 다르기—때로는 극단적으로 다르기(예를 들어, 무좀을 일으키는 곰팡이와 촌충의 차이를 생각해보라)—때문에 각 병원체는 제각기 다른 항체에 취약하다. 따라서 침입자를 죽이고 싶다면, 우리 몸은 올바른 항체를 만들어야 한다. 혹은 각각 목표에 서로 다른 손상을 가하는, 특정 병원체용 항체를 여러 종류 만들어내면 훨씬 좋다. 우리 백혈구는 아주 정교한 과정을 통해 이 일을 해낸다. 세균이 들어오면 백혈구(특히, B세포)는 재빨리 복제를 시작한다. 하지만 각 딸세포는 모세포와 다른 변형체다. 우리 몸은 아주 짧은 시간 동안 말 그대로 수백만 개나 되는 백혈구 변형체를 만든다. 각 변형체는 서로 다른 항체를 만든다. 즉, 우리 몸은 '주문형 생산 무기'를 적시에 생산하는 체계를 이용한다고 할 수 있다. 만약 적 전투기를 발견하면, 다양한 대전투기 미사일을 만들어낸다. 적 탱크를 발견하면, 다양한 대전차 로켓을 만들어낸다. 만약 적 병사를 발견하면, 다양한 총을 만들어낸다.

어떤 신약 사냥꾼이 특정 유형의 항체가 쓸모 있는 약이 될 수 있다고 생각한다면, 인간의 백혈구를 페트리 접시 위에 놓고 백혈구를 조작해 원하는 항체를 만드는 백혈구로 분화하도록 만들 수 있다. (보통 꼭 필요한 세포로 분화하도록 자극하는 물질에 백혈구를 노출하는 방식을 쓴다) 그다음, 신약 사냥꾼은 목표로 삼은 항체를 만들도록 분화된 세포를 분리한 뒤 재조합DNA 기법을 이용해 이 세포에서 항체를 만드는 역할을 하는 특정 유전자를 추출하고, 이 유전자를 이용해 항체를 원하는 만큼 대량으로 만든다. 마지막으로, 이 항체를 가지고 유용한 약으로 만들면 된다. 이런 방법으로 만든 항체는 특별히 분화된 백혈구 한 종류에서 나오기 때문에 단클론항체(단클론이 '한 가지'라는 뜻이다)라고 부른다. 단클론항체 도서관은 현재 재조합DNA 약품 개발의 대들보로, 다발성경화증부터 류머티즘성 관절염에 이르는 다양한 질병을 위한 약을 만들어냈다.

노벨상 위원회는 동물을 기반으로 최초로 인슐린을 만들어낸 역사적 연구의 공로를 인정해 1923년 프레데릭 밴팅과 J. J. R. 매클라우드에게 노벨 생리의학상을 수여했다. 여러분도 예상할 수 있겠지만, 밴팅은 이 상을 받고 기뻐하거나 자랑스러워하지 않았다. 오히려 매클라우드와 공동으로 상을 받았다며 분노했다. 밴팅의 생각으로는, 췌장관을 묶은 개에게서 인슐린을 추출한다는 기본 아이디어를 생각해낸 게 자신이었으니, 모든 공적이 자신에게 돌아와야 마땅했다. 매클라우드가 연구실과 조수, 생화학자, 학계에서 자신이 지닌 신용을 제공하지 않았다면, 밴팅이 그 모호한(그리고 독창적이지 않은) 아이디어로부터 결실을 맺을 수 없었을 텐데도 말이다. 밴팅은 스톡홀름에서 열리는 노벨상 시상식에 참석하기를 거부하고 집에 머물렀다.

나는 신약 사냥꾼이 예의 바르고 관대한 사람들이라는 사실을 여러분에게 알려주고 싶다. 그러나 밴팅은 내가 일하는 업계에서 가장 변함없는 사실 하나를 보여준다. 성공한 신약 사냥꾼은 모두 그 사람이 발견한 약만큼이나 개성이 뚜렷하다.

10장

역학 연구 덕분에 빛을 본 항고혈압제

전염병 의약품 시대

"우수한 의사는 병에 걸리지 않게 예방한다.
평범한 의사는 병이 뚜렷해지기 전에 치료한다.
형편없는 의사는 모두가 병에 걸린 뒤에 치료한다."
_《황제내경》, 기원전 2600년

콜레라는 작은창자에 걸리는 유난히 고약한 질병으로 주요 증상이 '흰죽', 즉 물고기도 살 수 있을 정도로 묽은 설사다. 환자는 매일 20리터 가까이 설사를 쏟아냈다. 구토와 근육 경련도 흔하다. 그에 따른 탈수 증상은 종종 아주 심해져 환자의 전해질 농도가 불균형이 되고, 심장과 뇌를 쇠약하게 만들기도 한다. 콜레라는 '파란 죽음'이라고 불리기도 하는데, 환자의 피부가 극심한 탈수로 청회색으로 변하기 때문이다. 치료를 받지 않으면, 환자의 절반 정도가 죽는다.

19세기 내내 콜레라 대유행은 몇 번이고 계속해서 유럽과 다른 세계를 휩쓸고 지나갔다. 1849년에는 두 번째 대유행의 물결이 아일랜드 인구의 10분의 1을 앗아갔다. 아일랜드 감자 기근에서 운 좋게 살아남은 사람들도 이때 많이 목숨을 잃었다. 이어서 아일랜드 이민자

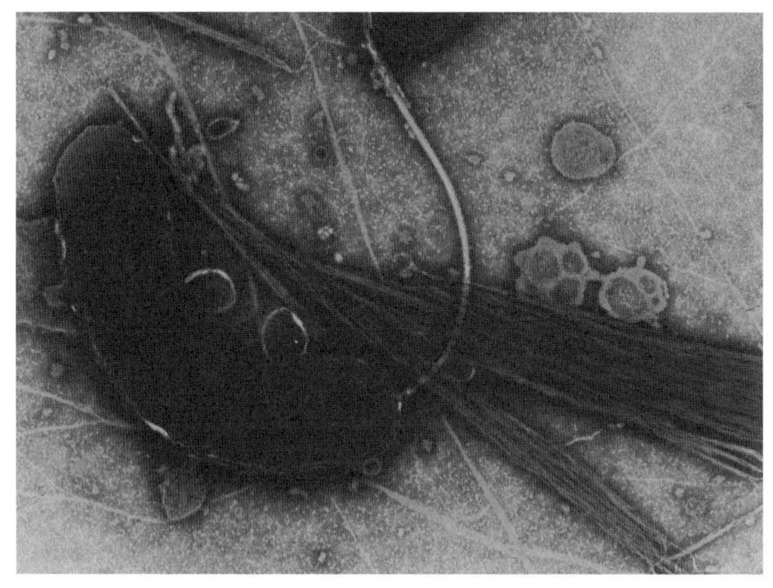

콜레라균

로 가득한 배를 통해 미국 해안으로 밀려 들어와 결국 제임스 K. 폴크 대통령까지 감염시켰다. 콜레라의 물결은 서쪽으로 향했고, 캘리포니아와 오리건, 그리고 모르몬 교도가 이주했던 경로를 따라 여행하던 6000~1만 2000명의 목숨을 빼앗았다. 대부분은 캘리포니아의 골드러시에 끼어 한몫 잡아보려다가 불행히도 콜레라 때문에 꿈을 접게 된 개척자였다. 이 무서운 물결이 마침내 사그라지면서, 지역을 넘나드는 새로운 콜레라의 물결이 인도에서 터져 나왔고, 1853년에 런던을 강타했다.

파란 죽음은 한 해에 1만 명이 넘는 런던 주민의 목숨을 가져갔다. 이 끔찍한 소화기병에 집착한 사람이 한 명 있었는데, 영국의 의사인 존 스노우였다. 석탄 노동자의 아들인 스노우는 요크의 가난한 동네에서 빈곤하게 자랐다. 스노우의 가족이 살던 초라한 집은 근처의 우즈 강물이 둑을 넘칠 때마다 잠겼다. 우즈 강은 자주 넘쳤다. 스노우는 새로운 전염병이 창궐하고 있을 때 런던의 성조지 병원에서 마취과 의사로 일하고 있었다. 그리고 1854년 8월 31일 자신이 살던 소호 구역의 콜레라 환자를 치료하는 일을 맡았다. 다음 3일 동안 소호 주민 127명이 죽었다. 그다음 주가 끝날 무렵 소호 지구 전체 인구의 4분의 3이 도망쳐 텅 빈 동네는 유령의 도시가 되었다. 다음 달이 끝나갈 때는 남아 있던 몇 안 되는 주민 중에서 500명이 더 죽었다. 영국 전체에서는 그보다 훨씬 큰 인명 피해가 있었다. 훗날 스노우는 "이 왕국에서 일어난 콜레라 유행 중에서 가장 끔찍했다"라고 말했다.

존 스노우

무엇이 콜레라를 일으키는지 혹은 위험인자가 무엇인지 짐작조차 하는 사람이 없었다. 런던 대유행은 루이 파스퇴르가 질병의 세균 이론을 발표하기 7년 전, 로베르트 코흐(세균이 결핵을 일으킨다는 사실을 입증해 노벨상을 받았다)가 마침내 콜레라와 같은 질병이 정말로 세균에 의해 생긴다고 의학계를 납득시키기 40년 전에 일어난 일이었다. 스노우는 감염병 병원체에 관해 아무것도 모른 채 인류의 가장 고약한 골칫거리를 일으키는 원인을 찾아나섰다. 당시에 질병을 설명하는 이론 중 가장 앞서 있던 것은 독기설이었다.

독기설은—질병이 '나쁜 공기'에 의해 생긴다는 개념—콜레라에 대한 설명으로 확실히 그럴듯해 보였다. 파란 죽음은 하층 계급이 사는 동네에서 많이 생겼다. 축축하게 썩어가는 쓰레기와 섞인 사람과 동물의 똥에서 나오는 악취가 심할 수밖에 없는 지역이었다. 또 다른 주요 의견은 이른바 하층 계급의 도덕적 부패가 그 사람들의 체질을 약하게 만들어 병에 걸리기 쉽게 된다는 것이었다. 스노우는 독기설과 도덕적 부패설에 모두 회의적이었다. 그 대신 물에 뭔가 있을지도 모른다고 생각했다. 그러나 세균에 관해 전혀 모르거나 세균을 찾아낼 기술이 없는 상태에서 물에 모종의 전염체가 있다는 사실을 어떻게 확인할 수 있을까?

스노우는 완전히 독창적인 방식으로 조사에 들어갔다. 사실 대단히 독창적이어서 이 방법은 새로운 의학 분야의 창시로 이어졌다. 스노우는 소호 지구의 지도를 상세히 조사한 뒤 각 사례별로 콜레라가 발생한 위치를 체계적으로 정리했다. (오늘날 이 지역은 웨스트민스터의 카나비 스트리트 쇼핑 구역이다) 콜레라에 걸린 소호 주민이 사는 각 장소에 짧은 검정색 막대기를 그렸다. 인접한 도로에 수직으로 막대기를 여러 개씩 쌓아서 그렸다. 막대기는 모두 578개였다. 이어서 스노우는 그 지역에 있는 공공 수도 펌프의 위치를 표시했다. 런던의 상수도는 사람들이 물을 퍼내 집으로 가져갈 수 있는 얕은 공공 우물로 이루어

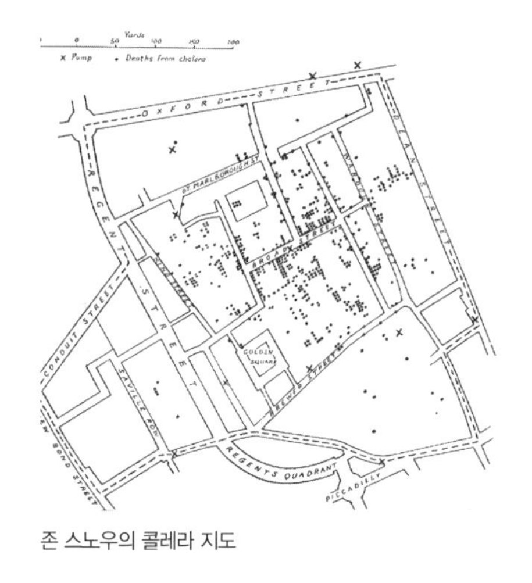

존 스노우의 콜레라 지도

져 있었다. 이런 우물은 10여 개의 수도사업자가 관리하는 난잡한 상수도관을 통해 물을 공급받았다. 런던의 상수도 체계가 복잡했다면, 하수도는 혼돈의 도가니였다. 사람들은 분뇨를 시궁창이나 지하실, 그리고 어떻게 엉켜 있는지 상상도 되지 않는 하수관에 그냥 버렸다. 설상가상으로 런던의 대수층에서는 시궁창 물과 우물물이 쉽게 섞일 수 있었다.

스노우는 표시를 끝낸 지도에서 몇 가지 흥미로운 특징을 눈치 챘다. 브로드 스트리트 펌프 바로 북쪽에 극빈자 500명이 넘게 사는 커다란 구빈원이 있었지만, 그곳 주민 중에는 콜레라로 죽은 사람이 거의 없었다. 그와 비슷하게 브로드 스트리트 펌프에서 한 블록 동쪽에 있는 양조장에서는 단 한 명도 병에 걸리지 않았다. 그렇지만, 이 두 변칙적인 사례에도 불구하고 스노우의 지도는 한 가지 확실한 사실을 보여주었다. 콜레라 사망자 대부분은 브로드 스트리트 펌프 근처에 사는 주민이었다.

정체를 알 수 없는 콜레라의 원인이 브로드 스트리트에 있는 우물에서 나온다는 사실을 확신한 스노우는 지역 시의회를 찾아가 펌프를 없애라고 요청했다. 시의회는 쉽사리 믿지 않았다. 우물이 어떻게 오염될 수 있다는 걸까? 결국, 시의회는 브로드 스트리트의 물이 맑고 소호 지구에 있는 대부분의 다른 펌프보다 맛이 좋다고 주장했다. 사실 깨끗한 물을 구하려고 근처에 있는 우물 대신 브로드 스트리트 펌프까지 일부러 찾아오는 사람이 많았다. 특히 냄새나는 카나비 스트리트 펌프 근처에 사는 사람들이 그랬다.

그러나 스노우는 끈질겼다. 브로드 스트리트 인근 구빈원에서는 거의 환자가 발생하지 않았는데, 여기에는 개별 우물이 있다는 사실을 알렸다. 아무도 병에 걸리지 않은 브로드 스트리트 근처 양조장 직원들은 아무 때나 맥주를 마실 수 있었다는 점도 지적했다. 스노우는 맥주에 콜레라를 예방하는 모종의 비밀이 있다고 추측했다. (맥주를 만드는 과정에서 맥아를 한 시간 동안 끓이는데, 이때 세균이 대부분 죽는다) 가장 그럴듯한 지적은 아마도 카나비 스트리트 펌프 근처 주민 중에서 브로드 스트리트 펌프까지 가서 이른바 깨끗한 물을 길어온 사람만 병에 걸렸다는 사실이었을 것이다.

결국, 시의회는 뜻을 굽히고 스노우에게 우물을 막을 권한을 주었다. 스노우는 즉시 브로드 스트리트 펌프의 손잡이를 없애 물을 길지 못하게 했다. 그리고 그것으로 소호 지구의 콜레라 유행은 끝났다.

지금 우리는 브로드 스트리트의 우물이 비브리오 콜레라라는 병원체에 오염되어 있었음을 알고 있다. 이 세균이 그 물을 마신 주민을 감염시켰다. 그런데 이런 사실을 모르는 상태에서도 스노우의 독창적인 조사 방법은—지리와 인구 모두에 초점을 맞췄다—콜레라를 통제하는 효과적인 수단을 제공했다. 이것은 인구 속에서 전염병이 퍼지는 패턴을 연구하는 과학인 역학의 첫 번째 사례다. 오늘날 존 스노우는 역학의 아버지로 여겨진다.

어떻게 보면, 스노우는 상당히 운이 좋았다. 실험(원인과 결과를 보여줄 수 있다)과 달리 역학 연구는 인과관계를 증명할 수 없다. 관련성만 보여줄 뿐이다. 스노우의 사례에서는 희생자의 위치와 수도 펌프의 위치 사이의 관련성이 된다. 사실 물이나 수도 펌프가 전염병의 원인이 아닐 수도 있었다. 스노우의 지도만 가지고서는 알아낼 방법이 없었다. 비록 스노우의 결론이—브로드 스트리트 우물에 오염원이 있었다는 것—올바른 것으로 드러났지만, 역학 연구는 실험과 비교해 잘못된 결론을 내리기 더 쉽다.

한 가지 예를 들어보자. 1930년대 역학 연구 결과 정제당 섭취와 소아마비 발생 사이에 아주 높은 상관관계가 드러났다. 설탕 섭취가 소아마비를 일으키는 걸까? 전혀 그렇지 않다. 소아마비는 식수를 타고 이동하는 바이러스에 의해 생긴다. 콜레라와 비슷하다. 그러면 정제당과는 무슨 관계가 있을까?

아기는 어머니에게 받은 보호 항체 덕분에 소아마비에 면역이 된 상태로 태어난다. 그러나 이런 항체는 몇 달 뒤면 사라진다. 아직 어머니의 항체를 가지고 있는 동안에는 소아마비 바이러스에 노출되어도 병에 걸리지 않는다. 오히려, 놀랍게도, 감염 덕분에 면역계가 스스로 항체를 생산하기 때문에 남은 평생 소아마비에 걸리지 않는다.

반대로, 어머니의 항체가 사라진 다음에 소아마비 바이러스에 노출되면, 그대로 병에 걸린다. 이런 사람들은 감염이 된 뒤에 스스로 항체를 생산하지만, 대부분은 너무 늦은 뒤라 소아마비가 일으키는 최악의 후유증을 겪는다. 바로 평생 가는 마비 증세다. 따라서 아기 때 소아마비에 걸리면 거의 알아채기도 힘든 증상을 겪는다. 만약 어린이일 때 혹은 어른이 된 뒤에 소아마비에 걸리면 끔찍한 결과로 고통받는다. 위생이 열악한 빈곤 국가에서는 거의 모든 사람이 아기 때 소아마비에 걸린다. 하지만 문제없다. 아직 어머니의 항체가 있으니까. 그러나 소아마비 백신이 등장하기 전, 위생 상태가 좋은 선진국에서는 보통 다 큰 어린이나 성인이 될 때까지 소아마비 바이러스와 접촉하지 않았다. 이건 재앙이었다.

그러면 당은 무슨 관련이 있을까? 역학 연구를 수행했던 1930년대 부유한 나라(위생 상태가 좋은) 사람들은 정제당을 먹을 수 있는 사치를 누렸다. 반대로 가난한 나라(위생이 형편없는) 사람들은 정제당을 먹을 수 없었다. 상관관계이지, 인과관계가 아니었던 것이다.

반대로 역학은 전통적인 의학의 지혜를 뒤엎는—그리고 신약 사냥에 예상치 못했던 새로운 기회를 열어줄 수 있는—새롭고 강력한 통찰을 제공할 수 있다. 고혈압에 관한 원칙을 무너뜨리는 새로운 사실이 의학 사상 가장 유명한 역학 연구로 밝혀졌던 일이 한 가지 좋은 사례다. 여러분은 아마 고혈압이 건강에 좋지 않아 치료를 받는 편이 낫다는 사실을 알고 있을 것이다. 하지만 1960년대까지는 많은 의사가 정반대의 관점을 지녔다. 이런 확신은 '필수적인 고혈압'이라는 낡은 의학 용어에도 담겨 있다. 수십 년 동안 의학계는 고혈압이 건강을 유지하는 데 필수적이라고 생각했다. 리버풀 의과대학 교수였던 존 세이는 1931년 다음과 같은 글로 당시의 지배적인 생각을 드러냈다. "고혈압이 있는 사람에게 가장 위험한 일이 그 사실을 알게 되는 것이라는 말에는 일말의 진실이 있다. 어떤 바보들은 일부러 혈압을 낮추려고 하기 때문이다."

의사들은 고혈압을 심장이 제대로 뛰게 하는 일종의 자연스러운 보상 체계로 생각했다. 프랭클린 델라노 루스벨트 대통령은 평생 고혈압 환자였지만, 담당 의사들은 혈압을 낮추면 위험해질까 봐 두려워 그대로 두었다. 루스벨트는 4번째 임기를 보내고 있을 때 뇌졸중을—치료받지 않은 고혈압의 결과가 거의 확실하다—일으켜 사망했다. 그러나 '필수적인 고혈압'이라는 잘못된 개념은 프레밍햄 심장 연구라는 사상 최장의 역학 연구로 마침내 반증이 되었다.

1948년 시작된 프레밍햄 심장 연구는 원래 보스턴에서 서쪽으로 30킬로미터쯤 떨어져 있는 작은 노동자 마을인 메사추세츠주의 프레밍햄에 사는 5209명의 주민을 대상으로 한 추적조사였다. 목적은 1940년대에 주요 사망 원인이었던 심혈관계 질환의 발달과 관련된 위험 요소를 확인하는 것이었다(지금도 그렇다). 심장 질환 예방에 식이 습관과 운동이 끼치는 효과를 처음으로 입증한 것도 프레밍햄 심장 연구였다.

존 스노우처럼 프레밍햄 연구에 참여한 이들도 원래 당시의 주류 의학 이론에 회의적이었다. 대부분의 의사는 심장병이 노화에 의한 자연스러운 결과라고 생각했다. 따라서 심장병을 예방하는 약을 찾는다는 건 젊음의 샘을 찾는 것과 마찬가지였다. 반대로 프레밍햄 연구진은 심혈관계 건강이 생활 습관과 환경의 영향을 받는다고 추측했다. 그리고 대규모 역학 연구가 이런 생활 습관, 환경 요소와 심혈관 질환, 뇌졸중 위험을 줄이는 새로운 방법을 찾는 데 도움이 되기를 바랐다.

연구자들은 확실한 결론을 끌어내는 데 오랜 세월이 걸리리라는 사실을 알고 있었고, 그에 따라 신뢰할 만한 첫 번째 발견은 프레밍햄 심장 연구가 시작된 지 10년 이상이 지난 1960년대 초에야 나왔다. 여러 결론이 나왔는데, 그중 하나는 뇌졸중이 세 가지 각기 다른 신체 조건과 상관관계를 보인다는 것이었다. 바로 막힌 동맥(동맥경화증), 높은 혈청 콜레스테롤 농도(고콜레스테롤혈증), 그리고 고혈압이었다.

프레밍햄 연구는—모든 역학 연구가 그렇듯이—인과관계가 아닌 상관관계를 나타냈으므로 고혈압이 실제로 뇌졸중을 일으키는지, 혹은 정제당 섭취와 소아마비 감염이 둘 다 1930년대 선진국의 생활 습관에 기인했던 것처럼 고혈압과 뇌졸중을 동시에 일으키는 다른 공통 원인이 있는지는 확실하지 않았다. 예를 들어, 프레밍햄 심장 연구에 비판적이었던 의사들은 고혈압과 뇌졸중 둘 다 노화의 불가피한 부작용일 수도 있다고 주장했다. 그러나 '필수적인 고혈압'이 사실은 필수적이지 않을지도 모른다는 놀라운 아이디어를 뒷받침하는 예상치 못한 근거가 있었다. 디우릴이라는 약이었다.

1950년대에 머크는 탄산탈수효소의 작용을 억제하는 화합물을 찾는 계획에 돌입했다. 이 억제제는 혈액의 산성도를 낮추었다. 높은 산성도는 신장이나 폐에 문제를 일으키기도 하는 흔한 의학적 증상이다.

건강을 위해서 혈액의 산성도는 아주 좁은 범위 안에 머물러 있어야 한다. 그렇지 않으면 두통이나 현기증, 피로를 겪는다. 만약 혈액의 산성도가 아주 높아지면, 의식을 잃을 수도 있다. 탄산탈수효소 억제제는 혈액의 산성도를 건강한 수준으로 되돌리는 데 도움이 되는 약이었지만, 예상치 못했던 부작용을 일으키기도 했다. 환자를 오줌 마렵게 만들었던 것이다. 의사들은 이렇게 오줌을 누게 만드는 약을 이뇨제라고 부른다.

오줌을 많이 누게 되면 혈액의 양이 줄어들고, 따라서 혈압을 낮출 수 있다. (순환하는 혈액의 양이 줄어들면 심장이 강하게 혈액을 몸속으로 밀어낼 필요가 없고, 그에 따라 혈압이 낮아진다) 그러므로 머크의 탄산탈수효소 억제제는 (원래 목표대로) 혈액의 산성도를 낮출 뿐 아니라 의도치 않게 고혈압 증상도 완화했다.

물론 당시에는 고혈압 증세를 완화해야 한다는 생각이 의료계에 없었다. 그러나 일단 이뇨제를 손에 넣고 나자 머크는 환자가 배뇨 빈도를 높여야 할 수도 있는 다른 이유를 찾기 시작했다. 그리고 곧 탄산탈수효소 억제제의 다른 용도를 알아냈다. 부종으로 고통받는 환자를 돕는 일이었다. 부종은 피부 아래와 몸속 공간에 체액이 비정상적으로 쌓여 몸이 부풀어 오르는 증상이다. 예를 들어, 심장이 너무 약해져서 폐 밖으로 혈액을 제대로 내보내지 못하면 폐의 빈 공간에 체액이 쌓여 폐가 부풀어 오르는 폐부종이 생긴다. 머크는 탄산탈수효소 억제제가 폐부종을 치료하는 데 유용할지도 모른다는 사실을 깨달았다. 배뇨를 통해 환자의 혈액량을 줄이면, (1) 폐 주변에 괴어 있는 체액의 양을 줄일 수 있고, (2) 혈액의 총량을 줄여 심장이 폐 밖으로 혈액을 내보내기 쉽게 만들 수 있었다.

바로 그때 뜻밖의 행운이 찾아왔다. 가장 강하고 효과가 좋은 탄산탈수효소 억제제를 개발하려고 연구하던 도중 머크가 탄산탈수효소는 억제하지 않지만, 기존 약보다 이뇨 작용이 훨씬 강한 약을 만들어냈던 것이다. 결국 머크는 이 약에 디우릴(이뇨제를 뜻하는 단어 diuretic에서 유래한 것으로 보인다 – 역자)이라는 이름을 붙였다. 어떻게 작용하는지는 전혀 몰랐다. 하지만 디우릴을 폐부종으로 고통받는 환자에게 시험하자 안전하고 효과가 매우 뛰어나다는 사실이 드러났다. 이렇게 혈액 산성도를 낮추는 약을 사냥하려던 시도는 전혀 다른 증상인 폐부종을 치료하는 완전히 새로운 약의 발견으로 이어졌다. 하지만 이게 이야기의 끝은 아니었다. 머크 소속 과학자 칼 베이어는 디우릴이 또 다른 목적, 고혈압을 '치료'하는 용도로도 쓰일 수 있다고 생각했다.

물론 당시에는 고혈압을 치료한다는 생각이 하품을 '치료'한다는 생각과 비슷했다. 아주 자연스럽고 정상적인 현상을 왜 건드려야 할까? 그렇지만 고혈압이 건강함의 징후가 아니라 위험한 증상일지도 모른다고 의심했던 의사도 소수 있었다. 베이어는 은밀하게 디우릴을 동료 의사인 빌 윌커슨에게 건네주며 고혈압 환자 몇 명에게 처방했을 때 어떻게 되는지 살펴봐 달라고 부탁했다. 예상대로 혈압이 낮아졌다. 베이어는 디우릴이 임상적으로 효과가 있는 최초의 항고혈압제가 될 수도 있다는 사실을 알았지만, 그런 약을 필요로 하는 시장이 없었다. 1958년 시판을 시작한 디우릴의 주요 용도는 부종 치료였다.

그럼에도 다른 제약회사들은 머크가 효과적인 항고혈압제를 만들었다는 사실을 알았다. 그리고 앞으로 생길지도 모르는 시장을 놓칠 수 있다는 두려움에 직접 개발하기로 했다. 그 결과 항고혈압제로 쓰일 수 있는, 티아지드라 불리는 계열에 속하는 갖가지 디우릴 복제약이 등장했다. 디우릴이 나오고 몇 년 지나지 않아 6종류 이상의 티아지드계 약품이 FDA의 승인을 받았다.

처음에는 이뇨 작용을 하는 항고혈압제가 자주 쓰이지 않았다. 하지만 곧 프레밍햄 심장 연구의 첫 결과가 나오며 고혈압과 뇌졸중 사이의 연관성을 보여주었다. 많은 의사가 이 결과에 회의적으로 반응했지만, 혈압을 낮출 수 있는 안전하고 효과적인 약이—티아지드계 약품—있으니 고혈압 증상이 있는 환자에게 이 약을 처방하는 게 위험 대비 보상이 더 크다고 생각하는 의사도 있었다. 만약 프레밍햄 연구가 제시한 고혈압과 뇌졸중 사이의 연관성이 실제로 인과관계에 있다면, 티아지드계 약이 고혈압 환자가 뇌졸중을 일으킬 가능성을 줄여줄 것이다. 만약 반대로 인과관계가 아니라고 해도 티아지드계 약을 처방해서 해가 되는 건 거의 없다는 계산이었다. FDA도 고혈압이 있는 환자에 대한 다양한 항고혈압제 처방을 지지했다. 과학자들이 고혈압과 뇌졸중 사이의 (프레밍햄 연구가 밝힌 상관관계 대신) 인과관계를 확실히 알아내는 유일한 방법이 실제로 고혈압 환자의 혈압을 낮추고 어떤 효과가 있는지 관찰하는 것이기 때문이었다. 특수 목적의 실험을 하는 셈이었다.

국민의 뇌졸중 발생을 감시하던 미국 질병통제예방센터CDC는 곧 뇌졸중을 일으키는 사람의 수가 뚜렷하게 줄고 있음을 알아챘다. 그리고 이 감소가 항고혈압제를 먹는 환자가 늘어나고 있기 때문이라는 결론을 내렸다. 의학계는 재빨리 노선을 바꿔 고혈압을 치료해야 한다고 권고하기 시작했다. '필수적인 고혈압'이 '건강에 나쁜 고혈압'이 된 것이다. 이는 역학과 대형 제약회사가 함께 전통적인 지혜를 뒤엎고, 중요한 의학적 증상에 대한 극적인 태도 변화를 이끌어내 셀 수 없는 생명을 구한 최초의 사례다. 1955년에서 1980년 사이에 미국에서 뇌졸중 발생은 40퍼센트 가까이 줄어들었다.

항고혈압제가 돈이 된다는 사실이 명백해지자 신약 사냥꾼들은 완벽한 항고혈압제를 찾는 여정에 올랐다. 티아지드계 약은 혈압을 낮추는 효과가 변변치 않았고, 바람직하지 않은 뚜렷한 부작용—잦은 배뇨—이 있었다. 만약 누군가가 혈압을 좀 더 효과적인 방식으로—불쾌한 부작용 없이—낮추는 방법을 찾는다면, 잠재적인 이익은 엄청날 터였다. 고혈압 환자는 평생 매일 약을 먹어야 하기 때문이다. 그리고 그런 누군가가 나타났다. 제임스 블랙이라는 사람이었다.

제임스 블랙은 있음직하지 않을 법한 신약 사냥꾼이었다. 1924년 스코틀랜드의 작은 마을 어딩스턴에서 태어난 블랙은 뛰어난 학생이었고 성앤드루스대학교에서 의학을 공부했다. 안타깝게도 졸업할 당시 블랙에게는 엄청난 빚이 있었다. 어쩔 수 없이 돈을 가장 많이 벌 수 있는 직업을 선택해야 했고, 그건 싱가포르의 말라야대학교에서 학생을 가르치는 일이었다. 블랙은 마침내 수의대 교수가 되면서 스코틀랜드로 돌아올 수 있었다. 원치 않던 자리였지만 가능한 한 이를 최대한

제임스 블랙

이용해 아드레날린이 사람, 특히 협심증을 앓는 사람의 심장에 끼치는 효과를 연구하기 시작했다.

여러분은 투쟁 – 도피 반응에서 아드레날린의 역할에 익숙할 것이다.[22] 총을 든 낯선 사람처럼 위험한 존재와 마주쳤다고 하자. 우리는 급격한 아드레날린 분출을 겪으며 초집중 상태가 되어 행동할 준비를 갖춘다. 그러나 아드레날린은 다른 생리적 역할도 한다. 바로 혈압을 조절하는 호르몬 역할이다. 따라서 블랙은 아드레날린을 차단하는 약이 있다면 혈압도 낮출 수 있다고 생각했다. 1958년에는 이런 가망성이 높아 보이는 아이디어를 갖고 영국 회사인 ICI 파마슈티컬스를 찾아가 신약을 사냥하는 과학자로 지원했다.[23] 제약 쪽 경험이 전혀 없는 수의학과 교수였지만, 연구자로 명성이 높았던 블랙은 ICI에 자리를 얻었다. 그곳에서 곧 아드레날린의 효과를 차단할 수 있는 화합물을 찾는 연구를 시작했다.

아드레날린 수용체에는 두 종류가 있었다. 알파 수용체와 베타 수용체였다. 연구 결과 베타 수용체가 혈압을 조절하는 데 관여하는 수용체였다. 블랙은 어떤 사람의 베타 수용체를 차단할 수 있다면 그 사람의 혈압을 낮출 수 있다고 추측했다. 그러나 베타 수용체를 차단하면서 알파 수용체를 차단하지 않는 방법을 찾아내는 것은 어려운 과제였다. 알파 수용체는 분자 구조가 비슷하면서 혈압과는 상관없는 다른 생리 기능을 조절했다. 블랙은 이 두 가지 아드레날린 수용체를 구분할 수 있는 화합물을 찾는 연구에 돌입했고, 1964년 베타 아드레날린 수용체만 선택적으로 차단하는 약인 프로프라놀롤을 발견했다. 이것이 세계 최초의 '베타 차단제' 항고혈압제였다.

프로프라놀롤은 혈압을 낮추면서도 티아지드 계열처럼 이뇨 작용을 하지 않았다. 1960년대 후반부터 1970년대 사이에 순식간에 베스트셀러 약이 되었고, 전 세계에서 처방되었다. 이 획기적인 업적으로 블랙은 1988년 노벨 생리의학상을 받았다.

베타 차단제는 티아지드 계열보다 분명히 나았지만, 여전히 두 가지 중요한 흠이 있었다. 베타 아드레날린 수용체는 폐에도 있는데, 기도의 크기를 조절한다. 폐에 있는 베타 수용체를 차단하면 기도가 수축한다. (그래서 천식에 쓰는 현대의 흡입기 상당수에는 폐에 있는 베타 수용체를 자극하는 약이 들어 있다) 따라서 프로프라놀롤과 여타 초기의 베타 차단제에는 아주 골치 아픈 부작용이 있었다. 숨쉬기 힘들게 만들었던 것이다. 천식 환자에게 베타 차단제를 처방하면 위험해질 수 있었다. 게다가 베타 차단제는 남성에게 기도 수축보다는 육체적으로 훨씬 덜 위험하지만, 심리적으로는 그에 못지않게 비참한 부작용도 일으켰다. 바로 발기부전이었다.

따라서 당시에 쓸 수 있는 항고혈압제는 모두 무시할 수 없는 단점이 있었다. 항고혈압제의 성배는 아직 손에 들어오지 않았다. 하지만 내가 일했던 곳에서 마침내 그게 나왔다. 1980년대 초 스큅에 다니며 처음으로 제약산업에서 일하고 있을 때 나는 뱀 마술사 두 명, 데이브 쿠쉬먼과 미겔 온데티를 알게 되었다. 두 사람은 스큅에서 일하는 신약 사냥꾼으로 살무사아과의 독사가 만드는 독에 큰 흥미가 있었다. 이런 뱀의 독은 희생자의 혈압을 급격히 떨어뜨려 의식을 잃게 만들어서 쓰러뜨린다. 쿠쉬먼과 온데티는 뱀 독에서 혈압을 떨어뜨리는 화합물을 분리해 항고혈압제로 만들 수 있겠다고 추론했다.

두 사람은 테프로타이드라 불리는, 뱀 독에서 가장 활성이 큰 성분을 조사하며 연구를 시작했다. 그리고 테프로타이드가 몸속에서 ACE(안지오텐신 전환 효소)라고 불리는 효소[24]를 억제한다는 사실을 알아냈다. 아드레날린이 혈압 조절에 관여하지만, 오늘날 우리는 ACE가 혈압의 '진정한 조정자'라는 사실을 알고 있다. 요컨대, 뱀 독은 ACE를 억제함으로써 몸이 혈압을 조절하는 능력을 없애버린다. 그리고 그에 따라 혈압이 떨어진다.

쿠쉬먼과 온데티는 테프로타이드를 유용한 약으로 만드는 연구에 착수했다. 두 사람은 독특한 신약 개발팀을 이루었는데, 마치 서로 음과 양 같았다. 쿠쉬먼은 떠들썩한 약학자로 원기왕성하고 유쾌했던 반면, 온데티는 질서정연한 화학자로 진지하고 사려 깊었다. 쿠쉬먼은 과학에 열정적이었지만, 어쩌면 만화책에도 똑같이 열정적이었을지 모른다. 만약 그 사람이 복사기 앞에 서 있다면, 과학 논문을 복사하고 있을 확률이 50퍼센트, 부서와 공유할 새 만화책을 복사하고 있을 확률이 50퍼센트였다. 성격이 정반대였음에도 둘은 아주 효율적인 협력 관계를 이루었다.

먼저 화학적으로 변화를 거의 주지 않은 순수한 테프로타이드를 약으로 쓸 수 있을지 알아보았다. 두 사람은 곧바로 몇 가지 문제에 직면했다. 테프로타이드는 먹었을 때 효과가 없었다. 위장의 소화 효소가 화합물을 분해해버렸기 때문이다. 그럴 만도 했다. 뱀의 독은 뱀의 입속에서 나오니 만약 뱀이 먹었을 때 효과가 있는 독을 삼킨다면 큰일일 터였다. 테프로타이드를 주사로만 투약할 수 있다는 건 매일같이 하루에 몇 번씩 약을 주사해야 한다는 소리였다. 이 끝없는 시련에 관해 생각만 해도 약을 써서 얻을 수 있는 이득을 모조리 날려버릴 스트레스 호르몬이 나오는 것 같다!

사냥감이나 환자 모두 주사를 좋아하지는 않았으므로 쿠쉬먼과 온데티는 먹었을 때도 활성이 있는 물질을 찾아야 상업적인 약을 만들 수 있다는 점을 알고 있었다. 두 사람은 테프로타이드와 비슷하지만 사람 위장의 가혹한 공격을 버텨낼 수 있을 만한 분자를 합성하기 시작했다. 이 단계에서는 통상적으로 수천, 혹은 수만 가지 분자를 평가해야 한다. 신약 사냥꾼이라면 누구도 피해갈 수 없는, 시행착오를 통한 스크리닝 과정이었다. 그러나 쿠쉬먼과 온데티는 스크리닝 과정에 대한 새로운 접근법을 이용해 고작 몇백 가지 분자만 합성해 시험했다.

두 과학자는 ACE가 작용하는 배경에 깔린 생화학을 알고 있었고, 그 효소를 억제할 수 있을 법한 화합물의 유형을 예측할 수 있었다. 그 결과 초기에 합성한 화합물은 꽤 괜찮게 작용했다. 그러자 두 사람은 직관에 의지해 그런 화합물을 좀 더 비틀어 비슷한 작용을 하는 다른 구조의 분자로 만들었다. 한 번 비틀 때마다 새로운 화합물을 시험해 효과를 측정하고 자신들의 추측이 얼마나 정확했는지를 평가했다. 만약 보통 신약 스크리닝이 슬롯머신의 바퀴를 무작위로 돌리는 것과 같다면, 쿠쉬먼과 온데티의 접근법은 슬롯머신의 내부 구조를 파악해 기계가 돈을 뱉어내기 직전에만 손잡이를 당기는 것과 더 비슷하다.

이 방법(지금은 '합리적 설계'라고 부른다)을 이용해 쿠쉬먼과 온데티는 금세 아주 효과적인 ACE 억제제를 합성하고, 이를 캡토프릴이라고 불렀다. 합리적 설계 방식은 신약 사냥의 역사에 또 하나의 기념비였다. 파울 에를리히가 염료 분자에 독성 물질을 붙이는 완전히 독창적인 방식으로 맨땅에서 약을 설계하긴 했지만, 여전히 가능성 있는 독성 탄두를 수도 없이 시험하기 위해서는 맹목적인 시행착오 방식에 의존했다. 그와 달리 쿠쉬먼과 온데티 역시 새롭고 독창적인 방식으로 맨땅에서 약을 설계했지만, 맹목적인 시행착오 방식에 의존하는 대신 화학과 생화학, 인간 생리학 지식을 이용하여 점점 더 효과적이고 숙련된 추측을 바탕으로 기록적인 시간 안에 최소한의 비용만 가지고 원하는 물질을 찾아냈다.

캡토프릴은 ACE의 작용을 차단했고, 그 결과 혈압을 낮추었다. 게다가 산성 소화액을 견뎌낼 수 있어 먹었을 때도 활성이 있었다. 여러분은 잠재성이 큰 신약을 손에 넣은 쿠쉬먼과 온데티가 이제 신약 사냥의 승리자로 가는 매끄러운 궤도에 올랐다고 생각할지도 모른다. 아아, 하지만 신약 사냥꾼의 삶은 결코 평탄하지 않다.

스큅의 경영진은 신약 개발의 다음 단계, 캡토프릴의 효과와 안전성을 시험하는 단계를 승인하지 않고 머뭇거렸다. 대규모의—그리고 아주 비용이 많이 드는—임상시험이 필요했기 때문이다. 스큅은 이미 나도롤이라는 인기 있는 베타 차단제를 팔고 있었다. 사업을 생각하는 사람들은 캡토프릴이 나도롤의 판매를 갉아먹을 수 있다고 주장했다. 캡토프릴로 얻을 수 있는 이익에는 나도롤 판매 감소라는 비용이 따른다는 이야기였다. 이들은 캡토프릴의 연간 매출 예상치를 기껏해야 수억 달러 정도로 계산했다. 상당히 높은 (1970년대에는 특히 더) 수치 같지만, 임상시험과 마케팅에 들어가는 막대한 비용을 정당화하기에는 아직 부족했다. 스큅은 캡토프릴 개발을 보류하기로 결정했다.

쿠쉬먼과 온데티는 아주 실망했다. 정말 그랬다. 하지만 두 사람은 과학자였으므로 최소한 혁신적인 연구에 대한 인정이라도 받을 수 있도록 발견한 내용을 논문으로 출판하겠다고 경영진에게 허가를 구했다. 대부분의 대형 제약회사는 소속 과학자들이 경쟁자에게 이익이 될 수 있을 만한 내용을 논문으로 내는 행위를 굉장히 꺼린다. 그러나 쿠쉬먼과 온데티는 캡토프릴이 특허로 안전하게 보호받고 있으니 논문을 내도 회사에 위험이 되는 일은 거의 없다는 점을 지적했다. 결국 스큅의 경영진은 이 두 신약 사냥꾼의 요청을 받아들였다. 아마도 아주 독창적인 신약 개발을 중단시킨 데 대해 미안한 마음이 조금 있었기에 내린 결정이었을 것이다.

쿠쉬먼과 온데티는 주요 약학 학술지 몇 군데에 캡토프릴에 관한 상세한 내용을 발표했다. 그 즉시 의학계가 관심을 보였다. 스큅 소속의 두 과학자가 혈압을 조절하는 완전히 새로운 방법을 발견했다는 사실을 다들 알아보았다. 곧 주요 의과대학의 저명한 의사들이 스큅에 연락하기 시작했다. 이들은 스큅이 곧 이 흥미로운 신약에 관한 임상시험을 시작하리라고 생각했고, 여기에 참여해 각자 자신의 학교에서 임상시험을 하기를 원했다.

서랍 속에 처박혀 있는 약에 관한 학계의 엄청난 관심은 전례가 없던 일이었다. 우리 회사의 경영진이 모여서 이야기를 나누더니 마침내 캡토프릴에게 '진행' 신호를 보냈다. 이어진 임상시험은 캡토프릴이 환상적이고 안전한 항고혈압제라는 사실을 입증했다. FDA는 1981년에 그 약을 승인했다. 아무 제약 없이 상업화가 이루어진 첫 한 해 동안 캡토프릴은 10억 달러가 넘는 매출을 올렸다. 정말 수익이 높았다. 사실 캡토프릴은 스큅에게 스큅이 파는 다른 모든 약을 합친 것보다 더 많은 돈을 벌어다 주었다.[25]

여러분은 블록버스터 약을 만든 스큅의 주가가 하늘 높이 치솟았을 것으로 예상할지도 모른다. 그러나 내가 (그리고 내 상사도) 결코 이해하지 못했던 모종의 이유로 스큅의 주가는 캡토프릴의 치솟는 매출을 뒤늦게야 반영했다. 스큅의 경쟁자였던 브리스틀 마이어스는 이 불일치를 눈치채고 달려들어 저렴한 가격에 스큅을 매입했다. 독립 회사로서 스큅의 소멸이 최초로 역학 연구에서 비롯한 블록버스터 신약 때문이었다는 사실은 참으로 얄궂은 일이다.

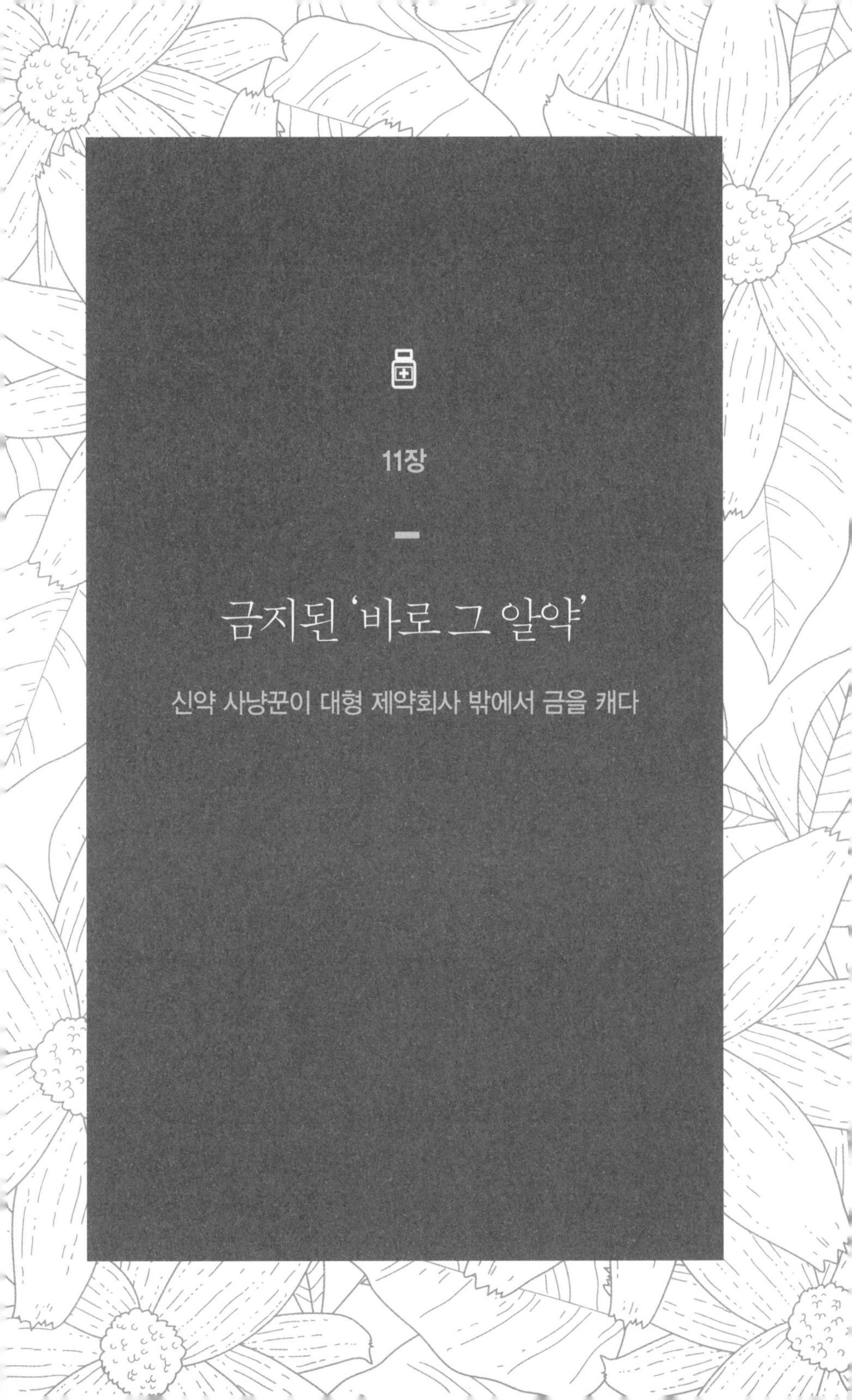

11장

금지된 '바로 그 알약'

신약 사냥꾼이 대형 제약회사 밖에서 금을 캐다

"자신의 몸을 소유하고 통제하지 못한다면
그 여성은 스스로 자유롭다 할 수 없다.
의식적으로 어머니가 될지, 되지 않을지를
선택할 수 있게 되기 전까지는 스스로 자유롭다 할 수 없다."
_마가렛 생어, 《여성과 새로운 종족*Woman and the New Race*》, 1922년

우리는 식물의 시대, 합성화학의 시대, 흙의 시대, 유전자 의약품의 시대를 거치며 모험을 해왔다. 시대가 바뀔 때마다 탐험의 대상이 될 새로운 분자의 도서관이 열리고, 새로운 세대의 신약 사냥꾼이 변론서를 찾아 그곳으로 몰려들었다. 그러나 드물게 의약품이 주요 도서관 밖, 풍부한 자금을 사용하는 대형 제약회사의 연구실과 멀리 떨어진 곳에서 나타나기도 한다. 때때로 이런 '독립적인' 신약 사냥 이야기는 여러 대륙과 수십 년의 세월을 넘나들며, 다양하고 기이한 등장인물을 수반하고, 실수와 오해, 그리고 불운을 겪으며 이리저리 흔들린다. 그리고 종국에 가서는 세계 역사를 바꾸는 약을 만들어낸다. 만약 이렇게 독립적으로 개발된 약 중에서 현대 문명의 기초적인 사회 구조를 가장 크게 바꾸어놓은 약을 하나만 골라야 한다면, 그건 영

향력이 매우 현저하고 두드러져 '바로 그 알약'으로 불리게 된 약일 것이다.

1970년대는 재난 영화의 황금기였다. 할리우드는 〈포세이돈 어드벤처〉, 〈대지진〉, 〈타워링〉 같은 긴장감 넘치는 고전을 쏟아냈다. 이런 영화는 전형적인 공식을 따랐다. 다양하게 조화를 이룬 등장인물들이 개별적으로 행동한다. 이런 행동이 한데 모여서 결국에는 구조에 도움이 된다. 가라앉는 배의 선교에서 패션 모델이 값비싼 브랜드의 귀걸이를 상처 입은 통신사에게 주면, 통신사는 귀걸이를 이용해 고장 난 통신기를 임시로 고친다. 배 밑바닥에서는 멕시코인 요리사가 당근 깎는 칼을 기관사에게 주면, 기관사가 그것으로 물 펌프를 고친다. 3등 선실에서는 술 취한 전직 권투선수가 힘으로 격벽을 열고 갇혀 있던 승객을 구출한다. 이야기의 흐름이 단 하나도 아니고 주인공이 한 명으로 정해져 있지도 않다. 그러나 이들의 종합적인 기여는 결국 성공으로 이어진다. 개개인의 노력이 어떻게 중요했는지는 상황이 끝난 뒤

어윈 알렌 감독의 영화 〈포세이돈 어드벤처 2〉

에, 축축하고 상처 입었지만 살아 있는 채로 안전하게 다 같이 육지에 올라선 뒤에야 명백하게 알 수 있다.

피임약에 얽힌 이야기도 똑같은 공식을 따른다. '그 알약'을 개발하는 데 공헌한 다양한 인물을 보면 제품개발팀이라기보다는 어윈 알렌 감독 영화의 출연진 같다. 스위스인 수의사, 멕시코 시골의 괴짜 화학자, 불명예를 안은 생물학자, 70대 페미니스트 활동가, 상속 재산으로 부유해진 여성, 독실한 가톨릭 산부인과 의사. 그러나 이 이야기는 신약 개발팀이나 페미니즘 운동이 아니라 의학사에서 보통 취급하지 않는 은밀한 직업군과 함께 시작한다. 바로 스위스의 낙농업자와 소의 생식력을 확 끌어올리기 위해 이들이 쓰는 독특한 방법이다.

낙농업은 예로부터 스위스의 주요 산업이었다. 스위스 하면 떠오르는 전형적인 모습을 상상해보자. 황동으로 만든 커다란 종을 목에 매고 알프스 고지대의 목초지에서 풀을 뜯는 소. 마터호른만큼이나 잘 알려진 모습이다. 낙농업의 목표는 가능한 한 우유를 많이 생산하는 것이다. 따라서 낙농업자들은 끊임없이 젖이 나오도록 소를 계속해서 임신시켜야만 한다. 유제품을 만드는 주기는 단순하다. 소가 송아지를 낳는다. 송아지가 젖을 떼자마자 낙농업자는 소의 젖을 짜기 시작한다. 처음에는 우유 생산이 많다. 하지만 몇 달이 지나면 줄어들기 시작한다. 마침내 소가 마르면—우유가 더 나오지 않으면—소는 다시 임신할 수 있게 된다. 그러면 낙농업자는 서둘러 짝짓기를 시키고 새로운 주기가 시작된다. 출산, 우유 생산, 짝짓기, 출산. 스위스 낙농업자, 그리고 스위스 젖소의 삶은 이렇다.

그러나 이 과정 전체는 아주 중요한 한 가지 기술에 의존해야 한다. 암소의 젖이 마르자마자 최대한 빨리 다시 임신을 시켜야 하는 것이다. 스위스의 낙농가에서 가장 흔하게 들을 수 있는 탄식이 "Meine Kuh hat kein Kalb!" 즉 "내 소가 송아지를 배지 않았어!"다. 새끼를 많이 낳는 소는 돈이 나오는 소고, 반대로 새끼를 못 낳는 소는 돈을 잡아먹는 구멍이다. 사료는 계속 먹여야 하지만, 나오는 우유는 없다. 19세기 말 스위스 사람들은(자주 실용적이고 낭만적이지 않은 성격으로 희화화되곤 한다) 생식력이 없는 소가 더 빨리 다시 생식력을 갖추게 하려고 다양한 실험을 했다. 마침내 아주 실용적이고 낭만적이지 못한 스위스 수의사 한 명이 손을 소의 항문으로 집어넣은 뒤 직장 벽을 통해 난소에 있는 약한 조직 하나를 짓이겨버리면, 소가 금세 다시 생식력을 갖춘다는 사실을 알아냈다.

이 대담한 수의사가 만든 방법은 곧 스위스 낙농업계에서 '최고의 기술'이 되었다. 그렇지만 낙농업자들은 자신이 무엇을 짓이겨버리는지 전혀 알지 못했다. 스위스의 알프스 지역 밖에서는 항문을 통한 이 독특한 생식력 확보 기술을 전혀 모르고 있었다. 그러던 1898년 에르빈 츠쇼크케라는 취리히의 한 수의학과 교수가 처음으로 과학 학술지에 이 과정을 기록했다. '그 알약'에 얽힌 이야기를 하는 데 더 중요한 사실이 있는데, 츠쇼크케는 짓이겨지는 해부학적 대상을 정확하게 밝혔다. 난소 안에 있는 노르스름한 달걀 모양의 조직은 바로 황체였다.

1916년 츠쇼크케의 발견에 이어 빈의 생물학자 두 명이 암컷 쥐의 황체에서 추출한 물질이 배란을 억제한다는 사실을 밝혔다. 황체가 생식력을 억제하는 역할을 한다는 게 확실했다. 훗날의 실험 결과 그 추출물의 활성 성분은 프로게스테론이라는 스테로이드 호르몬이었다. 이런 연구는 순수한 학문적 호기심에서 나온 것으로, 생식이라는 복잡한 생리적 과정을 이해하는 데 흥미가 있을 뿐 이 발견을 활용하겠다는 생각은 전혀 없는 과학자들에 의해 이루어졌다. 누구도 프로게스테론에 실용적인 용도가 있다는, 특히나 그 용도가 여성용 경구피임약이라는 생각은 전혀 하지 못했다. 그러나 츠쇼크케 교수의 논문은 정교하고 아무도 알아차리지 못한, 국가와 시대, 학문 분야 사이를 넘나드는 신약 공동 개발에 발동을 걸었다.

황체 연구를 바탕으로 프로게스테론이 여성의 생식계에서 필수적인 역할을 한다는 사실이 분명해졌고, 전 세계의 생물학자들은 이 스테로이드 호르몬을 연구하기 시작했다. 그러나 한 가지 성가신 사실이 호기심 추구를 방해하고 나섰다. 기존의 합성화학으로는 프로게스테론을 저렴한 가격에 효과적으로 만들 방법이 없었다. 유일하게 알고 있던 방법으로는 상당한 비용을 들여 소량을 만드는 게 고작이었다. 프로게스테론이 동물의 생식 과정에 끼치는 효과를 연구하는 생물학자들이 필요로 하는 양이 공급을 한참 초과한 나머지 호르몬 가격이 천정부지로 솟아 대부분의 연구에서는 구하기 힘들 정도였다. 1920년대와 1930년대에 화학계의 커다란 수수께끼 중 하나가 프로게스테론을 (저렴하게) 합성하는 방법을 찾아내는 일이었다. 이 수수께끼는 평범함과 거리가 아주 먼 한 화학자의 흥미를 끌었다.

커트 보네거트의 SF소설 《고양이 요람*Cat's Cradle*》은 노벨상 수상

물리학자 펠릭스 호니커에 관한 이야기다. 호니커는 정치와 탐욕, 혹은 상식에 얽매이지 않고 순수한 호기심에 따라 행동하는 사람이다. 어느 날, 누군가 호니커에게 쉬는 시간에는 무슨 게임을 즐기냐고 묻는다. 호니커가 대답한다. "진짜 게임이 이렇게 많은데 왜 누가 만든 게임을 하느라 시간을 쓰겠소?" 소설에서, 정부는 호니커를 고용해 맨해튼 프로젝트의 일환으로 원자폭탄을 만들게 한다. 호니커는 연구에 착수하지만, 돌연히 그만둔다. 맨헤튼 프로젝트를 운영하는 책임자가 무슨 일인지 알아보려고 황급히 호니커의 연구실로 가자 그곳은 수족관과 거북으로 가득 차 있다. 호니커는 관심을 원자폭탄이라는 수수께끼에서 거북이라는 수수께끼로 돌려버렸던 것이다. "거북이 머리를 집어넣을 때 척추는 구부러질까요, 수축할까요?"

화가 난 맨해튼 프로젝트 책임자는 호니커의 딸에게 어떻게 해야 할지 묻는다. 딸은 걱정하지 말라고 대답한다. 해결책은 간단하다. 호니커는 그저 눈앞에 흥미로운 게 보이면 그걸 연구하는 사람이다. 딸은 거북을 모두 치우고 그 자리에 원자폭탄 연구 자료를 두라고 말한다. 그 조언을 따르자 확실히 효과가 있다. 다음 날 연구실로 돌아온 호니커는 재미있는 게 보이지 않자 다시 연구를 시작하고, 결국 최초의 원자폭탄을 설계한다. 예전에 실제로 펠릭스 호니커와 같은 삶을 살았던 사람이 있었다. 그 사람의 이름은 러셀 마커였다.

한 저명한 화학자가 이렇게 말한 적이 있다. "러셀 마커는 어떤 화학자보다 이야깃거리가 많은 사람이다. 우리 동료 화학자들이 한데 뭉칠 수 있게 해주는 즐거운 이야기들이다." 1925년 메릴랜드대학교 화학과 대학원에서 1년 동안 연구를 하고 나자 마커의 지도교수는 마커의 연구 능력에 깊은 인상을 받아 마커가 박사학위를 받기에 충분할 정도의 성취를 거뒀다고 선언했다. 마커는 수업 몇 개만 더 들으면 대학의 졸업 요건을 채울 수 있었다. 하지만 마커는 거부했다. 지도교수는 깜짝 놀라서 만약 수업을 듣고 학위를 받지 않는다면 마커가 "오줌이나 분석하는 일을 하게 될 것"이라고 경고했다. 하지만 마커는 별 관심을 보이지 않은 채 대학원에서 자퇴했다. 그리고 탄화수소를 전문으로 생산하는 화학 기업 에틸 코퍼레이션에 연구직으로 들어갔다.

에틸이 연구하던 문제는 곧 마커의 관심을 끌었다. 서로 다른 자동차 엔진 설계의 효과를 비교할 때 엔진의 기여도와 휘발유의 기여도를 어떻게 구분할 것인가? 이게 어려운 수수께끼였던 건 휘발유의 종류가 많았기 때문이다. 휘발유는 한 가지 분자 혹은 한 가지 확실한 화합물이 아니라 수천 가지의 다양한 탄화수소 분자가 섞인 변화무쌍한 물질이었다. 만약 어떤 엔진의 성능이 형편없다고 할 때 그게 엔진 설계가 형편없기 때문인지, 아니면 저질 휘발유를 쓰고 있기 때문인지 어떻게 알 수 있을까?

에틸에서 근무한 첫 해에 마커는 그 문제를 해결했다. 휘발유의 등급을 매기는 표준 체계를 개발해 휘발유 안에 어떤 분자가 섞여 있는지 알아낼 필요 없이 폭발해야 하는 순간에 휘발유가 제대로 폭발하는지 평가하게 만들었다. 마커의 독창적인 방법은 어떤 휘발유의 폭발 성질을 '완전 폭발(이소옥탄으로, 마커는 100점을 매겼다)'과 '완전 비폭발(헵탄으로 0점이었다)'에 비교하는 식이었다. 이는 우리가 오늘날에도 주

유소에서 쓰는 휘발유의 옥탄가 체계가 되었다.

에틸에서 빠른 성공을 거뒀지만 마커는 곧 탄화수소 화학에 지루함을 느꼈고, 회사에 들어온 지 2년 만에 사직서를 냈다. 그리고 저명한 록펠러 연구소에서 학술 연구를 시작했다. 그로부터 6년 동안 마커는 기술자 단 한 명의 도움을 받아 광학 활성에 관한—탄화수소와는 전혀 다른 분야였다—32편의 놀라운 논문을 발표했고, 그중 몇몇은 여전히 그 분야의 고전으로 남아 있다. 그러나 오래지 않아 마커는 새로운 화학 장난감을 갖고 놀기를 원하며 상사와 갈등을 빚었다. 훗날 마커는 이렇게 설명했다. "레빈은 내가 매일 똑같이 광회전에 관한 낡은 연구나 하기를 원했다. 나는 새로운 것을 찾고 있었다." 마커는 또 직업을 바꾸었다. 이번에는 펜실베이니아 주립대학교에 화학 연구원으로 들어갔다. 여기서 프로게스테론 합성이라는 새로운 수수께끼에 빠져들었다.

마커는 이것이 당대에 해결하지 못한 가장 어려운 수수께끼라는 점을 알고 있었다. 그리고 1936년 이 스테로이드 호르몬을 산업 규모로 생산할 수 있는 기술을 개발하기 위한 연구에 들어갔다. 마커의 접근법은 다른 사람과 판이하게 달랐다. 단순함이 묘미였다. 스테로이드는 아주 큰 분자였다. 이 사실은 조립을 어렵게 만들었다. 커다란 분자를 합성하는 건 덧붙이는 게임이다. 화학자들은 작은 분자로 시작해 체계적으로 분자를 하나씩 붙여나간다. 마치 블록 장난감처럼 붙여나가다 보면 완전한 스테로이드가 된다. 그러나 중간에 분자를 엉뚱한 데 붙여서 합성 과정 전체를 망치고 처음부터 다시 시작해야 하는 경우가 많다. 일반적으로, 분자가 클수록 합성이 더 어렵다. 작은 분자(예를 들어, 아스피린)를 합성하는 게 맥앤치즈를 만드는 것처럼 쉽다면, 커다란 분자(프로게스테론 같은)를 합성하는 건 속을 채운 비둘기 쇼프루아를 만드는 것과 비슷하다.

그러나 러셀 마커는 이 문제 전체를 뒤집었다. 프로게스테론 합성을 덧붙이는 게임으로 보는 대신 빼내는 게임으로 보았다. 작은 분자로 스테로이드를 조립하는 게 아니라 더 큰 분자로 시작해서 프로게스테론만 남을 때까지 조각을 떼어내기로 했던 것이다. (화학 용어를 쓰자면, 마커는 합성이 아니라 열화를 의도했다.) 필요한 건 출발점으로 쓸, 프로게스테론보다도 큰 분자뿐이었다.

마커는 마침내 피토스테롤이라는 계열의 화합물로 결정했다. 피토스테롤은 콜레스테롤과 비슷한 고분자였지만, 동물이 아니라 식물에 들어 있었다. 마커는 프로게스테론 분자를 남기기 위해 피토스테롤 분자에서 조각을 쳐내려 했다. 그리고 거의 시작하자마자 디오스게닌—사르사파릴라 뿌리에 있는 피토스테롤의 일종—분자를 열화시켜 프로게스테론으로 만드는 성공을 거뒀다. 시작은 아주 좋았다. 하지만 이 새로운 방법이 가능하다는 사실을 보였음에도 아직 열화 기법으로 프로게스테론을 산업 규모로 생산할 수 있다는 점을 보이는 일이 남아 있었다. 그러기 위해서는 디오스게닌이 아주 많이 필요했다. 그게 새로운 문제가 되었다.

사르사파릴라라는 식물의 끈적끈적한 뿌리는 디오스게닌의 원천으로는 너무 빈약해서 상업 생산에 쓸 수 없었다. 마커는 디오스게닌이 있는 다른 식물을 찾아야 했다. 크고, 저렴하고, 디오스게닌 분자가 가득 들어 있는 식물을. 마커는 미국 남서부에 디오스게닌이 있는 식물이 몇 종류 있다고 알고 있었다. 모두 뿌리가 굵은 덩이뿌리 식물이었다. 그리하여—4세기 전의 발레리우스 코르두스처럼—마커는 식물 사냥 원정을 떠났다. 1940년에는 텍사스와 애리조나의 덥고 가혹한 황야를 탐사했다. 하나둘씩 뿌리를 조사했지만, 가느다란 미국산 덩이뿌리는 디오스게닌을 충분히 만들지 않았다.

러셀 마커 (출처: Penn State University Archives, Eberly Family Special Collections Library)

결국 마커는 점점 남쪽을 향해 움직이다가 리오그란데강을 건너 멕시코로 들어갔다. 그곳, 베라크루스주에서 마커는 마침내 디오스게닌이 아주 많은 식물을 캐냈다. 디오스코레아 콤포지타라는 멕시코 고구마였다. 이 노르스름한 덩이뿌리는 최대 45킬로그램까지 나갈 정도로 거대한 덩치를 자랑했다. 옮기려면 수레가 있어야 했다. 마커는 20킬로그램짜리 고구마 하나를 미국으로 가져왔다. 불법으로 농산물을 가지고 국경을 넘기 위해 세관에게 뇌물도 썼다. 대학으로 돌아온 마커는 이 고구마에서 추출한 디오스게닌을 열화 처리했다. 성공이었다! 디오스코레아 콤포지타는 대량생산이 가능할 정도의 프로게스테론을 만들어냈다.

마커는 제약회사를 찾아가 자신이 개발한 영리한 열화 기법을 쓰도록 권유하며, 한 곳과 협력 관계를 맺어 프로게스테론을 상업적으로 생산하기를 바랐다. 이런 만남은 결과가 좋지 않았다. 마커는 영업보다는 화학에 훨씬 재능이 있었다. 툭하면 옆길로 새서 기술적으로 지루한 강연을 늘어놓기 일쑤였다. 그러나 마커에게 있어 더 큰 문제가 있었는데, 제약회사 경영진은 애초에 이 듣도 보도 못한 프로게스테론 생산 기술에 회의적이었다. 게다가 열화 공정을 이용하려면, 불과 몇십 년 전에 혁명에서 벗어난 제3세계 국가에서 엄청난 양의 고구마를 수입해야 하는데, 그 이야기를 들으면 고개를 절레절레 저을 뿐이었다.

디오스코레아 콤포지타는 멕시코의 따뜻하고 건조한 기후에서만 자랄 수 있었다. 당시 멕시코는 부유하고 오만한 북쪽 이웃을 못마땅하게 여기는, 위험한 반미 정서가 깔린 혼란스럽고 개발이 한참 덜 된 국가였다. 제약회사들은 대량생산에 필요한 고구마를 멕시코에서 안전하고 안정적으로 모을 방법이 없다고 확신했다. 마커가 찾아간 제약회사는 모두 거절했다.

마커는 이 난관에 평소처럼 반응했다. 매우 좋은 성과를 냈던 펜실베이니아 주립대학교의 연구직을 사직하고 멕시코 시티의 낡은 도자기 공방에 개인 연구실을 차렸다. 제약회사가 협력하지 않으니 직접 프로게스테론을 생산하겠다는 생각이었다. 마커는 멕시코 노동자에게 임금을 지불하고 고구마 10톤을 캤다. 커다란 트럭을 가득 채울 양이었다. 그리고 디오스게닌을 열화 처리하기 시작했다. 두 달 동안 고립된 상태에서 일한 마커는 프로게스테론 3킬로그램을 생산했다. 지구상의 합성 프로게스테론 공급량을 다 합친 것보다도 많은 양이었을 것이다. 프로게르테론이 1그램당 80달러에—2016년으로 환산하면 1그램당 약 1000달러다—팔리고 있었으니 첫 번째 시도에 300만 달러어치의 호르몬을 만든 셈이었다. 마커는 합성화학계의 철학자의 돌을 발견했다. 바로 고구마를 황금으로 바꾸는 방법이었다.

그러나 여전히 호르몬을 공급하기 위해서는 제약업계의 파트너가 필요했다. 자신에게 코웃음을 친 미국 제약회사와는 아무것도 함께하고 싶지 않았다. 그러나 멕시코 제약산업에 대해서는 아는 게 전혀 없었고, 스페인어도 초보적인 수준이었다. 마커는 불굴의 의지로 멕시코시티 전화번호부를 한 장씩 넘기다 가망 있어 보이는 곳을 찾았다. 래보러토리오스 호르모나 S. A.라는 작은 제약회사였다.

래보러토리오스 호르모나의 소유주는 1930년대 유럽을 장악한 반유대주의의 상승세를 피해 온 독일과 헝가리의 유대인들이었다. 이들은 마커와 손을 잡고 새로운 회사를 세운 뒤 신텍스 S. A.라고 불렀다. 이 회사는 마커의 열화 공정을 이용해 호르몬을 생산하는 게 주목적이었다. 그러나 펜실베이니아 주립대학, 록펠러 연구소, 에틸 코퍼레이션에서 마커와 일했던 전 상사들이 예측했듯이 신텍스를 세운 지 2년도 되지 않아 마커는 회사에 대한 모든 지분을 팔고 멕시코를 떠났다. 신텍스가 전례 없는 양으로 공급하는 프로게스테론에 대한 권리도 모두 포기했다. 또, 과학도 버렸다. 마커는 화학계에 있는 옛 친구 및 동료와 관계를 끊고, 새로운 열정에 헌신하기 위해 잠적했다. 새 열정의 대상은

18세기식 은세공이었다. 이번에는 흥미가 식지 않았다. 러셀 마커는 여생을 대부분 정교한 로코코 양식의 접시와 탁자를 만들며 보냈다.

보네거트의 소설에 나오는 호니커처럼 마커도 돈이나 자신의 연구가 지닌 실용적 용도에 관심을 가져본 적이 없었다. 그저 자연의 '진짜 게임'을 하는 게 좋았을 뿐이다. 기이하고 비현실적인 성격에도 불구하고 마커는 다른 과학자가 이루지 못한 업적, 산업 규모로 프로게스테론을 생산하는 혁신적인 방법을 남겼다.

어디선가 갑자기 나타난 신텍스의 성공을 본 미국 회사들은 마침내 마커의 열화 기법을 받아들였다. 1950년대 초에는 이미 200종류가 넘는 프로게스테론 화합물이 시장에 나와 있었다. 프로게스테론이 갑자기 넘쳐나게 되자 전 세계 대학의 연구실에서 여성의 생식에 관한 새로운 연구를 활발하게 하기 시작했다. 그중 한 곳이 매사추세츠주 케임브리지에 있었다. 책임자는 그레고리 핀커스라는 유대인 생물학자였다.

19세기 초, 부유하고 교육을 잘 받은 수많은 유대계 독일인이 미국으로 이주했다. 이들은 금세 미국 문화에 융화해 뉴욕의 은행가, 노예를 소유한 농장주, 서부의 매춘굴 포주, 인디언과 싸우는 기병 등이 되었다. 그러나 이어지는 유대인 이민의 물결은 아주 다른 길을 따랐다. 19세기 말에 이주해 온 그다지 부유하지 못한 동유럽 유대인은 대부분의 미국인과 겉모습과 말투가 달랐고, 대부분 맨해튼의 로어 이스트 사이드 같은 도시 안쪽의 빈민가로 향했다.

이미 미국 주류 사회에 융합한 전통 있는 유대인은 새 이주민을 점점 걱정스럽게 여겼다. 자리를 잡은 유대계 독일인 상당수는 동유럽 출신의 동포가 미국화할 수 있도록 직접 돕기로 했다. 이런 자선 활동 중 가장 유명한 사례가 '허쉬 남작 기금'이다. 유대인 자선가 모리스 드 허쉬는 미네소타로 이주한 노르웨이인이 금세 건실한 미국의 밀 농부가 되는 과정에 감탄하고 있었다. 스칸디나비아 이민자의 성공을 본 드 허쉬는 명쾌한 아이디어를 떠올렸다. 동유럽 유대인 이민자를 빈민가로 보내는 대신 농부가 되도록 돕는 게 완전한 미국인으로 만들 수 있는 가장 좋은 방법이라는 생각이었다. 노르웨이인 이민자가 미네소타에서 밀 농부가 되었듯이, 드 허쉬의 기금은 유대인 이주민이 뉴저지에서 양계장을 운영하도록 도왔다.

1891년, 뉴저지의 우드바인에 드 허쉬가 내놓은 기금의 도움을 받아 동유럽 유대인 농업 정착지가 들어섰다. 기금은 유대인 이민자가 농장을 운영할 땅을 사거나 새로운 삶을 위한 훈련을 받도록 보조하는 데 쓰였다. 그러나 드 허쉬의 큰 꿈은 처음 생각대로 잘 이루어지지 않았다. 노르웨이인을 비롯해 미국으로 이주한 19세기의 유럽 이민자 대부분은 원래 유럽에서도 농부였다. 신세계에 도착했을 때 이들은 농사일에 관한 폭넓은 지식을 갖고 있었다. 반면, 유럽의 유대인은 대부분 상인이나 무역상이었다. 미국으로 이주한 동유럽 유대인 대부분은 농업 기술이 아니라 진지한 종교 연구라는 오래된 전통을 들고 왔다. 툭하면 종교 경전을 분석하며 일상의 문제에 관한 율법의 지침을 찾았다.

우드바인으로 이주한 유대인은 탈무드식 기술을 닭 사육에 적용했다. 닭을 관찰하고 이렇게 물었다. "닭은 어떻게 살지? Vitut a hun lebn?" 동유럽 이민자들은 닭을 세심하게 관찰하고, 닭이 어떻게 알을 낳는지, 어떻게 하면 알을 낳는 능력을 키울 수 있는지 알아내려고 했다. 이들 유대인은 종교 경전을 연구하는 예시바(교육 기관)를 세우는 데 익숙했으므로 1894년 우드바인 공동체가 허쉬 남작 농업대학교를 세워 닭의 수수께끼에 관한 의문을 공식화하려고 했던 것도 당연했다. 이들은 농부가 된다면, 학문적인 농부가 되려고 했다.

그레고리 핀커스는 1903년 우드바인에서 태어났다. 우드바인에서 자란 유대인의 첫 번째 세대였다. 삼촌 두 명이 허쉬 남작 농업대학교의 농학자였던 덕분에 어린 나이부터 대자연의 생태를 더 낫게 조작하는 게 가능하다는 생각을 접할 수 있었다. 성실하게 열심히 공부한 핀커스는 하버드대학교 생물학과에서 박사 학위를 받고 하버드대학교 일반생리학 조교수가 되었다. 얼마 뒤에는 매사추세츠주 우스터에 있는 클라크대학교의 실험생물학 교수가 되었고, 그곳에서 우스터 실험생물학재단을 세웠다. 핀커스는 이 학술연구기관에서 프로게스테론을 사용해 자신이 '어려운 질문'이라고 일컫던 의문에 관해 연구했다. "난자는 왜 발달하기 시작하는가, 그리고 왜 계속 발달하는가?"

비록 동유럽 유대인을 미국인의 생활 방식에 녹아들게 한다는 드 허쉬의 꿈은 만족시킨 셈이지만, 핀커스는 학계에서 아웃사이더였다. 1910~1940년대는 정원 제한이 있는 시대였다. 편협한 대학교의 할당제 때문에 아이비 리그 대학교에 들어갈 수 있는 유대인의 수는 한정적이었다. 핀커스는 와스프(WASP, 앵글로 색슨계 백인 개신교도-역자)가 대부분이었던 동료들과 생김새도 달랐고 말투도 달랐다. 이국적인 외양은 결국 핀커스가 추문에 휩싸여 경력을 바꾸는 데 기여했다.

클라크대학에서 핀커스는 꼬리가 북슬북슬하고 앞 윗니가 튀어나온 실험용 토끼인 굴토끼의 난자를 연구했다. 그러나 복잡한 수정 과정을 정확하게 통제하기가 어려웠다. 핀커스는 고민했다. 토끼 난자를 토끼의 체내에서—생물학 용어로는 인 비보in vivo라고 한다—수정시키는 대신에 몸 밖에서 수정시킬 수도 있지 않을까? 몇 년 동안 실험한 끝에 핀커스는 페트리 접시 위에서 토끼 난자를 수정시키는 데 성공했다. 이것은 포유류의 난자를 인 비트로in vitro(시험관 내에서) 수정시킨 첫 번째 사례였다.

이 성과로 명성을 얻고 싶은 생각은 없었지만, 곧 언론은 핀커스를 '아버지 없는 토끼'를 만들어낸 현대의 프랑켄슈타인으로 부르기 시작했다. 그런 호칭을 더욱 그럴듯하게 만든 건 핀커스의 외모였다. 헝클어진 머리, 비뚤어진 눈썹, 그리고 짙은 색의 거친 눈은 핀커스를 당시의 영화 〈메트로폴리스〉에서 여성형 로봇을 만든 미치광이 과학자 로트왕을 연상시켰다. 한 기자가 핀커스에게 시험관 안에서 사람을 길러낼 생각이냐고 묻자 악명은 더 높이 치솟았다. 사실 핀커스는 "실험실에서 인간을 창조하려는 건 아닙니다"라고 대답했지만, 신문에는 "실험실에서 인간을 창조하려 하고 있습니다"라는 잘못된 인용이 실렸다.

이후 핀커스는 평생 '핀커스의 창조'라는 불경스러운 (그리고 있지도 않은) 과정에 관한 질문에 시달렸다. 핀커스가 미국인과 겉모습이 다르고 유대인이라는 사실 때문에 핀커스를 둘러싼 비난은 더욱 거세질

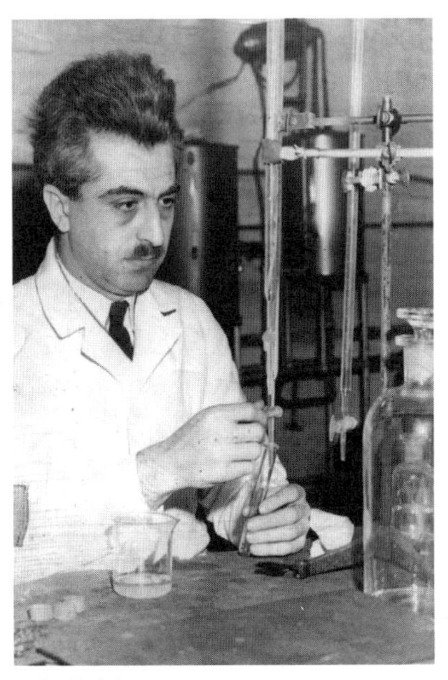
그레고리 핀커스

뿐이었다. 대중의 관심에서 벗어나려고 최선을 다했지만, 이미 받은 피해는 어쩔 수 없었다. 핀커스는 연구비를 지원받기가 어렵게 되었다는 사실을 깨달았다. 연구실을 유지하기 위해 근무 외 시간에 연구소 청소부 일을 하기도 했다. 불명예를 안고 고군분투하던 핀커스는 연구실을 재정적으로 뒷받침하고, '어려운 질문'을 연구하면서 명성을 이어갈 방도를 도무지 찾지 못하고 있었다. 거의 희망이 없어 보이던 무렵 핀커스는 마가렛 생어를 만났다.

생어는 뉴욕에서 노동계급에 속한 아일랜드인 가톨릭교도 가정에서—1879년이므로 상당한 대가족 시대였다—태어났다. 생어는 11명의 자식을 낳고 7번의 유산을 겪은 자신의 어머니가 50세에 세상을 떠난 건 너무 많은 임신으로 쇠약해졌기 때문이라고 생각했다. 어머니의 관 너머에 있는 아버지를 향해 생어는 손가락으로 가리키며 울부짖었다. "이건 아버지 책임이에요! 어머니는 너무 많은 아이를 낳았어요!"

무분별한 임신에 대한 생어의 적개심은 맨해튼의 로어 이스트 사이드에서 간호사로 일하면서 더욱 커졌다. 생어가 돌보았던 가난한 이민자의 삶에 흔히 일어나던 일 중 하나가 아이를 더 감당할 여력이 없는 여성이 필사적으로 찾던 뒷골목의 조악한 싸구려 낙태 시술이었다. 생어는 이런 여성을 돕기 위해 저렴하고, 편리하며, 신뢰할 만한 산아 제한 방법을 갈망했다. 그러나 1842년의 여성용 다이어프램(여성용 피임 기구-역자)과 1869년의 남성용 콘돔 발명 이후로 새로운 방법이 전혀 나오지 않았다. 1914년 생어는 '산아 제한'이라는 용어를 만들고, 연방법을 위반하는 다이어프램 운동에 관한 내용이 담긴 팸플릿을 여성에게 배포했다.

미국에서는 1873년 반외설을 목적으로 하는 콤스톡 법이 생기면서 피임에 관한 정보를 유포하는 행위가 불법이 되었다. 게다가 30개 주에는 피임 기구 배포 금지를 명시한 법이 있었다. 그에 따라 제1차 세계대전 동안 미국 군인은 콘돔을 지급받지 못한 유일한 연합군이었고, 당연하게도, 전쟁에 참가한 모든 국가 중에서 미국이 가장 높은 성병 감염률을 보였다.

콤스톡 법으로 인해 생어는 1915년 다이어프램을 우편으로 보낸 혐의로 기소당했다. 1916년에는 뉴욕에 미국 최초의 산아 제한 상담소를 열었다는 이유로 체포당했다. 그러나 생어는 이에 굴하지 않았다. 1921년 미국 가족계획연맹의 전신인 미국 산아 제한협회를 설립했다. 그 뒤로 30년 동안 생어는 산아 제한에 관한 의식 수준을 높이고 미국 여성에게 피임 기구를 보급하기 위해 있는 힘을 다해 노력했다. 그동안 생어는 한 가지 꿈에 사로잡혀 있었다. 아스피린처럼 먹기만 하면 임신을 조절할 수 있는 약을 꿈꾸었던 것이다.

생어는 과학자가 아니었다. 생식에 관한 호르몬이나 신약 개발과 관련된 과학, 혹은 제약 업계가 어떻게 돌아가는지 전혀 모르고 있었다. 아스피린 같은 피임약이 실제로 얼마나 가능한지—혹은 말도 안 되는 소리인지—짐작도 할 수 없었다. 생어는 경구용 피임약 개발이라는 아이디어를 들고 계속해서 제약회사를 찾아다녔지만, 모두 콤스톡법과 자사 모든 상품에 대한 가톨릭 교단의 불매 운동에 대한 걱정 운운하며 항상 퇴짜를 놓았다. 한 제약회사 경영진은 다 안다는 듯이 생어에게 이렇게 말했다. "임신을 조절하자고 굳이 매일 약을 먹을 여자가 어디 있겠소?"

그토록 피임약을 열망해왔지만, 1951년에 접어들어 이제 70대가 된 생어는 포기한 상태였다. 주요 제약회사를 모두 적어도 한 번씩은 찾아가 설득했지만, 어느 곳도 그런 약에 잠재적인 가치가 있다고 생각하지 않았다. 그리고 생어는 여전히 그런 가상의 약을 만드는 게 과학적으로 가능한지도 모르고 있었다. 시간이 없다고 느낀 생어는 전략을 바꾸기로 했다. 어쩌면 과학자를 설득해 그런 약을 혼자서 만들게 할 수 있을지도 몰랐다. 제약회사와 무관하게.

만약 생어가 1950년대 신약 개발의 현실을 조금이라도 알고 있었다면, 학계에 있는 과학자가 대학교에서 새로운 약을 개발하는 게 얼마나 가망성 없는 일인지 깨달았을 것이다. FDA가 생긴 이후 신약 개발비는 아무리 재정이 탄탄한 대학 연구실이라고 해도 엄두도 못 낼 수준이었다. 자신의 아이디어가 얼마나 비현실적인지 전혀 모른 채 생어는 찾아갈 과학자를 물색했다. 여성 생리학 연구에서 우수한 성과를 낸 적이 있는 사람이어야 했다. 여성이 생식력을 통제할 수 있도록 돕겠다는 무모한 꿈을 좇는 70대 페미니스트 활동가의 제안에 열려 있을 정도로 필사적인 위치에 있는 사람이기도 해야 했다. 그리고 논쟁적이고 아마도 불법이 될 약을 만들겠다는 의지가 있어야 했다. 생어는 마침내 모든 항목을 만족하는 사람을 찾았다. 그레고리 핀커스였다.

핀커스의 과학적 재능을 평가할 능력은 없었지만, 생어는 공개적으로 불명예를 안기며 핀커스를 좌절시킨 바로 그 성과를—인 비트로 수정—보고 핀커스에게 피임약을 만들 수 있는 재능이 있다고 생각했다. 생어는 가족계획연맹의 회장이 주최한 디너파티에 핀커스를 초대했다. 저녁이 끝날 무렵, 생어는 핀커스에게 가족계획연맹의 연구비를 보장하며 동물 생식에 관한 기존 연구를 계속하도록 지원하기로 했다. 하지만 생어는 세계 최초의 경구피임약 개발이라는 진짜 목표 역시 설명했다. 핀커스는 자신 있게 대답했다. 실제로 그런 약을 개발할 수는 있었다. 필요한 건 대량의 연구비뿐이었다.

미국의 사업가 킹 C. 질레트는 일회용 안전면도기를 발명한 것으로 유명하지만, 정확히는 일회용 안전면도기를 만들도록 영감을 준 사람에 가깝다. 질레트는 윌리엄 에머리 니커슨이라는 금속공학자를 설득했고, 실제로는 니커슨이 질레트가 떠올린 생각을 상업화 가능한 현실로 만들 방법을 알아냈다. 당시에는 얇은 사각형 철판의 가장자리를 면도기처럼 날카롭게 만드는 기술이 없었다. 하지만 질레트의 재정 지원을 받은 니커슨은 이 까다로운 공학 문제를 해결했다. 마가렛 생어와 그레고리 핀커스의 관계도 비슷했다. 생어는 경구피임약이라는 꿈을 키웠지만, 어떻게 꿈을 현실로 만들어야 할지 몰랐다. 그래서 그렇게 할 수 있는 사람을 찾았다. 질레트가 니커슨의 연구에 비용을 댔듯이, 생어도 핀커스에게 연구비를 지원할 방법을 찾았다. 그 방법이란 생어가 캐서린 덱스터 맥코믹의 친구였다는 사실이었다.

맥코믹의 삶은 소설 같았다. 맥코믹은 메이플라워호까지 뿌리가 거슬러 올라가는 시카고의 귀족 가문에서 태어났다. 대학교에서는 생물학을 전공했고, MIT를 졸업한 최초의 여성이 되었다. 인터내셔널 하비스터 컴퍼니의 막대한 부를 물려받을 스탠리 맥코믹이라는 활기찬 젊은이와 결혼도 했다. 그러나 곧 맥코믹을 둘러싼 행복이 무너져 내리기 시작했다. 남편은 20대 초반에 조현병을 앓기 시작했고, 얼마 뒤에는 돌이킬 수 없을 정도로 정신이 나가버렸다.

조현병이 유전이라고 생각했던 맥코믹은 절대로 아이를 갖지 않기로 맹세했다. 1900년대 초 캐서린 덱스터 맥코믹은 무한에 가까운 돈과 정신병에 걸린 남편이 있고 자녀는 없는 젊고 영리하며 아름다운 여성이었다. 명민한 정신을 쏟아야 할 대상이 필요했던 터라 당시에 가장 두드러졌던 사회 운동에 관심을 갖기 시작했다. 바로 여성 참정권 운동이었다.

맥코믹은 여성이 투표할 권리를 위한 싸움에 뛰어들어 한 친구가 묘사했던 것처럼 '척탄병과 같은 힘'을 발휘했다. 여성유권자동맹의 부회장이 되었고, 〈여성 저널〉에 재정 지원을 했으며, 여성에게 투표권을 부여하는 19세기 수정안에 대한 추인을 받아냈던 성공적인 운동의 상당수를 조직했다. 여성 참정권론자로 활동하던 1917년 보스턴에서 열린 한 강연에 참석한 맥코믹은 강연을 한 여성의 열정과 확신에 강한 인상을 받았다. 마가렛 생어는 처음 만난 순간부터 맥코믹에게 커다란 영향을 끼쳤다. 그리고 생어가 처음으로 맥코믹에게 아스피린처럼 쉽게 먹을 수 있는 경구피임약이라는 꿈을 이야기하자 이 부유한 상속녀는 그대로 넘어갔다.

캐서린 덱스터 맥코믹

MIT에서 교육받은 생물학자로서 맥코믹은 생화학의 힘을 믿었다. 19세기의 수정안을 성공적으로 추인받고 난 뒤 피임약을 향한 생어의 성전은 맥코믹의 삶에 새로운 의미와 목적을 주입했다. 생어의 피임 운동을 도와 맥코믹은 빈번하게 산아 제한 상담소에서 쓸 다이어프램을 미국으로 밀반입했다. 그러나 엄청나게 부유했음에도 맥코믹은 피임약을 만드는 연구에 자금을 지원할 수 없었다. 남편의 정신병이 나날이 심해지면서 남편의 재산을 둘러싸고 시가 식구들과 소송에 휘말렸던 것이다. 맥코믹은 어쩔 수 없이 자선 행위의 방향을 시가 식구들이 인정한 분야, 이를테면 조현병 연구로 돌려야 했다.

마침내 1947년 남편이 죽자 모든 것이 바뀌었다. 남편의 마음씨 좋은 유언에 따라 맥코믹은 3500만 달러에—오늘날로 치면 3억 5000만 달러다—달하는 남편의 재산에 대한 완전한 권리를 손에 넣었다. 한 친구가 묘사한 대로 맥코믹은 "크로이소스 같은 부자"가 되었다. 72세라는 무르익은 나이에 캐서린 덱스터 맥코믹은 마침내 원하는 일을 할 수 있는 자유를 얻었다. 그건 바로 경구피임약이었다.

처음에 생어는 맥코믹이 세계 여러 연구소에 연구비를 지원해야 한다고 제안했다. 그러나 맥코믹은 그런 분산 투자가 효과가 없을지도 모른다고 걱정했다. 결과가 불확실하게 열려 있는 기초 연구가 아니라 실용적인 약을 만들 수 있도록 목표를 아주 좁힌 접근 방식을 원했다. 어쨌거나 맥코믹은 나이를 먹고 있었고, 생전에 피임약의 탄생을 보고 싶었다.

1953년 6월 8일 생어는 맥코믹과 함께 핀커스가 연구하는 매사추세츠주의 클라크대학교로 여행을 떠났다. 핀커스는 이 두 70대 여성을 데리고 연구 시설을 보여주었다. 연구실이 단출했으므로 견학은 금세 끝났다. 그렇지만 생어의 열정과 핀커스의 확신은 맥코믹을 설득해 냈다. "당신이 마침내 우리 꿈을 실현해줄 사람이라고 생각해요." 맥코믹은 말했다. 그리고 바로 그 자리에서 핀커스에게 4만 달러짜리 수표를 써주었다. 이 상당한(2016년 기준으로 약 35만 달러) 액수는 미국국립과학재단 전체 예산의 1퍼센트가 넘었다. 클라크대학교의 연구실을 유지하려고 발버둥 치던 핀커스는 갑자기 미국 최고 수준의 여러 생물학 연구소보다 많은 연구비를 손에 넣었다.

추문으로 얼룩진 이 유대인 아웃사이더는 이제 두 나이 든 페미니스트와 기묘한 동맹을 형성했다. 한 명은 환상적인 부자요, 한 명은 가난 속에서 자라난 사람으로, 둘 다 핀커스가 효과적인 경구피임약을 개발할 수 있을지 판단할 만한 능력은 없었다. 그럼에도 세 사람은 모두 공통의 유대감을 공유했다. 모두 공개적인 논쟁을 일으켰고, 공개적으로 경멸을 받았다. 싸움으로 단련되어 있으며, 새로운 전쟁을 일으키고 있다는 사실을 인식하고 있는 사람들이었다.

핀커스는 생어에게 먹어서 효과를 낼 수 있는 프로게스테론을 개발하는 게 목표라고 설명했다. 소의 생식력에 관한 츠쇼크케 교수의 논문에 영감을 받은 초창기의 황체 연구 이후로 포유류 암컷에 프로게스테론을 주사하면 배란을 억제할 수 있다는 사실을 모두 알고 있었다. 그러나 프로게스테론은 먹었을 때 효과가 없었다. 몸이 소화기관을 통해 호르몬을 받아들이지 않았다. 이론상으로는 주사약을 경구 투여용으로 바꾸는 게 가능했지만, 동물이 먹어서 흡수하는 것과 사람이 먹어서 흡수하는 건 달랐다. 경구 투여용 프로게스테론이 효과가 있는지 알 수 있는 확실한 방법은 사람에게 실험하는 것이었다.

1960년대 내내 제약회사는 보통 먹을 수 있는 화합물이 이미 있지 않으면 굳이 약을 생산하려고 하지 않았다. 주사약을 경구 투여용으로 바꿔 만드는 데 비용이 아주 많이 들 수 있었기 때문이다. 내가 스큅에서 일할 때 아즈트레오남이라는 항생제의 FDA 승인을 받은 적이 있었다. 그러나 그 화합물은 주사를 통해서만 효과가 있었다. 우리는 먹었을 때도 효과가 있을 법한 알약을 만들었지만, 그 약에 대한 FDA 승인을 받으려면 시간과 비용이 많이 드는 임상시험을 해야 했다. 그렇게 했는데 효과가 없다는 결론이 나올 수도 있었다. 번거롭고 비싼 임상시험을 시작하기 전에 알약에 대한 확신을 더 높일 방법은 없을까? 있었다. 나는 시험을 거치지 않은 아즈트레오남을 직접 삼켰다.

스큅의 용감한 몇몇 동료와 함께 어느 날 아침 우리는 물과 함께 알약을 삼키고, 기다렸다. 그리고 오줌을 받아서 확인했다. 그날 오후, 그 즉석 시험의 결과가 나왔다. 성공! 우리 몸이 경구용으로 만든 항생제를 제대로 흡수했다. 그건 곧 비용을 들일 만한 가치가 있다는 확신을 갖고 임상시험을 시작할 수 있다는 뜻이었다. 그러나 그날 저녁 집에서 기뻐하고 있을 때 나는 갑자기 화장실로 달려가 배를 쥐어짜는 듯한 설사와 싸워야 했다. 어처구니없게도, 그때는 엉터리 시험이 내장 질환을 일으켰을지도 모른다는 생각조차 들지 않았다. 그 약이 성공하기를 너무나 간절히 원했던 탓에 내 잦은 화장실 방문이 아즈트레오남을 먹어서 일어났을 가능성 따위는 생각조차 하지 않았다. 그 대신 나는 점심으로 먹은 달걀 샐러드를 떠올렸다. 그리고 상한 샐러드 때문에 식중독에 걸려서 설사를 하고 있다고 확신했다. 나는 임상시험을 시작하고 다수의 환자가 폭발적인 설사를 경험했다고 보고하기 전까지는 이 사건을 까맣게 잊고 있었다. 두말할 것도 없이, 우리는 경구 투여용 약에 대한 FDA 승인을 받지 못했다.

핀커스는 프로게스테론 화합물을 토끼에게 시험하며 경구용 프로게스테론을 찾기 시작했다. 상업적으로 나와 있는 프로게스테론 화합물은 200가지가 넘었다. 모두 마커의 열화 기법을 이용해서 만든 것이었다. 핀커스는 클라크대학교의 연구실에서 그것을 모두 토끼에게 먹여보았다. 그중 세 가지 화합물이 부작용 없이 안정적으로 임신을 막았다. 그 정도면 충분했다. 이제 핀커스는 세 가지 후보를 인간에게 시험할 수 있었다.

그런데 한 가지 넘어야 할 장애물이 있었다. 커다란 장애물이었다. 연방법에 따르면, 임상 의사만이 인간을 대상으로 한 임상시험을 지휘할 수 있었다. 이렇게 명예롭지 못한—엄밀히 말하면, 주와 연방의 피임 금지법을 모두 위반하는—계획에 어쩔 수 없이 따르게 마련인 감시와 논란을 견딜 의지가 있는 파트너가 필요했다. 핀커스는 세계 최초의 경구피임약을 시험할 의지가 있는 의사를 찾는 것보다 4만 달러짜리 수표를 얻는 게 차라리 더 쉬웠다고 생각했을 게 분명하다.

존 록 박사의 사무실 벽에는 언제나 은으로 만든 예수의 십자가상이 빛을 내며 걸려 있었다. 평생을 가톨릭교도로 살아온 이 남자는 매일 아침 7시마다 브루클린의 성메리 성당, 때로는 무염시태Immaculate Conception 성당에서 미사에 참석했다. 언제나 친절하고 정중했으며, 하버드 의과대학을 찾는 환자를 위해 문을 열어주었고, 반드시 환자에게 '~씨'라는 존칭을 붙였다. 하버드대학교에서 30년 넘게 산과 강의를 해온 록은 환자를 가장 괴롭게 하는 게 원치 않은 임신으로 인한 고통이라고 생각했다.

록이 목격했던 망가진 자궁, 이른 노화, 재정적인 파탄은 모두 어머니가 너무 많은 아이를 낳아서 생긴 일이었다. 비록 사회적으로는 완고한 보수주의자였지만—경력 초기에는 여성을 위한다며 여성의 하버드대학교 입학을 반대했다—록은 서서히 산아 제한에 관해 진보적인 생각을 갖기 시작했다. 피임에 대한 가톨릭교회의 집요한 반대에도 불구하고 록은 산아 제한이 빈곤을 해소하고 반복되는 임신이 야기하는 건강 문제를 없앨 수 있다고 생각했다. 예수 그리스도도 산아 제한을 인정했을 거라고 확신했다.

1940년대에 록은 하버드 의대생에게 피임에 관해 가르치기 시작했다. 당시의 의과대학에서는 듣도 보도 못한 일이었다. 록은 사람들이 그에 관한 논리와 사실을 듣기만 해도 산아 제한을 합리적이고 온정적인 일로 받아들일 거라고 믿었다. 사람들의 태도를 크게 바꿀 생각으로 산아 제한에 관한 책도 출판했다. 사람들의 생각은 바뀌지 않았다. 그러나 그 책은 클라크대학교의 유대인 생물학자의 관심을 끌었다.

토끼를 대상으로 프로게스테론 시험을 끝낸 뒤 핀커스는 한 학회에서 하버드에 다니던 옛 시절에 알고 지냈던 록을 우연히 만났다. 책을 읽고 산아 제한에 관한 록의 진보적인 태도를 알고 있었던 핀커스는 혹시나 록이 자신과 함께 임상시험을 하는 데 관심이 있을까 싶어 경구용 프로게스테론을 피임약으로 활용할 가능성에 관한 이야기를 꺼내보았다. 록이 이미 환자—불임여성—에게 프로게스테론을 시험하고 있다고 알려주자 핀커스는 대단히 놀랐다.

핀커스가 배란을 직접 억제하기 위해 토끼에게 프로게스테론을 주고 있었던 반면, 록은 배란을 간접적으로 자극하기 위해 여성에게 프로게스테론을 주고 있었다. 록의 방법론은 핀커스에게 반직관적으로 다가왔다. 록은 환자에게 몇 달 동안 매일같이 프로게스테론을 주사하며, 약의 배란 억제 효과가 배란 '스트레스'로부터 몸을 쉬게 해준다고 생각했다. 그리고 프로게스테론 주사를 멈추면 푹 쉰 여성의 생식기관이 다시 활발하게 움직여 좀 더 쉽게 임신할 수 있게 된다고 추측했다. 놀랍게도, 록의 직관은 옳았다.

록이 여성 80명에게 매일 프로게스테론 치료를 시행한 이후 그중 13명이 호르몬 치료가 끝나고 4개월 이내에 임신했다. 당시의 생식 연구에서는 놀라운 수치였다. 이 효과는 '록 반동'이라고 불렸다. 그러나 록의 연구에서 핀커스에게 가장 중요했던 사실은 록이 이미 프로게스테론을 인간에게 시험하고 있었다는 점이었다.

그렇지만 록은 68세였다. 의사라면 대부분 편안하고 골치 아플 일이 없는 은퇴 생활에 접어들 만한 나이였다. 핀커스는 록이 경구피임약 임상시험이라는 불명예스럽고 힘든 계획에 참여하기를 주저할지도 모른다고 생각했다. 그러나 다행히도 록은 기꺼이 계획에 참여하기로 동의했다.

핀커스는 록이 임상시험을 감독하는 인물로 최적의 선택이라고 느꼈다. 인 비트로(시험관처럼 제어가 가능한 환경에서 수행되는 실험 과정 – 역자) 수정 연구에 따라다니는 부정적인 여론으로 여전히 괴로워하던 핀커스는 록의 명성과 잘생긴 외모, 철저한 가톨릭 신념이 피임약 연구가 대중에 알려졌을 때 분명히 생길 반발을 피해가는 데 도움이 되기를 바랐다. 한편, 록은—많은 사람이 순진하다고 했겠지만—교황이 프로게스테론 기반의 경구피임약을 승인할 것이라고 확신했다. 어쨌거나 프로게스테론은 이미 생식을 막기 위해 우리 몸에 존재하는 천연 호르몬이었으므로 받아들일 수밖에 없는 형태의 산아 제한이라는 생각이었다. 분명히 교황은 가난한 여성이 임신을 통제할 수 있도록 기독교인이 도와야 한다는 사실을 인정할 터였다.

핀커스의 걱정거리는 부정적인 여론만이 아니었다. 콤스톡 법이 여전히 멀쩡히 살아 있었고, 매사추세츠주의 엄격한 피임금지법도 피임 기구의 배포를 금지하고 있었다. 록과 핀커스는 함께 피임금지법을 우회할 방법을 궁리했다. 록의 기존 연구를 이용해 두 사람은 '피임 연구'가 아닌 '생식 연구'로 경구용 프로게스테론을 시험할 생각이었다. 비록 진정한 목적은 숨겼지만, 분명히 경구피임약의 첫 번째 임상시험이라는 역사적인 연구였다.

1954년 록은 자신의 생식 연구소에서 모두 50명의 여성 지원자를 모집해 핀커스가 토끼 실험으로 성공했던 프로게스테론 세 종류를 투약하기 시작했다.[26] 몇 달에 걸쳐 룩은 이들이 배란하는지 확인했다. 어느 한 명도 경구용 프로게스테론을 먹는 동안에는 배란을 하지 않았다. 동시에, 현대 기준으로는 아주 비윤리적인 행위지만(당시에는 흔한 일이었던), 또 다른 집단에는 동의를 받지 않은 채 프로게스테론 화합물을 투약했다. 우스터 주립정신병원의 여성 12명과 남성 16명이 이 약의 기본적인 안전성을 평가하고 생리학적 부작용을 나타내는지 알아보기 위한 기니피그로 쓰였다. 이 28명의 정신병 환자에게는 다행스럽게도, 부작용은 없었다.

핀커스와 록은 황홀했다. 그러나 아직 한 가지 중요한 문제에 답변해야 했다. 프로게스테론 알약이 신체에 뚜렷한 문제를 일으키지는 않는 것 같기는 했지만, 핀커스와 록은 호르몬이 여성의 생식기관에 손상을 입힐까 봐 초조했다. 정확히 표현하면, 프로게스테론 투약을 중단한 여성은 다시 생식력을 갖출 것인가? 그랬다. 경구피임약은 효과가 있었을 뿐만 아니라 일시적이었다. '그 알약'이 영구적인 불임 효과를 낼지도 모른다는 걱정은 사라졌다.

보스턴에서 시험에 성공한 뒤 록과 핀커스는 진정한 경구피임약을 손에 넣었다고 확신했다. 두 사람은 세 가지 프로게스테론 화합물 중에서 향후 신약으로 개발할 대상으로 노르에티노드렐을 선택했다. 동물 연구 결과 부작용이 있을 가능성이 가장 낮았다. 그러나 노르에티노드렐을 상업용 제품으로 만들기 위해서는 FDA의 승인이 필요했다. 그리고 FDA의 승인을 얻으려면 인간을 대상으로 훨씬 더 광범위한 실험을 해야 했다. 하지만 피임약의 임상시험은 법으로 금지되어 있었고, 종교 교리에도 어긋났다. 핀커스와 록은 어떻게 다른 곳에서 필요한 시험을 할 수 있었을까?

1951년 여름, 법이 닿지 않는 장소를 찾기 위해 핀커스는 푸에르토리코를 방문했다. 완벽했다. 이 미국 자치령은 인구가 조밀했고, 북아메리카에서 가장 가난한 지역이었다. 이런 조건 덕분에 푸에르토리코의 관료들은 산아 제한 기술에 아주 호의적이었다. 당시 많은 미국 회사가 푸에르토리코에 공장을 짓고 있었고, 여성은 벌이가 괜찮은 직장을 얻을 수 있었다. 임신만 조절할 수 있다면. 게다가 섬 전체에 흩어져 있는 67개의 병원은 이미 여성들에게 약을 쓰지 않는 피임 방법을 공유하고 있었다.

1956년 4월, 핀커스와 록은 리오 피에드라스라는 마을에 있는 병원에서 첫 번째 시험을 시작했다. 임신을 막을 수 있는 약을 제공하고 있다는 소문이 퍼지자 여성 지원자가 몰려들어 정원이 가득 찼다. 이에 고무된 핀커스와 록은 재빨리 다른 병원으로도 시험을 확대했다. 1년간의 시험이 끝난 뒤 결과가 나왔다. 핀커스와 록은 기뻐했다. '그 알약'은 적절히 먹기만 하면 100퍼센트 효과가 있었다.

그렇지만 이 놀라운 발견에는 큰 단점이 있었다. 연구에 참여한 여성의 17퍼센트가 욕지기, 현기증, 두통, 위장 통증, 구토를 겪었다고 불평했다. 사실 푸에르토리코 임상시험 책임자는 핀커스에게 프로게스테론 10밀리그램이 "일반적으로 받아들이기에는 너무 많은 부작용"을 일으켰다고 알렸다. 록과 핀커스는 이 경고를 무시했다. 성공에 아주 가까워졌다고 믿고 있는 신약 사냥꾼이 안타까울 정도로 흔히 보이는 태도로 이 두 사람은 여성들의 불평이 심리적인 것일 수 있다고 생각했다. 무엇보다 보스턴의 환자들은—록이 직접 조사했다—부정적인 반응을 훨씬 더 적게 경험했다. 두 남성 신약 사냥꾼은 자신들이 만든 새 의약품의 놀라운 장점과 비교해서 구역질과 여성의 복부 팽만을 사소한 불편함으로 취급했다.

이 불명예스러운 생물학자와 상아탑의 이상주의자는 산업계나 학계의 뒷받침 없이 연구했고, 임상시험을 미국 영토 앞바다에서 하는 방식으로 연방법과 주법을 피했으며, 해로운 부작용이 있다는 기분 좋지 않은 징후를 의도적으로 무시했지만, 저렴하고 신뢰할 만한 경구피임약을 만드는 게 가능하다는 사실을 입증했다. 이제 남은 건 안전하지 않을 수도 있는 약을 산업 규모로 생산해서 필요한 여성들에게 보급하는 방법뿐이었다. 물론 약을 산업 규모로 제조해서 팔 수 있는 능력을 갖춘 조직은 하나밖에 없었다. 대형 제약회사였다.

1950년대 초에 핀커스가 경구피임약 연구비 지원을 받고자 제약회사 G. D. 시얼을 처음 찾아갔을 때 시얼의 대답은 확고한 '아니오'였다. 당시에는 많은 제약회사가 항생제, 항정신병제, 그리고 당질코르티코이드—히드로코르티손처럼 최근에 발견된 계열로, 놀라운 항염증 성질이 있다—같은 몇 가지 새로운 기적의 약으로 이익을 그러모으고 있었다. 당질코르티코이드는 옻에서부터 자가면역 질환에 이르기까지 모든 질병을 치료하는 데 쓰였으므로 날개 돋친 듯이 팔리고 있었다. 수익이 막대한 당질코르티코이드 사업을 쌓아 올렸던 터라 가톨릭이 다른 약에 대한 불매운동을 벌일 수도 있는 논란의 여지가 있는 약을 만든다는 건 말도 안 되는 소리였다. 시얼의 경영진은 그런 불매운동으로 직원 4분의 1과 병원 대상 사업의 상당 부분을 잃을 수 있다고 생각했다.

게다가 법과 종교로 인한 위험성을 떠나서 시얼의 경영진은 경구피임약 시장이 별로 크지 않을 것으로 생각했다. 전원 남성이었던 경영진 사이에서는 건강한 여성이 병을 치료하거나 예방하지 않는 약을—그것도 매일같이 먹어야 하는 약을—굳이 먹지는 않을 것이라는 생각이 지배적이었다. 그러나 핀커스와 록이 은밀한 임상시험 결과를 들고 푸에르토리코에서 돌아오자 시얼은 오랫동안 견지해왔던 태도를 완전히 바꾸었다.

핀커스와 록은 자신들이 어렵게 얻어낸 결과가 설득에 큰 역할을 했다고 생각했지만, 사실 시얼은 핀커스와 록이 모르는 새로운 상황의 영향을 은밀하게 받고 있었다. 이미 다양한 부인과 질환에 프로게스테론 치료제를 처방한 적이 있었던 것이다. 시얼의 경영진에게는 놀랍게도, 이 여성들 중 상당수가 알아서 피임을 목적으로 이 약을 사용하기 시작했다. 회사에서 권장하지 않았던 용도였고, FDA의 승인도 결코 받지 않았다. 따라서 핀커스와 록이 FDA에 제출할 만한 임상시험 데이터를 가지고 문에 들어섰을 때 시얼은 이미 경구피임약 시장의 가능성에 마음을 연 상태였다.

시얼은 최초의 상업용 경구피임약 생산을 향해 전진한다는 역사적인 결정을 내렸다. 다행히 푸에르토리코 임상시험에서 나타난 골치 아픈 부작용을 간과하지 않고 아주 심각하게 받아들였다. 시얼의 연구진은 록과 핀커스의 합성 프로게스테론 화학식을 조정해서 자궁 출혈을 비롯한 해로운 증상을 줄였다. 그 결과는 아스피린과 크기나 무게가 별로 다르지 않은 작고 하얀 알약이었다. 생어는 황홀했다. 평생 페미니스트로 살아오면서 꾸었던 불가능한 꿈이 결국 현실이 되었다.

시얼은 이 알약에 에노비드라는 상표명을 붙였다. FDA는 1961년 2월 에노비드를 피임약으로 승인했고, 5개월 뒤 시얼은 일반 대중을 상대로 마케팅을 시작했다. 그레고리 핀커스가 캐서린 맥코믹에게 첫 번째 수표를 받은 지 7년, 러셀 마커가 멕시코의 도자기 공방에 프로게스테론 개인연구소를 차린 지 14년 만의 일이었다. 85세가 된 캐서린 덱스터 맥코믹은 약국으로 가서 처방전에 따라 피임약을 구입하는 미국 최초의 여성이 되었으며 이 일을 기념했다.

에노비드 출시 이후 2년 만에 120만 명의 미국 여성이 '그 알약'을 복용했다. 1965년에 이 수치는 500만으로 올라갔다. 어떤 회사도 손대려 하지 않았던 약이 당질코르티코이드의 매출을 훌쩍 뛰어넘으며 10년 넘게 시얼의 베스트셀러가 되었다. 1960년대 말에 이르자 대형 제약회사 7곳이 경구피임약을 생산했고, 세계적으로 1200만 명이 넘는 여성이 '그 알약'을 복용했다. 오늘날에는 매년 1억 5000만 건이 넘는 '그 알약' 처방이 이루어진다.

사회의 근본 구조를 이렇게 빠르고 극적으로 바꾸어놓은 의학적

'바로 그 알약'으로 불린 경구피임약

발명은 역사에 그렇게 많지 않다. 록과 생어 모두 원래 이 알약을 과도한 임신으로 몸이 쇠약해지는 것을 방지하기 위한 공중보건의 수단으로 보았고, 부차적으로는 아이를 더 키울 여력이 없는 빈곤한 여성의 재정 안정성을 개선하는 방법으로 생각했다. 이들의 앞에는 '그 알약' 때문에 여성들이 사회 파괴적인 문란한 성생활에 빠져들 것이라고 주장하는 보수주의자들이 줄을 섰다. 그러나 현실은 그 누가 상상한 것과도 많이 달랐다.

글로리아 스타이넘은 이렇게 단언했다. "전에 누군가 말하기를 성대가 있는 사람이 모두 오페라 가수가 되지는 않는다고 했다. 그리고 자궁이 있는 사람이 모두 어머니가 되어야 할 필요는 없다. 그 알약이 나왔을 때 우리는 스스로 다시 태어날 수 있었다." 이제 여성은 각자 자신만의 시간표에 맞춰 의사나 변호사, 사업가 경력을 추구할 수 있었다. 가정의 평균 규모는 급격히 줄어들었다. 그리고 곧 가정의 규모는 가계 수입에 반비례하게 되었다. 교육을 잘 받은 부유한 계급이 산아 제한을 완전히 수용했다는 명확한 지표였다.

'그 알약'은 여성이 파트너에 의존하지 않고도, 그리고 성행위 자체와도 무관한 방식으로 생식을 조절할 수 있게 해주었다. '그 알약'이 이런 방식으로 쓰이도록 의도한 첫 번째 피임 도구는 아니었다. 6세기에 아미다의 아에티오스가 쓴 의학서는 임신을 피하기 위해 고양이의 고환을 관에 넣어서 허리에 두르라고 권했다. '그 알약'은 실제로 효과가 있는 첫 번째 방법이었다.

여성 문제에 흥미가 있는 캘리포니아주립대학교의 역사학 교수 린루시아노는 '그 알약'이 성에 대한 사회의 기본적인 인식을 바꾸어놓았다고 지적했다. "1970년 이전의 심리학 학술지를 보면 불감증이 여성의 주요 문제로 목록에 올라가 있다. 오늘날 불감증은 사실상 연구 문헌에서 사라졌다. 그 자리를 예전에는 한 번도 문제라고 여기지 않았던 발기불능과 조루가 대체했다."

그러나 모든 게 바뀌지는 않았다. 영원한 이상주의자였던 존 록은 언제나 경구피임약이 가톨릭 신념과 어긋나지 않는다는 생각을 유지했다. 하지만 교황은 생각이 달랐다. 그리고 가톨릭교회의 정식 가르침을 재확인하기 위해 1968년에 교황 바오로 6세가 쓴 정책 성명서, '인간 생명'이라는 제목의 회칙에서 '그 약'을 확실히 금지했다. 그러나 혁명적인 약에 대한 교회의 반대에 부딪혔을 때 록은 경구피임약에 관여하기를 그만두는 대신, 자신이 가톨릭교도이기 이전에 이상주의자라는 사실을 깨달았다. 평생 매일 미사에 빠지지 않던 사람이었지만, 교회에도 발길을 끊었다. 교황의 금지에도 불구하고 전 세계의 가톨릭교도 여성 수백만 명도 자신의 양심에 따라 그 작고 하얀 알약을 먹는 죄를 저지르는 것을 선택했다.

'그 알약'은 대형 제약회사의 연구실이나 영업팀 회의에서 태어나지 않았다. 먼저 소가 더 빨리 임신할 수 있게 되기를 바라던 스위스의 낙농업자들이 특이한 해부학적 발견을 해냈다. 그리고 한 수의학 교수가 그 발견을 출판해 배란 억제 약으로 쓸 수 있는 프로게스테론을 찾아냈다. 한 기이한 외톨이 화학자는 단순히 그게 흥미로운 문제라는 이유로 프로게스테론을 만드는 방법을 개발했다. 70대 페미니스트 두 명은 불명예를 안은 생물학자를 골라 경구피임약을 만든다는 꿈을 실현했다. 독실하고 대책 없는 이상주의자인 가톨릭교도 부인과 의사는 경구피임약의 첫 임상시험을 하는 데 동의했다. 이 생물학자와 부인과 의사 두 사람은 함께 연방과 주의 법을—그리고 의학 윤리를—피해 푸에르토리코에서 임상시험을 벌였고, 부작용이 있다는 명확한 징후를 무시했다. 이들은 가톨릭의 불매운동을 두려워하다가 뜻하지 않게 여성들이 알아서 자사의 약을 인가받지 않은 피임 목적으로 쓰고 있다는 사실을 알아챈 회사를 설득해 그 약을 생산하게 하는 데 성공했다.

간단히 말하면, 이건 새로운 의약품을 개발하는 일이 그렇게나 힘든 이유다. 이 과정을 재현한다고 상상해보라. "피임약을 개발했던 것과 똑같은 방식으로 대머리 치료제를 개발할 수 있을까?" 성공적인 신약 사냥꾼이 되려면 재능과 활력, 끈질김, 행운이 필요하다. 그러고도 충분하지 않을 수 있다. 그리고 우리는 이 과정에서 보여준 대형 제약회사의 절망적이고 도움이 안 되는 역할을 간과해선 안 된다. 핀커스와 생어가 '그 약'을 개발하는 데 도움을 청하기 위해 찾아갔을 때 모든 제약회사가 거절했다. 과거에 적대적이었던 한 제약회사는 독자적인 신약 사냥꾼팀이 피땀을 흘려가며 전적으로 알아서 FDA 승인을 받을 만한 임상시험을 해낸 뒤에야 뛰어들었다.

현재의 신약 개발 과정은 철저하게 불공정하고 완벽하게 비합리적이다. 그럼에도 수억 명에 달하는 여성의 삶을 큰 폭으로 개선해냈다. 이것이 바로 신약 사냥의 진정한 본성이다.

12장

수수께끼의 치료제

순전한 행운으로 찾은 약

"나쁜 생각은 열이나 폐병보다도 더
신체를 갉아먹을 수 있다."

_기 드 모파상, 《오를라와 다른 환상적인 이야기들*Le Horla et autres Contes fantastiques*》

신약 사냥에서 가장 기초적인 진실 하나는 상당수의 중요한 약은 그 약이 실제로 어떻게 작용하는지 전혀 모르는 상태에서 발견되었다는 불편한 사실이다. 신약이 우리 몸에 정확히 어떻게 작용하는지 연구자들이 알아내는 데 수십 년이 걸릴 때도 있다. 여러 세대에 걸쳐 연구한 뒤에도, 특정 약이 어떻게 작용하는지 완전히 이해하지 못하는 경우도 많다. 예를 들어, 2016년 현재 기체로 된 수술용 마취제(할로테인 같은), 모다피닐(기면증약), 리루졸(근위축성측삭경화증약)은 여전히 약학계의 수수께끼다. 의사 입장에서는 원리를 모른다는 게 어딘가 불안하겠지만, 신약 사냥꾼으로서는 해방감이 느껴지는 일이다.

정신을 바짝 차리고 있는 사람이라면 누구라도 잠재적으로 유용한 화합물을 찾아 약으로 만들 가망성이 있다. 생물학적인 원리는 거의 몰라도 된다. 물론 식물의 시대에는 신약 사냥꾼이 약의 작용 원리를 전혀 몰랐다. 신약 발견은 100퍼센트 시행착오의 결과였다. 20세기 초에 에를리히가 수용체 이론을 제안하기 전까지 약의 작용에 관한 이론은 엉뚱한 것(약이 세포의 모양을 바꾼다는 주장처럼)부터 어처구니없는 것(어떤 질병을 낫게 하는 약은 병에 걸린 장기와 모양이 비슷하게 생긴 식물에서 나온다는 확신처럼)까지 다양했다. 그렇지만 때로는 극도로 무지한 신념도 중요한 발견의 촉매 역할을 할 수 있다. 단순히 동기만—어떤 동기든—있으면 신약 사냥꾼은 거친 탐구의 길을 따라갈 수 있다. 사실 약의 치료 효과에 관한 최초의 과학 실험은 잘못된 가정의 결과였다.

괴혈병은 고대부터 알려진 끔찍한 병이다. 기원전 5세기의 히포크라테스는 피 흘리는 잇몸과 전신 출혈, 죽음으로 이어지는 증상을 알고 있었다. 그러나 고대에는 괴혈병이 꽤 드물었다. 바다 항해가 길게 이어지는 경우가 드물었기 때문이다. 그러나 15세기 초 유럽인이 머나먼 대륙으로 모험을 떠나며 길어진 항해에 시달리기 시작하자 괴혈병이 폭발적으로 늘어났다. 오랜 바다 항해 도중 활기차고 건강한 선원들이 갑자기 쓰러졌다.

몇몇 역사가는 18세기에 영국 함대에서 괴혈병으로 죽은 사람이 프랑스와 스페인의 무기에 죽은 사람보다 많다고 말한다. 지구를 한 바퀴 돌겠다는 시도를 했다가 실패한 조지 앤슨 제독의 목사였던 리처드 월터는 그 항해에 관한 공식 기록을 남겼다. 앤슨은 1740년 9월 18일에 전함 6척과 병사 1854명과 함께 영국에서 출발했다. 4년 뒤 원정대가 고향으로 돌아왔을 때 살아남은 사람은 고작 188명뿐이었다. 월

터가 기록에 남겼듯이, 대부분은 괴혈병으로 죽었다. 월터는 궤양과 호흡 곤란, 뻣뻣한 팔다리, 잉크처럼 검은 피부, 치아 유실, 그리고—아마도 가장 불안하게 만드는—환자의 입 냄새를 지독하게 만드는 잇몸의 부패 등을 기록했다.

또 괴혈병은 감각을 억제하지 못하게 막는 식으로 신경계에 영향을 끼쳐 환자가 맛과 냄새, 소리에 극도로 민감해지게 만드는 듯하다. 바닷가에서 풍겨오는 꽃 냄새가 환자를 고통으로 신음하게 만들 수 있고, 총 소리는 병이 한참 진행된 사람을 죽일 수도 있다. 게다가 종종 환자는 감정을 주체할 수 없어 조금만 실망스러워도 큰 소리로 울거나 고향을 그리워하며 슬퍼한다.

18세기에는 무엇이 괴혈병을 일으키는지 아무도 몰랐다. 따라서 누구도 어떻게 예방하거나 치료해야 할지 몰랐다. 의료 기관에서 생각해낼 수 있었던 건 괴혈병이 부패하는 질병이니 황산 같은 산으로 치료하는 게 가장 낫다는 게 고작이었다. 그러면 부패 과정을 늦출 수 있다고 생각했다. 산을 이용한 치료법이 쓸모가 있었는지는 분명하지 않다. 그러나 마침내 스코틀랜드의 한 의사가 산 이론을 시험해보기로 했다.

제임스 린드는 1747년 채널 함대에 속한 HMS솔즈베리호의 선내 의사로 임명받았다. 항해에 나선 지 두 달 뒤 선원들이 괴혈병으로 쓰러지기 시작했다. 린드는 이 기회를 맞아 실험을 시작했다. 합리적이고 단순한 접근법이었다. 린드는 괴혈병 환자에게 다양한 산을 적용한 뒤 결과를 평가했다. 린드는 환자 12명을 두 명씩 여섯 집단으로 나누

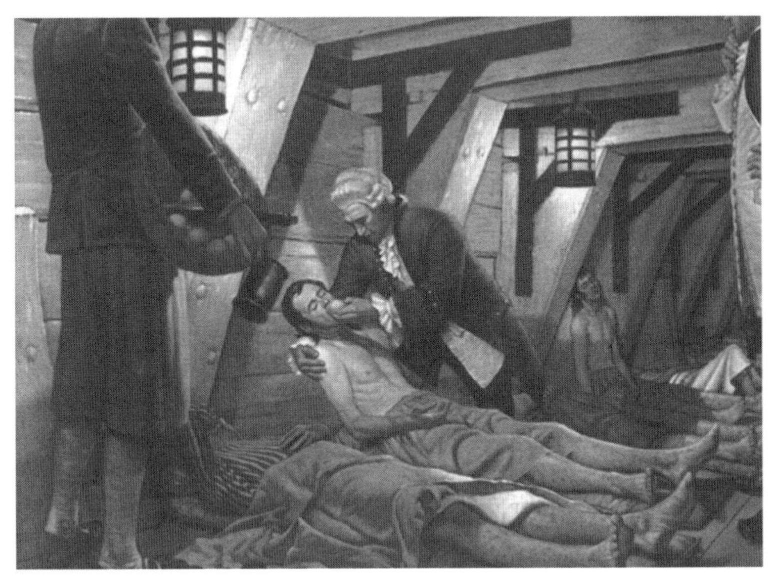
괴혈병에 걸린 선원을 치료하는 제임스 린드

었다. 현대의 기준으로는 매우 작은 표본이었다. 환자 전원은 똑같은 식단을 받았지만, 각 집단은 다른 종류의 산을 처방받았다. 첫 번째 집단은 (약한 산성인) 사과즙 1쿼트(약 1.1리터 – 역자)를 받았고, 두 번째 집단은 황산으로 만든 약(당시에는 가장 높게 평가했다) 25방울, 세 번째 그룹은 (약한 산성인) 식초 6숟갈, 네 번째 그룹은 감귤류 과일이 산성이라는 이유로 오렌지 2개와 레몬 1개, 다섯 번째 그룹은 향신료(향신료는 산과 비슷한 효과를 낸다는 이유로 괴혈병의 흔한 치료제였다)를 넣은 죽과 보리차를 받았다. 한편, 여섯 번째 집단은 바닷물 반 파인트(약 280밀리리터)를 받았다. 이 플라시보 요법으로 마지막 집단은 사상 최초의 임상시험 대조군이 되었다.

6일 뒤 과일이 떨어지자 린드는 4번 집단에 대한 실험을 중단해야 했다. 그러나 놀랍게도 감귤류를 처방받은 선원 중 한 명은 이미 근무해도 괜찮을 만큼 좋아졌고, 다른 한 명은 거의 완전히 회복한 뒤였다. 다른 집단은 전혀 회복의 기미가 안 보였다. 다만 사과즙을 받은 집단만 증상이 조금 나아졌다. 오늘날 우리가 보기에 이 결과에 대한 해석은 뻔하다. 우리는 괴혈병이 콜라겐 합성에 필요한 화합물인 비타민C 결핍으로 생기는 병이라는 사실을 알고 있다. 콜라겐은 혈관을 포함한 우리 몸의 결합 조직이 튼튼하고 치밀하고 탄력 있게 해준다. 콜라겐이 충분하지 못하면 결합 조직이 망가져 피가 나거나 상처가 다시 벌어지는 등의 괴혈병 증상이 일어난다. 감귤류 과일에는 비타민C가 많이 들어 있다. 사과즙에도 비타민C가 조금 들어 있다. 린드가 적용한 다른 치료법에는 비타민C가 전혀 없었다. 항해가 길어지면 과일과 채소를 보관할 수 없었기 때문에 18세기 선원들은 보존 처리한 고기와 말린 곡물, 비타민C가 부족한 식품에 의존해 살았다.

제임스 린드

비타민C 자체는 린드의 선구적인 실험으로부터 거의 2세기 뒤인 1930년대에야 발견되었다. 따라서 린드가 1753년 '괴혈병에 관한 논문'을 출판하며 산에 대한 평가를 공유했을 때는 거의 관심을 받지 못했다. 비록 감귤류 과일과 사과즙이 괴혈병에 효과적인 치료법이라는 사실을 보였음에도 린드는 그 이유를 알지 못했다. 그리고 이유도 모르면서 의사들은 대부분 익숙한(하지만 쓸모없는) 산 치료법을 고수했다. 그러나 시간이 지나자 많은 장교와 의사가 린드가 옳았으며, 감귤류 과일이 괴혈병에 효과적인 해답이라는 사실을 깨달았다. 점점 더 많은 배에서 긴 항해에 나서는 선원들에게 감귤류 과일과 즙을 제공하기 시작했고, 잇몸이 썩는 병의 발생은 극적으로 줄어들었다. 마침내 린드의 연구 이후 40년 만인 1795년, 영국 해군은 공식적으로 레몬과 라임을 표준 해상보급품으로 도입했다. 거의 10년 뒤, 영국 해군은 전 세계에 있는 소속 전함에 적절한 감귤류 과일을 제공할 수 있는 보급망을 갖추었다. (레몬과 달리) 영국령 서인도 제도에 풍부하게 있었던 라임이 가장 널리 쓰였다. 그래서 미국에서는 영국 선원을 '라이미'라는 별명으로 불렀다.

괴혈병을 막는 감귤류 과일의 활성 성분을 확인하는 게 그토록 어려웠던 이유 한 가지는 과학자들이 동물에게 괴혈병을 일으킬 수 없었다는 점 때문이다. 결국, 의학계는 괴혈병이 호모 사피엔스만 걸리는 병이라고 생각하게 되었다. 동물로 괴혈병 실험을 할 수 없었기 때문에 감귤류 과일의 여러 성분이 어떤 효과를 내는지 확인하기 위해서는 괴혈병에 걸린 사람을 이용해야 했다. 하지만 의학 실험을 위해 끔찍하고 고통스러운 병을 견뎌낼 자원자가 어디 있겠는가? 하물며 제대로 된 약으로 치료받을 수 있다는 보장이 없는 상황에서? 그 결과 감귤류 과일의 작용을 이해하는 일은 진척이 거의 없었다. 그러던 1907년 노르웨이의 두 과학자에게 행운이 찾아왔다.

액슬 홀스트와 테오도르 프로리히는 동물에게 각기병을 일으키려 연구 중이었다. 오늘날에는 비타민B1 결핍으로 일어난다는 사실을 알고 있는 병이다. 이들은 기니피그에게 곡물과 밀가루에 한정된 먹이를 주어 각기병을 일으키려 했다. 그런데 놀랍게도, 기니피그는 각기병 대신 괴혈병을 일으켰다. 순전한 행운이 여러 번 겹쳐서 생긴 일이었다. 사실상 모든 포유류는 체내에서 비타민C를 합성할 수 있어서 굳이 먹어야 할 필요가 없었기 때문이다. 홀스트와 프로리히는 뜻하지 않게 인간 외에 체내에서 비타민C를 만들지 못하는 몇 안 되는 종의 하나를 발견했다. 두 과학자는 자신들이 괴혈병의 동물 모델을 찾아냈다는 사실을 깨달았다. 몇몇 연구팀이 감귤류 과일에서 괴혈병을 막는 활성 성분을 확인하기 위해 나섰다. 그리고 1931년 과학자들은 마침내 결정적인 화학물로 L-헥수론산을 찾아냈다. 이 성분은 나중에 이름이 아스코르빈산ascorbic acid으로 바뀌었다. a-('없다'는 뜻)와 -scorbutus('괴혈병'이라는 뜻)에서 나온 이름이었다. 그로부터 25년 뒤 과학자들은 아스코르빈산의 역할이 콜라겐 합성이라는 사실을 확인했다. 그리하여, 제임스 린드가 효과적인 괴혈병 약을 찾아낸 뒤로 200년이 넘게 걸린 끝에 마침내 의학계가 그 약의 작용 원리를 밝혀낸 것이다.

아마도 오늘날 가장 폭넓게 그리고 가장 자주 처방된 계열의 '수수께끼' 약은 항정신성의약품—정신병을 치료하기 위한 의약품—일 것이다. 1950년대가 지나갈 때까지도 조현병이나 우울증, 양극성 장애에 대한 치료제가 없었을 뿐만 아니라 정신의학계에서는 대부분 정신 질환을 치료할 수 있는 약이 절대 없다고 생각했다.[27] 정신병이 주로 해소되지 않은 어린 시절의 경험 때문에 생긴다는 믿음이 널리 퍼져 있었기 때문이다. 이는 정신병에 관한 이론—정신분석학이라고 불린다—으로 20세기 초의 미국을 휩쓴 지그문트 프로이트의 핵심적인 신념이었다. (얄궂게도 프로이트주의는 미국에서 인기를 끌었던 것과 똑같은 이유로 유럽에서는 거의 완전히 밀려났다. 초기 정신분석학자의 대다수는 프로이트처럼 유대인이었고, 히틀러 치세의 독일에서 나치가 권력을 잡자 이런 유대인 정신분석학자들은 유럽을 떠나 안전한 미국으로 건너왔다. 그에 따라 정신분석학 세계의 수도는 오스트리아 빈에서 뉴욕으로 옮겨왔다. 이것은 마치 가톨릭 교황청이 바티칸에서 맨해튼으로 옮겨온 것과 같다.)

1940년이 되자 정신분석학자들은 미국 정신의학계에서 권력이 있는 주요 자리를 차지하며, 대학교 정신의학과와 병원을 통제해 미국 정신의학협회의 적대적 장악을 완료했다. 게다가 정신분석학자들이 주도하여 미국 정신의학의 기본 성격을 근본적으로 바꾸어놓았다. 프로이트주의자들이 나치 치하의 유럽을 떠나기 전에 미국 정신의학계는 거의 전적으로 '고립주의자', 인구 조밀 지역

지그문트 프로이트

으로부터 멀리 떨어진 정신병원에서 심각한 정신병 환자를 돌보는 정신과 의사들로 이루어져 있었다. 정신병 요양소가 건강한 사회에서 떨어져 있다는 점 때문에 '고립주의자'라는 별명이 생겼다. 그러나 프로이트주의자들은 누구나 "정신적으로 조금씩 아프다"라면서 정신분석학자의 편안한 사무실에서 느긋하게 상담을 받으면 나을 수 있다고 주장하며 정신의학을 미국의 주류 사회 안으로 가져왔다. 즉, 프로이트주의자들은 정신의학을 멀리 떨어진 고립된 병원에서 시내의 사무실과 교외의 가정집에 있는 소파 위로 가져왔다.

정신분석학자들은 환자가 오로지 '상담 치료'만을—꿈이나 자유연상, 솔직한 고백을 통해 어린 시절의 경험을 탐구하며—통해서 나을 수 있다고 생각했기 때문에 어떤 화학물질도 정신병으로 괴로워하는 사람에게 긍정적인 변화를 일으킬 수 없다고 확신했다. 그 결과 정신병을 위한 약을 찾는 신약 사냥꾼에게는 어떤 지원도 없었다. 1950년대를 거치는 동안 어떤 제약회사도 항정신병제를 찾으려는 계획을 세우지 않았고, 어떤 대학교 연구실에서도 항정신병제를 찾지 않았다. 아주 드물게 일부 주류 병원에서만 약이 정신병 환자의 상태를 개선할 수 있을지도 모른다는 증거를 찾고 있었다. 언젠가 약을 이용한 치료법이 나올지도 모른다는 기대를 품은 채 외딴 정신병 요양소에서 심각한 조현병 환자나 자살 충동에 사로잡힌 환자를 돌보는 몇몇 비프로이트주의 고립주의자가 아직 남아 있었지만, 의학계 전체가 정신병을 위한 살바르산이나 인슐린 따위는 없다는 생각을 받아들이고 있었다. 이렇게 절망스러울 정도로 약에 부정적인 환경에서 항정신병제를 개발할 수 있는 유일한 진짜 희망은 잘못된 가설과 순전한 행운뿐이었다. 그러나 잘못된 가설과 순전한 행운은 언제나 성공적인 신약 사냥의 핵심 열쇠였다.

앙리 라보리는 정신과 의사가 아니었고, 정신의학에 관해서도 아는 게 거의 없었다. 제2차 세계대전 때 프랑스의 지중해 함대에서 근무한 외과 의사였다. 전쟁 기간 동안 라보리는 수술에 도움이 되는 새로운 약을 찾는 일에 흥미가 생겼다. 환자의 인공 동면을 유도하면 수술 뒤의 쇼크로 인한 위험을 줄일 수 있다는 게 라보리의 가설이었다. 이어서 라보리는 환자의 체온을 낮추는 약이 있으면 인공 동면을 유도하는 데 도움이 될 수 있다고 추측했다.

튀니지의 프랑스 군 병원에서 일하던 라보리는 한 동료로부터 체온을 낮출 수 있다고 하는 새로운 종류의 항히스타민 물질을 얻었다. 클로르프로마진이라는 화합물이었다. 라보리는 수술 후 쇼크를 완화해주기를 바라며 자신의 수술 환자들에게 클로르프로마진을 시험했다. 그런데 미처 마취제를 투여하기도 전에 환자의 태도가 정신적으로 놀라운 변화를 일으킨다는 사실을 알아챘다. 클로르프로마진이 환자를 곧 있는 큰 수술에 무감각하게 만들었다. 이런 무감각은 수술이 끝난 뒤에도 이어졌다. 라보리는 이 발견에 대해 이렇게 기록했다. "나는 군 정신과 의사에게 내가 지중해 사람답게 긴장하고 불안해하는 환자를 수술하는 모습을 지켜봐달라고 부탁했다. 수술이 끝난 뒤, 그 정신과 의사는 환자가 놀라울 정도로 차분하고 편안해졌다는 데 동의했다."

알고 보니, 클로르프로마진은 전혀 인공 동면을 유도하지 않았다.

사실 체온에는 거의 영향을 끼치지 않았다. 그러나 라보리는 그 약의 예상치 못했던 심리적 효과에 인상을 받았다. 그리고 그 화합물을 정신적 문제를 누그러뜨리는 데 활용할 수 있을지 궁금했다. 1951년 프랑스로 돌아간 라보리는 한 건강한 정신과 의사를 설득해 클로르프로마진을 정맥으로 투여한 뒤 그 약의 효과를 주관적으로 묘사하게 했다. 기니피그가 된 정신과 의사는 처음에 "무감각한 느낌 말고는 특별히 언급할 만한 효과가 없다"라고 보고했다. 그러더니 돌연히 정신을 잃었다. (클로르프로마진에는 혈압을 떨어뜨리는 혈압강하 효과도 있다) 그 뒤로 그 병원의 정신과 과장이 클로르프로마진 실험을 금지했다.

라보리는 낙담하지 않고 다른 병원의 정신과 의사를 설득해 그 약을 정신병 환자에게 적용해보려고 했다. 의사들은 거절했다. 정신과 의사 대부분이 조현병을 통제하는(치료가 아니라) 유일한 방법이 강력한 진정제밖에 없다고—그리고 클로르프로마진은 진정제가 아니었다—생각했다는 점을 고려하면 놀랍지 않은 일이었다. 그러나 라보리는 포기하지 않았다. 마침내 한 정신과 의사를 설득해 자신의 '무감각' 약을 시험해보게 했다.

1952년 1월 19일, 그 정신과 의사는 클로르프로마진을 자크 L.이라는 이름의 대단히 폭력적이고 흥분 상태에 있는 24세의 정신병 환자의 정맥에 주사했다. 자크는 금세 진정했으며, 몇 시간 동안 차분한 상태를 유지했다. 그리고 기적이 일어났다. 3주 동안 매일 약을 투여받은 뒤 자크는 평범한 활동을 해낼 수 있을 정도가 되었다. 심지어 집중해서 브리지 게임을 끝까지 할 수도 있었다. 이전에는 상상도 할 수 없는 일이었다. 자크는 회복이 잘 되어서 의사들은 놀라워하며 퇴원시켰다. 이들은 의학의 역사에서 들어본 적이 없는 현상을 목격했다. 약이 정신병 증상을 거의 완전히 없애 통제할 수 없을 정도로 폭력적이었던 환자가 공동체로 돌아갈 수 있게 된 것이다.

클로르프로마진은 1952년 프랑스 제약회사 론풀랑에 의해 라각틸이라는 상표명으로 시장에 등장했다. 다음 해에는 스미스, 클라인, 앤 프렌치에 의해 소라진이라는 상표명으로 미국에서 출시되었다. 그리고 완전히 망했다. 아무도 처방하지 않았기 때문이다. 정신과 의사 대부분은 이론상으로라도 약으로 정신병 증상을 치료하는 게 가능하다고 생각하지 않았다. 미국의 정신과 의사들은 클로르프로마진이 환자가 아픈 진짜 원인인 어린 시절의 경험을 치유하기보다는 숨긴다며 성가신 존재로 보았다. 몇몇 저명한 정신과 의사는 라보리의 약을 '정신병 아스피린'이라고 비웃기도 했다.

스미스, 클라인, 앤 프렌치는 어이가 없었다. 정신병 증상을 치료하는 효과가 증명된 첫 번째 기적의 약을 판매하겠다는데 정신과 의사들이 사용하기를 거부하다니. 이 회사는 결국 해결책을 떠올렸다. 정신과 의사들을 구슬려 약을 처방하게 하는 대신, 만약 주가 예산을 지원하는 정신병원에서 클로르프로마진을 사용한다면 환자를 평생 가둬두지 않고 퇴원시킬 수 있어 비용을 절감하고 주의 지출을 줄일 수 있다고 주장하며 주 정부를 목표로 삼았다. 이런 주립 정신병원 중 몇 곳이—정신병의 철학에 관한 심오한 논쟁보다는 장부에 더 신경을 쓰는 곳이—클로르프로마진을 시험했다. 가장 가망이 없던 환자를 제외한 모두가 극적으로 상태가 나아졌다. 스미스, 클라인 앤 프렌치가 약속한 대로 많은 환자가 퇴원하고 사회로 돌아갔다.

스미스, 클라인, 앤 프렌치의 수익은 향후 15년 동안 8배로 늘어났다. 1964년까지 전 세계에서 5000만 명이 넘는 사람이 금세 조현병 환자를 위한 가장 중요한 치료제로 자리 잡은 이 약을 복용했다. 공공 요양소라는 지하 감옥 같은 곳에 갇혀 인생을 잃어버렸던 사람들이 집으로 돌아갔고, 놀랍게도 활발하고 생산적인 삶을 살아갔다. 클로르프로마진의 성공은 정신분석학과 미국 정신의학계를 지배하고 있던 프로이트주의의 종말을 고하기도 했다.[28] 그도 그럴 것이, 여러분이라면 알약 하나 삼키면 증상이 사라질 수 있는데, 몇 년 동안 매주 정신과 의사의 소파에 앉아서 어머니에 관해 이야기하고 있겠는가?

올란자핀(자이프렉사), 리스페리돈(리스퍼돌), 클로자핀(클로자릴)처럼 오늘날 사용하는 항정신병제는 모두 클로르프로마진의 화학적 변형이다. 클로르프로마진을 임상에 도입한 지 60년이 넘게 지났지만, 과학계는 아직 근본적으로 이보다 나은 접근법을 찾아내지 못하고 있다. 게다가 우리는 여전히 클로르프로마진이 조현병 증상을 누그러뜨리는 정확한 방식을 확실히 이해하지 못하고 있다. 그럼에도 불구하고 어느 제약회사도 클로르프로마진의 복제약을 만들려는 노력을 그만두지 않았다.

다른 제약회사들도 론풀랑과 스미스, 클라인, 앤 프렌치가 세계 최초의 항정신병제로 거둔 막대한 성공을 재현하고 싶었다. 그래서 팀을 꾸려서 독자적인 클로르프로마진의 화합적 변형을 만들려고 했다. 이런 희망을 품고 있던 모방자 중 하나가 스위스 제약회사인 가이기였다. 노바티스의 조상 격인 회사였다. 가이기의 경영진은 정신병에 대한 새로운 치료법을 찾는 데 흥미가 많았던 스위스의 정신과 교수 롤랜드 쿤과 접촉했다. 가이기는 쿤에게 회사가 G22150이라고 부르는 클로르프로마진 비슷한 화합물을 제공하고 정신병 환자에게 시험해달라고 부탁했다. 그 약은 극심하고 참을 수 없는 부작용을 일으켜 치료제로는 적당하지 않았다. 그래서 1954년 쿤은 가이기에게 시험해볼 다른 화합물을 달라고 요청했다.

쿤은 취리히의 한 호텔에서 가이기의 제약 책임자를 만나 손으로 휼겨 쓴 화학 구조 40개가 담긴 커다란 도표를 받았다. 책임자는 가이기에게 하나 고르라고 했다. 쿤은 클로르프로마진과 가장 비슷해 보이는 화합물 하나를 가리켰다. G22355라는 딱지가 붙은 화합물이었다. 훗날 이는 매우 결정적인 선택이었음이 드러났다.

쿤은 병원으로 돌아와 G22355를 정신병 환자 몇십 명에게 투여했다. 별다른 일은 일어나지 않았다. 클로르프로마진이 보여주는 극적인 증상 완화 현상 같은 건 분명히 없었다. 여러분은 쿤이 다시 가이기에 가서 도표에서 다른 화합물을 하나 더 골랐으리라고 생각할지도 모른다. 그러는 대신 쿤은 다른 시도를 해보기로 했다. 가이기에 알리지 않은 채 우울증으로 괴로워하는 환자 몇 명에게 G22355를 투여하기로 했던 것이다.

앞서 살펴보았듯이, 불과 몇 년 전에 최초의 항정신병제가 등장했다. 대형 제약회사의 연구 덕분이 아니었다. 튀니지에서 수술로 인한 환자의 충격을 줄일 방법을 찾던 한 의사가 우연히 발견했다. 그리고 이제 스위스에서 한 정신과 의사가 원래 하기로 했던—새로운 항정신성 약물을 찾는—일을 무시하고 실패한 항정신성 약물을 우울증 환자에게 시험해보려 하고 있었다. 왜 그랬을까? 어쩌다 보니 쿤이 조현병보다는 우울증 환자를 훨씬 많이 다루었기 때문이다.

근대 과학이 등장하기 전의 정신의학 초창기에 광기와 우울증은 뚜렷하게 다른 증상으로 여겨졌다. 광기는 인지에 혼란이 생긴 결과 같았던 반면, 우울증은 감정에 혼란이 생긴 결과 같았다. 정신병 환자의 환각을 억제하는 화합물의 변형이 우울증 환자의 기분을 낫게 할 수 있다고 생각할 의학적 혹은 약학적 이유가 전혀 없었다. 사실 정신과 의사들은 대부분 정신병과 우울증이 모두 해소하지 못한 감정의 충돌 때문에 생긴다고 생각했다. 그러나 쿤은 조용히 우울증에 관한 자신의 이론을 발전시켜 나갔다.

쿤은 우울증이 부모를 향한 억눌린 분노로 생긴다는 정신분석학의 표준 해석을 거부했다. 따라서 치료 방법으로 정신분석도 거부했다. 그 대신 우울증이 뇌에 모종의 생물학적 장애가 생긴 결과라고 확신했다. 어차피 클로르프로마진이 어떻게 작용하는지 아무도 모르는 상황인데, 클로르프로마진 복제약을 우울증 환자에게 시험하고 결과를 관찰해서 안 될 게 어디 있겠는가?

그래서 쿤은 G22355를 심각한 우울증 환자 세 명에게 투여했다. 그리고 몇 시간 기다린 뒤 환자를 확인했다. 차도가 없었다. 쿤은 아침에 다시 환자를 확인했다. 여전히 아무 변화가 없었다. 클로르프로마진 자체는 보통 몇 시간 혹은 몇 분 만에도 눈에 띄게 나아지는 효과를 냈기 때문에 쿤이 시험을 그만두어도 이상한 일은 아니었을 것이다. 그러나 오직 자신만이 알 수 있는 이유로 쿤은 G22355를 계속 세 환자에게 투여했다. 마침내 치료를 시작하고 6일이 지난 1956년 1월 18일 아침, 파울라 I.라는 여성 환자 한 명이 잠에서 깨어나 간호사에게 우울증이 없어진 것 같다고 말했다.

쿤은 기뻐하며 가이기에 알렸다. "G22355는 우울증에 분명한 효과가 있음. 상태가 눈에 띄게 나아졌음. 환자는 피로를 덜 느끼고 몸이 처지는 느낌도 줄었음. 소극성도 덜 드러나고 기분이 좋아짐." 다시 말해, 쿤은 가이기에게 세계 최초의 항우울제가 될지도 모를 것을 은접시에 담아 고이 가져다주었다. 가이기의 경영진이 샴페인을 터뜨렸을까? 아니었다. 가이기는 우울증에 아무런 관심이 없었다. 클로르프로마진과 경쟁하기 위한 독자적인 항정신병제를 원했을 뿐이다. 가이기는 쿤에게 G22355 시험을 중단하고 그 화합물을 다른 의사에게 넘기라고 명령했다. 그리고 그 다른 의사에게는 정신병 환자에게만 시험하라고 명확하게 지시했다.

쿤은 자신의 발견을 다른 과학자들에게 알리려고 했다. 1957년 9월 쿤은 제2회 세계정신의학회의에 초청받아 G22355가 우울증 환자에게 끼친 효과에 관한 논문을 발표했다. 겨우 10여 명이 모습을 드러냈다. 아무도 질문 하나 하지 않았다. 미국인 정신과 의사이자 독실한 가톨릭교도였던 프랭크 아이드는 발표를 듣고 훗날 이렇게 썼다. "쿤의 발표는 마치 예수님의 말씀처럼 권위 있는 자리에 있는 사람에게 받아들여지지 않았다. 그 방에 있던 사람 중 우리가 정신 질환 치료에 혁명을 가져올 약의 발표를 듣고 있다는 사실을 알아챈 사람이 있었는지 나는 모르겠다."

G22355는 역사의 쓰레기통으로 향하는 듯했다. 그런데 로베르트 뵈링거라는, 가이기에 영향력이 컸던 주주 중 한 명이 쿤에게 아내를 위해 약을 추천해줄 수 있냐고 물었다. 뵈링거의 아내는 우울증을 앓고 있었다. 쿤은 즉시 G22355를 추천했고, 뵈링거의 아내는 회복했다. 아내가 나아지는 놀라운 모습을 본 뵈링거는 가이거에 로비를 펼쳐 그 약을 판매하게 만들었다. 1958년 가이기는 마침내 이미프라민이라는 이름으로 G22355를 판매하기 시작했다.

이미프라민은 곧이어 등장한 수십 가지 항우울제의 원형이 되었다. 오늘날에도 모든 항우울제는 이미프라민과 똑같은 기본 원리를 공유한다. 세로토닌이라는 신경전달물질에 영향을 끼치는 것이다. 프로작조차 이미프라민을 비틀어 만든 약이다. 비록 아직도 항정신병제나 항우울제가 어떻게 정신적으로 아픈 환자를 낫게 하는지는 명확히 이해하지 못하고 있지만, 어떤 생리 작용을 하는지는 기본적인 수준에서 알고 있다. 클로르프로마진과 이미프라민은 정확한 표적 하나를 노리는 저격용 총이라기보다는 눈에 보이는 건 모조리 때리는 산탄총과 같다. 클로르프로마진은 적어도 10여 가지 신경 수용체를 활성화한다. 이들 대부분은 조현병과 아무 관련이 없다. 가설에 따르면, 클로르프로마진의 항정신병 효과는 두세 가지 유형의 도파민 수용체를 차단함으로써 생긴다. 하지만 만약 그게 전부라면, 의도치 않게 몸을 움직이는 심각한 운동이상증과 같은 참을 수 없는 부작용이 생길 것이다. 그러나 클로르프로마진과 수많은 클로르프로마진의 항정신병성 변형 물질은 세로토닌 수용체도 차단한다. 이는 도파민 수용체 차단으로 일어나는 운동이상증을 누그러뜨리는 것으로 보이는 뜻하지 않은 신경 효과다. 이런 특이한 상호작용 덕분에 참기 어려운 부작용 없이 조현병을 치료할 수 있다.

이미프라민은 뇌의 다른 여러 수용체도 건드린다. 대부분은 우울증과 아무 관련이 없고, 몇몇은 불쾌한 부작용을 일으킨다. 하지만 이미프라민(그리고 다른 모든 항우울제)의 표적 중 하나는 세로토닌 재흡수 펌프로, 신경 시냅스 안에 있는 신경전달물질 세로토닌의 양을 조절하는 데 도움이 된다. (프로작과 그와 비슷한 약들을 '선택적 세로토닌 재흡수 억제제SSRI'라고 부른다) 왜 뇌가 가용할 수 있는 세로토닌의 양을 늘리면 우울증이 줄어들까? 우리도 아직 모른다.

왜 화학적으로 아주 비슷한 두 물질이 각각 서로 아주 다른 정신 질환을 효과적으로 치료할 수 있는 걸까? 신경전달물질에는 에피네프린, 노르에피네프린, 도파민을 포함해 폭넓은 종류가 있다. 이들을 통틀어 생체아민 물질이라고 부르는데, 그건 모두 에틸아민이라고 하는 특유의 화학 구조를 공유하기 때문이다. 그건 곧 다른 분자도—몸에서 생기는 게 아닌 합성 분자조차도—에틸아민 구조만 있다면 뇌에 모종의 효과를 발휘할, 어쩌면 동시에 여러 곳을 활성화해 복합적인 효과를 발휘할 가능성이 크다는 뜻이다. 과학자들은 에틸아민처럼 몸의 여러 표적을 활성화할 수 있는 특별한 화학 구조를 '특권을 지닌 구조'라

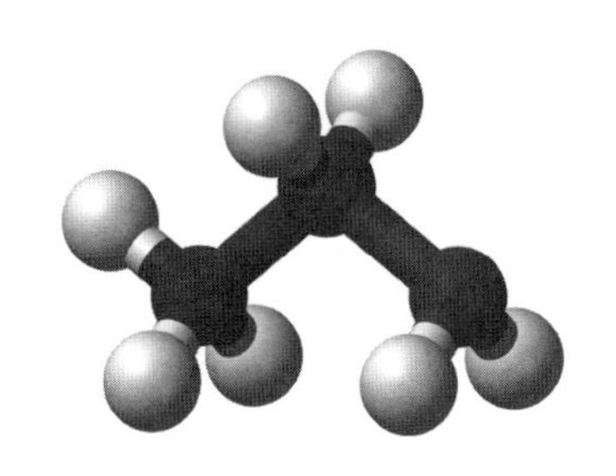
에틸아민(C_2H_7N)의 구조

고 부른다.

클로르프로마진과 이미프라민은 둘 다 에틸아민 구조를 가지고 있다. 그래서 뇌의 신경 수용체에 그렇게 폭넓고 다양한 효과를 일으키는 것이다. 순전한 우연으로, 앙리 라보리와 롤랜드 쿤은 뇌에 폭넓은 변화를 일으키는 약을 손에 넣었다. 부정적인 변화보다 긍정적인 변화가 많았던 건 그저 행운이었다.

이런 옛 속담이 있다. "똑똑한 것보다 운이 좋은 게 더 낫다." 신약 사냥꾼은 운이 좋으면서 똑똑할 때 성공할 가능성이 가장 크다. 라보리와 쿤이 바로 그랬다.

나오며

신약 사냥의 미래

쉐보레 볼트와 론 레인저

"신약 사냥에 성공하려면 '4G'가 필요하다.
바로 Geld(돈), Geduld(인내), Geschick(창의력), 그리고 Glück(행운)이다."
_파울 에를리히, 1990년

2002년 가을, 제너럴 모터스GM가 곤란한 상황에 처했다. GM은 하이브리드 차량이 대중의 인기를 얻을 일은 없다고—어쨌거나 소비자들은 GM의 기름 잡아먹는 SUV를 매우 좋아했다—예측했고, 따라서 전기차 개발에 투자할 재정적인 동기가 거의 없었다. 그런데 폭탄이 떨어졌다. 도요타가 프리우스를 선보였다. 이 휘발유-전기 하이브리드 자동차가 시장에 충격을 불러일으키면서 도요타는 하이브리드 자동차의 확고한 선두 기업으로 우뚝 섰다. GM은 갑자기 예상했던 혹은 준비하고 있던 것과 많이 다른 미래를 바라보게 되었다.

그렇지만 공학과 과학에 의존하는 산업이 대부분—컴퓨터 산업, 가전제품 산업, 원거리 통신 산업 등—그렇듯이 자동차 산업에서도 적절한 동기만 얻으면 시장의 선두 기업을 따라잡거나 적어도 나름의 시

도요타 프리우스

장 점유율을 가져갈 수 있다. GM에게 필요한 건 독자적인 하이브리드 자동차 설계뿐이었다.

그래서 GM은 가장 영리한 과학자와 공학자로 팀을 꾸려서 두 가지 목적을 충족하는 자동차를 만들게 했다. 첫째, 휘발유를 이용해 나라 전체를 돌아다닐 수 있을 것. 둘째, 휘발유를 전혀 쓰지 않고서 출퇴근을 할 수 있을 것. 여기서 잠깐 생각해보자. 도요타는 약 10년 정도 앞서서 프리우스를 개발했다. 한편, GM은 독자적인 전기차 제조 방법을 백지 상태에서 알아내야 했다. GM이 프리우스만큼 인기 좋은 자동차를 설계하리라고 기대했던 사람은 없었지만, 산업계 인사나 평범한 소비자 모두 GM이 하이브리드 자동차를 만들 수 있다는 사실까지는 별로 의심하지 않았다. 어쨌거나 GM에는 목적을 달성하는 데 필요한 기술과 지식을 충분히 가지고 있는, 고도로 숙련된 과학자와 공학자가 있었다. 이들의 집단 전문성은 배터리 기술, 전기 모터, 내연 기관, 차체 제조, 자동차 설계를 모두 아울렀다. 각 부품을 제조하는 기술에 관해 알고 있었고, 재료의 비용도 알고 있었다.

그렇게 8년의 노력 끝에 GM의 하이브리드 자동차팀이 쉐보레 볼트를—두 가지 설계 목적을 모두 충족하는 자동차를—내놓았을 때 그건 확실한 성과였다. 하지만 특별히 놀라운 성취까지는 아니었다. 세계 최대의 자동차 회사인 GM이라면 자동차를 설계하는 방법을 당연히 알지 않을까?

결국, 볼트는 그다지 잘 팔리지 않았다. 그리고 프리우스 판매에 의미 있는 흠집을 내지도 못했다. 하지만 공학이라는 관점에서 볼 때 판매는 별로 중요한 게 아니다. 볼트는 목적을 달성했다. 상대적으로 짧은 시간 동안 GM은 모호한—우리도 배터리식 하이브리드차를 만들자!—설계 아이디어를 현실로 바꾼 제품을 실제로 만들었다. 이제 이 과정이 할리우드 영화를 만드는 과정과 얼마나 다른지 생각해보자.

2007년 디즈니의 감독 겸 제작자 제리 브룩하이머는 〈캐리비안의 해적〉 시리즈 3편으로 성공 가도를 달리고 있었다. 각 영화가 모두 세계적으로 성공했다. 블록버스터 만드는 방법을 알아냈다고 생각한 브룩하이머는 새 영화를 만들 판권을 구입하자 똑같은 설계 원칙에 따라 조합하기 시작했다. 즉, 〈캐리비안의 해적〉과 똑같은 작가진이 쓴 초자연적 액션 코미디 각본, 막대한 특수 효과 예산, 약간의 로맨스, 해피 엔딩, 그리고 과장된 연기를 하는 역할로 출연하는 조니 뎁 등을 활용했다. 디즈니는 이것들이 성공의 올바른 재료라는 데 동의하고 제작에

제리 브룩하이머 감독(왼쪽)과 〈캐리비안의 해적〉의 공식을 따랐지만 실패한 영화 〈론 레인저〉

돈을 댔다. 그러나 제작자들이 상업 영화 제작의 정해진 공식을 열심히 따랐음에도 최종 산물은 기본적인 설계 목적, 즉 관객이 웃고, 박수치고, 진정한 흥분을 느끼게 한다는 목적을 충족하지 못했다. 〈론 레인저〉는 지난 10년 동안 가장 크게 실패한 작품이 되었다.

볼트와 달리 디즈니의 이 영화는 제대로 작동하지 않았다. 할리우드는 성공하는 영화의 청사진 같은 게 있기를 바라지만, 영화 제작은 궁극적으로 창조적인 영감의 순간과 무수한 시행착오로 이루어진 예술적인 과정이기 때문이다. 어떤 각본이 훌륭한 영화가 될지 아닐지 예측하는 건 불가능하다.

여기서 우리의 결론이 될 질문이 나온다. 새로운 의약품을 만드는 과정은 볼트를 설계하는 것과 더 비슷할까, 아니면 〈론 레인저〉를 만드는 것과 더 비슷할까? 다르게 표현하자면, 신약 발견은 과학적 개발과 예술적 창조 중 어디에 더 가까울까? 과학적인 제약산업이 성립한 지 한 세기 반이 넘게 지난 지금 답은 분명하다. 새로운 의약품—항생제, 베타 차단제, 향정신성의약품, 스타틴, 항진균제, 항염증제 등—개발은 새로운 자동차, 혹은 휴대전화, 진공청소기, 인공위성보다는 다음 어벤저스 영화를 만드는 일과 훨씬 더 비슷하다.

우리는 직관적으로 인슐린이나 프로작, 피임약 같은 주요 의약품을 볼트를 설계하듯이 과학적 개발이라는 합리적인 방법을 통해 개발할 것이라고 생각한다. 대형 제약회사 경영진이 특정 약의 필요성을 확인하고, 뛰어난 과학자로 팀을 꾸려 달성해야 할 목표와 막대한 돈을 주고, 이들이 원하는 약을 만들어내기를 기다린다. 사실 이건 제약회사가 기존 약의 복제약을 개발하기 위해 따르는 과정을 상당히 잘 나타내고 있다. 예를 들어, GM이 프리우스의 인상적인 판매량에 눈독을 들였던 것처럼 제약회사 릴리는 블록버스터 약품 비아그라의 놀라운 판매가 부러워서 자체 발기부전 치료제를 만들기 위한 개발팀을 꾸렸다. 그 결과가 시알리스로, 남성 발기부전 치료제 시장에서 남들이 부러워할 만한 지분을 차지하고 있다. 그러나 시알리스는 볼트처럼 독창적인 제품이 아니었다. 복제약이었다. 링컨 내비게이터가 포드 익스페디션과 똑같이 만든 복제 상품인 것과 더 비슷하다. 시알리스는 비아그라와 똑같은 생리학적 원리(즉, PDE5 효소의 억제)로 작용한다. 릴리는 비아그라의 부작용(홍조, 두통, 소화불량, 코막힘, 시력 저하)을 피해 가는 방식의 발기부전 치료법을 찾아내지도 않았다. 릴리 소속의 과학자들은 그저 화이자의 약을 복제했을 뿐이다. 하지만 화이자의 특허를 피해가기에는 충분할 정도로 분자를 비틀 방법을 찾아냈고, 차별화 마케팅이 어느 정도 가능할 정도만큼 효과를 추가했다(시알리스가 비아그라보다 지속 시간이 길다). 시알리스는 신약 개발의 혁신이 아니라 비아그라 2.0, 아니 사실 비아그라 1.1 정도였다.

판도를 바꾸는 약은 GM이 쉐보레 볼트를 설계하거나 스티브 잡스가 아이폰을 만드는 방식, 혹은 사회를 바꾸는 대부분의 소비자 제품을 만드는 방식으로 개발되는 경우가 거의 없다. 스티브 잡스는 자신의 공학자들에게 이렇게 말할 수 있었다. "가서 평평한 판 모양에 터치스크린이 있고 애플 소프트웨어가 돌아가는 새로운 컴퓨터를 만들어 와." 그러면 그 사람들이 그걸 만들어 오리라고 기대할 수 있다. (그게 잘 팔리느냐는 완전히 다른 문제다. 중요한 건 적당한 시간 안에 의도한 만큼의 노력을 들이면 만들 수 있다고 확신할 수 있다는 점이다.) 그러나 디즈니는 영화제작팀에게 확신을 갖고 이렇게 말할 수 없다. "가서 사람들을 웃고, 울고, 즐겁게 만드는 영화를 만들어 와." 이와 비슷하게, 제약회사는 바라는 대로 작용하는 약을 얻게 될 거라고 결코 확신할 수 없다.

그 이유는 심오하면서도 단순하다. 열정이 넘치는 신약 사냥꾼이 아이디어를 제품으로 만들도록 안내해줄 수 있는 과학 법칙이나 공학 원리, 혹은 수학 법칙 같은 것이 아직 명확하지 않기 때문이다. 신약 사냥 과정의 여러 다른 요소를 좀 더 효율적으로 만들어준 발전이—수용체 이론, 합리적 설계, 재조합DNA 기술, 약물 동역학 시험(섭취에서 배출까지 몸이 약을 어떻게 처리하는지 평가하는 것), 형질전환 동물 질병 모형(사람 대신 동물에게 약을 시험하기 위해 인간 질병의 일부 측면을 모사할 수 있도록 동물의 유전자를 조작하는 것), 대량 처리 스크리닝(수천 가지 화합물을 빠르게 평가하는 기술), 조합 화학(시험용으로 쓰기 위해 단일한 과정으로 수천, 혹은 수백만 가지 서로 다른 화학물질을 만드는 기술) 등이—많았지만, 이들은 신약을 만드는 데 필요한 청사진이라기보다는 아이맥스 영사기나 입체 음향, 발전된 컴퓨터그래픽에 더 가깝다.

영화 제작과 신약 사냥 사이에는 비슷한 점이 또 있다. 할리우드 사람들은 큰 모험을 한다. 만약 영화가 성공하면 부유하고 유명해지며, 문화의 지형을 바꿀 수도 있다. 반대로 영화가 망하면 파산하고, 명성이 추락하며, 우울증에 걸릴 수 있다. 다음 영화를 만들려고 할 때 지지를 받을 가능성도 무너질 수 있다. 할리우드에서 성공하고 싶다면 용감하고, 대단히 낙관적이며, 자신이 참여했던 망한 영화를 모두 잊을 수 있도록 기억력이 형편없어야 한다. 물론 할리우드에서 일하는 건 미친 짓이라거나 바보 같은 짓이라고 할 사람도 있을 것이다. 내가 만나본 신약 사냥꾼은 거의 모두 용감하고 낙관적이었다. 비록 몇 명은 미치광이와 바보라고 할 만했지만. 이 두 극단 사이에 들어가는 사람은 많지 않다.

새로운 의약품을 찾는 과학자는 분명히 존재하지만 알 수 없는 위험에 반드시 자신을 노출해야 한다. 발레리우스 코르두스는 새로운 약초를 찾아 야생을 탐색하다가 걸린 병으로 사망했다. 제임스 영 심프슨은 에테르의 대체물을 찾기 위해 다양한 휘발성 유기액체를 흡입했다. 그중 상당수는 독성이 있었다. 나 또한 유용한 의약품을 환자에게 좀 더 빨리 제공하고 싶은 바람으로 실험 중이던 약을 먹고 아프기도 했다. 그보다 심한 사례로, 2016년에는 프랑스에서 진통제 시험 도중 한 명이 죽고 다섯 명이 심각한 피해를 입은 일이 있다.[29] 해당 과학자들의 잘못은 아니었고, 직접 해를 입은 건 아니었다. 그러나 이들은 법정에 서야 하며 아마 앞으로 다시는 연구하지 못할 것이다. 그러고도 남은 평생 다른 사람의 죽음을 초래했다는 죄책감에 시달릴 것이다.

그러나 중요한 약을 찾아내는 일에서 우리가 거둔 성과는 진정 놀랍다. 우리는 수십 가지 주요 질병을 치료했고, 기저귀 발진부터 두통, 설사, 무좀에 이르기까지 온갖 증상에 대한 효과적인 처치 방법을 찾아냈다. 신약 개발 과정이 대단히 우연에 가깝고 합리적인 설계보다는 개인의 예술적 수완에 더 의존한다는 점에도 불구하고, 우리는 우리가 겪는 질환 대부분에 쓸 수 있는 의약품을 찾을 수 있는 세상에서 살고 있다. 만약 신약 사냥꾼이 자동차 공학자보다 영화 제작자에 더 가깝다면, 이렇게 말이 안 되어 보이는 성공을 어떻게 설명할 것인가?

시행착오의 핵심은 우리가 계속 시도하고 실수를 범할 각오가 되어 있다면 언젠가는 효과가 있는 것을 찾아낼 수 있다는 점이다. 그리고 제2의 스타워즈를 만들고자 노력하는 신약 사냥꾼이 많을수록 그중 한 명이 약학의 J. J. 에이브럼스가 될 가능성은 더 커진다.

그렇지만 변함없는 신약 개발의 어려움은 아직도 의약품의 가격이 비싼 가장 큰 이유다. 제약산업은 자동차나 컴퓨터, 가전제품 같은 다른 기술 기반 산업보다 연구개발비가 훨씬 많이 든다. 대형 제약회사의 제품 개발 시도 중 아주 많은 수가, 때로는 수십억 달러를 쓴 뒤에도, 결국 꽝이 된다는 점이 한 가지 이유다. 또 다른 이유는 약의 안전을 보장하기 위해 만든 엄격하고 폭넓은 FDA 규정을 지키는 데 드는 비용이 상당하다는 점이다. 게다가 특허법과 신약 개발 과정에 걸리는 오랜 시간 때문에 약은 시장에서 독점적인 지위를 상대적으로 짧게(때때로 10년 이하) 누린다. 따라서 한정된 시간 안에 수익을 얻을 수 있을 만큼 얻어야 한다. FDA 규정의 큰 영향력과 짧은 특허 보호 기간이 있다고 해도, 만약 제약회사가 자동차나 가전제품 제조사가 누리는 공학적 명료함과 안정성에 기댈 수만 있다면, 약의 가격은 분명히 극적으로 떨어질 것이다. 그러지 못하기 때문에 대형 제약회사는 수많은 실패작에 들어간 막대한 비용을 상쇄하기 위해 성공한 몇 가지 약의 가격을 비싸게 매긴다.

치솟는 신약 개발비용은 대형 제약회사가 병을 치료하는 약에 집중할 의욕을 꺾어놓는다. 왜 그럴까? 의학적 증상을 한 번에 해결하는 약은 환자가 계속 구입할 이유가 없다. 따라서 잠재 수익이 크게 떨어질 수밖에 없다. 예를 들어, 앞서 살펴보았듯이, 항생제는 재정적으로 대형 제약회사에게 별로 좋지 않다. 환자는 한 차례만 복용하면 나을 수 있고, 의사는 새로운 항생제를 쌓아두게 마련이다. 재정적인 면에서 백신은 더 심하다. (이론상으로는) 한 사람이 평생에 단 한 번만 맞으면 되기 때문이다. 게다가 백신 제조는 새로 진입하는 경쟁자가 넘어야 할 장애물이 상대적으로 낮다. 공중보건을 위한 약이기 때문에 백신은 종종 정부의 계획을 통해 개발된다. 이는 상업적으로 수익성을 더 떨어뜨린다. 항진균제는—곰팡이로 생기는 병의 치료제다—항생제와 똑같은 수익의 한계 문제를 겪고 있으며, 거기에 세균으로 인한 질병보다 곰팡이로 인한 질병에 걸리는 사람이 훨씬 더 적다는 문제까지 있다. 타미플루 같은 항바이러스제 역시 다른 감염병 치료제와 똑같은 이유로 상업성이 떨어지는 경향이 있다. 다만 HIV를 위한 항바이러스제는 예외로 대형 제약회사에게 수익을 안겨주고 있다. 에이즈 환자는 평생을 매일 항HIV 약을 섞어서 복용해야 하기 때문이다.

제약회사가 무능하고, 장기간의 목표보다 단기간의 수익을 우선하고, 탐욕스럽기(부족한 상업성과 대조적으로) 때문에 약값이 계속 올라가고 귀중한 의약품이 시장에 나오지 못한다는 이야기가 아니다. 제약회사 경영진도 당연히 다른 모든 사람과 다를 바 없이 인간으로서 흠결이 있을 수 있지만, 핵심을 보면 제약산업은 할리우드와 똑같이 심원하고 피할 수 없는 불확실성에 바탕을 두고 움직인다. 그 와중에 어찌된 일인지—낮은 확률에도 불구하고—끊임없이 관객을 즐겁게 하는 고품질 영화를 계속해서 내놓는 듯한 대형 영화사가 아주 일부 있다. 지금으로서는 이들이 유일할지도 모른다. 이들 몇몇 영화사는 작가와 감독에게 비할 데 없는 창조적 자유를 주고 제작자와 경영진의 간섭을 상대적으로 줄여, 보기 힘든 일관성을 얻어냈다. 어쩌면 대형 제약회사도 똑같이 과학자가 신약 개발 과정을 창조적으로 관리하게 해준다면, 우리는 제약회사가 자신만의 토이 스토리나 월-E, 인크레더블을 연이어 내놓는 모습을 보게 될지도 모른다.

세상을 바꿀 자신만의 '변론서'들을.

약의 분류

주석

들어가며: 바벨의 도서관을 찾아서

1. 제임스 영 심프슨: 1846년 10월 16일 윌리엄 T. G. 모턴은 매사추세츠 종합병원에서 사상 처음으로 수술을 앞둔 환자가 일시적으로 무의식에 빠질 수 있다는 사실을 입증했다. 모턴이 사용한 약은 에테르였다. 오늘날 제약회사가 새로운 약에 대한 FDA 승인을 받으면, 경쟁 회사들은 곧바로 비슷한 약을 찾기 위한 연구를 시작한다. 이런 약을 흔히 '미투' 약이라고 한다. 클로로폼은 산업 시대의 첫 번째 '미투' 약일지도 모른다. 좀 더 현대의 사례를 찾자면, 스큅이 고혈압약으로 캡토프릴이라는 신약의 승인을 받자 머크는 자체 미투 고혈압약 개발에 들어가 에나로프릴을 만들었다. 비슷하게 릴리가 1987년 프로작에 대한 FDA 승인을 받자 화이자는 재빨리 미투 우울증약인 졸로프트를 만들었고, 글락소스미스클라인은 팍실이라는 미투 약에 대한 승인을 받았다.

1장 너무 쉬워서 원시인도 할 줄 안다?

2. 알코올을 음료수라고 치부한다면: 알코올을 약이 아니라 음식으로 분류하는 그럴듯한 이유가 몇몇 있다. 석기시대의 맥주통은 의도적으로 발효시킨 음료가 기원전 1만 년 전부터 있었다는 사실을 보여주었다. 그리고 일부 역

사가는 맥주가 식품으로서 빵보다 앞설지도 모른다고 추측한다. 알코올음료는 고대 이집트에서 매우 중요했고, 맥주는—보통 집에서 빚었는데—생활필수품이었다. 그러나 알코올은 약으로 쓰이기도 했고, 신에게 바치는 공물이기도 했으며, 장례식의 중요한 요소이기도 했다. 알코올음료는 사후 용도로 죽은 자의 무덤에도 자주 묻혔다. 맥주는 이집트의 신 오시리스가 발명했다고 하는데, 이 음료의 신성한 성격을 보여준다.

그렇지만 인류 역사에서 알코올은 거의 만병통치약으로 여겨졌다. 증류를 통해 알코올 함량을 높인 독주는 의학적인 용도로 흔히 쓰였고, 이런 음료를 가리키는 이름의 상당수는 치료 효과에 관한 오랜 믿음을 반영하고 있다. '위스키'는 '생명의 물'이라는 뜻을 지닌 게일어 단어 우스케보usquebaugh에서 유래했다. 프랑스인이 통에서 숙성하지 않은 증류주를 부르는 말인 'eau de vie' 역시 같은 뜻이다. 전설에 따르면 환자에게 이런 효능 있는 음료를 주면 몸부림을 치며 더 생기 있게 변했다고 한다. 따라서 이런 음료가 환자에게 생명을 다시 불어넣었다는 결론으로 이어졌다. (이런 실험은 요즘도 각자 집에서 조용히 해볼 수 있다.)

오늘날 우리는 에틸알코올(발효 음료 속의 알코올)이 가바A(감마아미노뷰티르산) 수용체를 자극하는 방식으로 작용한다는 사실을 알고 있다. 이 수용체는 뇌의 대표적인 신경억제 수용체로, 자극할 경우 신경 활동의 저하와 진정 효과를 일으킨다. 흔히 진정제(리브륨과 발륨을 포함해)로 불리는 벤조디아제핀이 똑같은 종류의 수용체를 목표로 한다. 벤조디아제핀의 흔한 용도로는 불면증 치료가 있다. 나는 할머니가 잠자리에 들기 전에 불면증을 없애려 종종 슈냅스를 조금 마시던 일을 기억한다. 벤조디아제핀의 또 다른 흔한 용도는 불안 증세를 치료하는 것이다.

이것은 결국 치료제로서 알코올의 커다란 한계를 보여준다. 바로 바람직한 치료 효과와 바람직하지 않은 부작용이 분리되지 않는다는 점이다. 효과의 표적이 더욱 명확하기 때문에 벤조디아제핀이 불안 증세를 치료하는 데 훨씬 더 효과적이다.

3. 아편은 양귀비의 활성 성분이다: 이 장에서 우리는 고대의 약초 사냥꾼이 찾아냈으며 여전히 치료제로서 현대의 기준을 충족하는 약의 사례로 아편을 들었다. 그러나 다른 사례도 있다. 예를 들어, 맥각Ergot이 있다. 에르고타민Ergotamine과 그와 관련된 화합물은 클라비셉 속의 맥각균에 의해 생긴다. 이들은 곡물, 가장 흔하게는 호밀을 감염시킨다. 식물 위에서 곰팡이가 자라면 에르고타민과 다른 여러 가지 독성 화합물이 나온다. 고대에는 사람이 곰팡이에 감염된 식물에서 자란 호밀 따위를 먹을 때 이런 맥각 관련 물질을 섭취했다. 오늘날 우리는 이런 화합물을 '더러운 약'이라고 부른다. 동시에 우리 몸의 여러 표적에 작용하기 때문이다. 그 결과 맥각을 먹었을 때 생기는 증상은 상당히 다양하고 복잡하다.
첫 번째 유형의 증상은 발작, 메스꺼움, 구토를 포함한 경련이다. 맥각 중독으로 생기는 두 번째 유형의 증상은 환각이다. 화학적으로 에르고타민은 LSD와 아주 비슷하다. 마지막으로, 맥각 중독은 괴저를 일으킬 수 있다. 에르고타민은 혈관을 수축시키는 효과가 있어 혈관이 좁아지게 만든다. 그 결과 몸의 혈액 공급이 줄어들고, 손이나 손가락, 발, 발가락 같은 몸의 말단 부위에 특히 문제가 생길 수 있다. 처음에는 '바늘로 콕콕 찌르는' 듯한 따끔한 느낌이 들거나 어색한 자세로 오랫동안 둔 부분이 '잠들어' 버리는 느낌을 받는다. 물론 보통은 이런 느낌이 들 때 몸을 움직이거나 팔다리를 흔들어주기만 해도 혈액의 흐름이 회복되어 마비된 느낌이 사라진다. 맥각에 중독되었을 때는 그래도 소용이 없다. '바늘로 콕콕 찌르는' 듯한 느낌이 드는 부분의 피부가 벗겨지기 시작한다. 마침내 그런 부속지가 부풀어 오르고, 시커메지며, 영원히 죽어 '잠들어' 버린다.

맥각 중독은 역사에 걸쳐 주기적으로 발생했다. 환각과 손발가락이 시커메지다가 죽어버리는 유행병이 알 수 없는 이유로 나타났다가 갑자기 사라지곤 하자 사람들은 자연히 악령에 씌었거나 신이 분노했기 때문에 그런 증상이 생겼다고 생각했다. 맥각 중독에 관한 가장 이른 기록은 857년의 《크산텐 연감*Annales Xanlenses*》에서 볼 수 있다. "물집이 부풀어 오르는 무서운 병이 사람들을 썩어들어 가게 만들었다. 팔다리가 느슨해지더니 죽기 전에 떨어져나갔다." 중세시대에는 성 안토니우스 종단의 수도승 다섯 명이 치료제를 찾아낸 뒤로 맥각 중독은 성 안토니우스의 불로 불렸다. 어떻게 이 미개한 중세의 수도승이 치료제를 찾을 수 있었을까? 말 그대로 기도와 회개였다. 누군가 맥각 중독에 걸리면 수도원으로 가서 기도와 회개를 하며 신에게 자비를 구해야 했다. 그런데 중세의 수도원에서는 호밀을 기르지 않은 대신 밀과 보리를 길렀다. 환자가 수도원에 머무는 동안은 오염된 호밀을 먹지 않게 되기 때문에 증상이 줄어들었다. 물론 죄를 뉘우치고 회복한 환자는 집으로 돌아가 계속 오염된 호밀을 먹고 증상이 다시 나타나게 된다. 수도승들은 성 안토니우스의 불이 다시 나타난 건 굳세지 못한 기독교인이 나태하고 부도덕한 삶으로 돌아가 다시 신의 분노를 불러일으켰기 때문이라고 설명했다. 당연히 경건한 수도원으로 돌아오면 모든 게 올바르게 바뀌었다. 도덕적으로나 육체적으로나.

오늘날에도 여전히 쓰이는 또 다른 고대의 약으로 많은 심장병 환자가 선택하는 디기탈리스가 있다. 디기탈리스 화합물을 함유한 식물 추출물은 원시사회에서 화살에 바르는 독으로 쓰였다. 디기탈리스를 약으로 쓴 초창기의 기록은 에버스 파피루스에 나와 있다. 이집트 약초에 관한 지식을 담고 있는 문서로, 기원전 1550년경에 쓰인 것이다. 즉 이집트인이 3500여 년 전에 이 식물 추출물을 쓰고 있었음을 알 수 있다. 디기탈리스는 1250년에 웨일스의 의사들이 쓴 글에도 나타난다. 디기탈리스를 추출하는 식물은 1542년 푸

크시우스가 식물학적으로 특징을 묘사하면서, 꽃이 보라색이고 사람의 손을 닮았다는 이유로 디기탈리스 퍼페아purpea라는 이름을 붙였다.
치료제로서 디기탈리스의 가치는 1785년 윌리엄 위더링이라는 의사가 《디기탈리스와 그 의학적 용도에 관한 설명: 부종 및 기타 질병에 관한 실용적인 소견과 함께*An Account of the Foxglove Some of its Medical Uses*》라는 책에서 자세히 묘사했다. 위더링은 그 책을 쓰기 10여 년 전에 처음으로 디기탈리스를 쓰게 된 경위를 설명하고 있다.

1775년 나는 부종 치료법을 손에 넣은 한 가족에게 의견을 요청받은 적이 있다. 내가 듣기로 그 치료법은 슈롭셔의 한 나이 든 여인이 비밀로 간직하고 있던 것이라고 했다. 여인은 정식 의사에 가까운 사람들이 치료에 실패한 뒤에 이 약을 써서 종종 치료에 성공했다고 한다. 또한 효과가 격렬한 구토와 설사라고 들었다. 아마도 이뇨 작용은 간과된 듯하다. 이 약은 20여 가지의 약초로 이루어져 있다. 그러나 이 주제에 정통한 사람이라면 효과를 내는 약초가 다름 아닌 디기탈리스라는 사실을 알아차리는 게 그다지 어렵지 않다.

부종은 여분의 수분이 쌓여 부드러운 조직이 부풀어오르는 것을 가리킨다. 심장병에 걸린 사람에게서 흔히 볼 수 있다. 위더링은 의사이자 식물 전문가였다. 그래서 슈롭셔의 여인이 썼던 복잡한 혼합물의 활성 성분이 아마도 디기탈리스였음을 알아챘을 것이다. 위더링은 디기탈리스가 심장에 영향을 끼친다는 사실을 알았지만, 디기탈리스가 가져오는 중요한 이점이 심장에 작용하는 데서 기인한다는 사실을 인지하지 못했다.

그것은 다른 어떤 약에서도 볼 수 없었던 수준으로 심장의 움직임에 힘을 끼친다. 그리고 이 힘은 건강에 유익한 결과로 바뀔 수 있다.

위더링이 이로운 점과 해로운 부작용을 모두 명확하게 설명했지만, 19세기 내내 디기탈리스는 다양한 질병에 무차별적으로, 때로는 독이 될 만한 양으로 쓰였다. 20세기 초에 디기탈리스는 특히 심방세동(불규칙하고 빠른 심장 박동)에 쓰이게 되었고, 20세기 중반에는 마침내 디기탈리스의 중요 가치가 울혈성 심부전의 치료에 있다는 사실이 인정받았다. 디기탈리스가 있으면 손상된 심장 근육이 좀 더 효율적으로 움직이며, 심장마비를 겪은 환자의 건강을 회복시킨다. 이런 효과를 얻기 위해서는 디기탈리스의 양을 아주 정확하게 처방해야 한다. 조금만 많이 써도 환자의 상태가 좋아지기는커녕 나빠진다.

고대에 쓰였으며 현대에도 여전히 가치가 있는 마지막 한 가지 약은 통풍 치료제인 콜히친이다. 통풍은 고통스러운 염증성 질환으로 관절, 대개 엄지발가락 관절에 요산 결정이 쌓여 생긴다. 고대 이집트인이 기원전 2600년에 일종의 엄지발가락 관절염으로 통풍을 묘사한 게 최초의 기록이다. 통풍은 종종 '부자의 병'이라고 불렸다. 통풍과 알코올, 단 음료, 고기, 해산물 등 한때 부유한 계급만 접할 수 있었던 음식의 섭취 사이에 강력한 연관성이 있기 때문이다. 토머스 시드넘이라는 한 영국 의사는 1683년 통풍에 대해 다음과 같은 초창기 기록을 남겼다.

통풍 환자는 보통 노인이거나 젊은 시절 너무 자신을 소모하여 이르게 늙어버린 사람이다. 그런 방탕한 습관 중에서 성性에 대한 너무 이르고 과도한 탐닉이나 그와 비슷한 소모적인 열정보다 더 흔한 건 없다. 환자는 멀쩡한 상태로 잠자리에 든다. 그리고 새벽 2시쯤 엄지발가락에 극심한 통증을 느끼며 깨어난다. 좀 더 드물게는 발뒤꿈치나 발목, 발등에 나타난다. 그 고통은 뼈가 탈구될 때와 비슷하며, 그 위에 차가운 물을 붓는 느낌과도 비슷하다. 그리고 한기가 들고 몸이 떨린다. 약간의 열도 난다…. 고통 속에서 잠도 못 잔 채로 아픈 부위를 이리저리 돌리며, 끊임없이 자세를 바꾸며 밤을 보낸다. 관절의 고통이 멈추지 않듯이 계속해서 몸을 뒤척여야 한다. 그리고 발작이 찾아오면 더 나빠진다.

현대의 통풍 치료는 대개 고통스러운 증상을 일으키는 요산 결정을 제거하는 데 초점을 맞추고 있다. 통풍이 염증성 질환이므로 이부프로펜 같은 항염증제가 고통을 누그러뜨리는 데 종종 유용하다. 콜히친은 가을 크로커스 혹은 초원 샤프란이라고 불리는 콜히쿰 오톰날Colchicum automnale의 씨앗과 구근에서 추출한다. 에버스 파피루스는 콜히쿰을 류머티즘과 부종의 치료제로 추천했다. 그리고 5세기 중반 그리스 의사 트랄레스의 알렉산드르는 통풍 치료제로 권했다. 벤자민 프랭클린은 통풍으로 고생했으며, 미국 식민지에 콜히쿰을 도입한 사람으로도 알려져 있다. 재미있는 이야기가 하나 있는데, 콜히친이 너무 오랫동안 쓰여 왔기 때문에 임상에 처음 도입한 지 약 3500년이 지난 2009년까지 누구도 단독 통풍 치료제로 FDA의 승인을 받으려는 생각을 하지 못했다.

4. 도버산: 1709년 도버의 원정대는 칠레 연안에 있는 후안페르난데스 제도의 한 무인도에 상륙했다. 그곳에서 스코틀랜드 출신의 알렉산더 셀커크라는 남자를 발견했다. 셀커크는 1703년에 '고상하지 못한 태도(음란한 행위)'를 이유로 법정에 출두하라는 교회의 명령을 피해 도망쳤다. 사략선 신크포츠호를 타고 영국을 떠났지만, 1704년 배가 항해에 적합한지를 두고 논쟁이 벌어진 뒤에 내려서 멀리 떨어진 섬으로 향했다. 신크포츠호는 얼마 뒤 침몰해 승무원 대부분을 잃었으므로 셀커크가 배에서 내린 건 현명한 일이었다. 그렇지만 도버의 원정대가 구출할 때까지 4년 이상은 고립되어 있어야 했다. 셀커크는 영국에서 소소한 유명인사가 되었으며, 그 사연은 〈더 잉글리시맨〉이라는 잡지에 자세히 실려 널리 읽혔다. 이 이야기는 훗날 대니얼

디포가 《로빈슨 크루소》를 쓰는 데 영감을 제공했다.

2장 말라리아를 치료한 기적의 가루

5. 탈보가 죽고 1년 뒤에: 오늘날, 약의 오용에 관한 문제는 대부분 오프라벨 판촉—FDA의 승인을 받지 않은 용도로 약을 판매하는 것—혹은 자사의 제품을 처방하는 대가로 의사에게 리베이트를 주는 제약회사와 연관된 문제를 둘러싸고 생긴다. 오프라벨 판촉과 관련된 최근의 법정 소송으로 존슨 앤 존슨은 2013년에 22억 달러의 합의금을 냈고, 2012년에는 글락소 스미스클라인이 30억 달러(이 중 10억 달러는 형사 벌금이었다), 2009년에는 화이자가 23억 달러를 냈다.

3장 비명 가득한 호러 쇼에서 차분하고 정교한 기술로

6. 하버드 의과대학 설립자의 한 명이자 당대의 가장 저명한 의사였던 존 워렌 박사: 존 워렌은 1753년 7월 27일 매사추세츠주 보스턴 근처의 록스버리에서 태어났다. 4형제 중 막내였다. 아버지 조셉 워렌은 사과 농장을 했으며, 칼뱅주의자로 아들에게 고등교육과 애국의 가치를 강조해서 가르쳤다. 존 워렌은 중등학교에서 공부를 잘해 1767년에 하버드대학교에 입학했다. 하버드에서는 라틴어를 배워 유능한 고전학자가 되었으며, 해부학 연구에 강한 흥미를 느껴 해부학 클럽에 가입했다. 여기서 하등동물을 해부하며 인체의 골격을 연구했다. 시체를 적절히 공급받기 어려웠기 때문에 인체의 골격을 연구하는 일은 쉽지 않았다. 연구를 계속하기 위해 워렌은 동료 학생들과 함께 죽은 범죄자와 노숙자의 처분을 유심히 관찰했다.
졸업한 뒤 워렌은 1773년에 매사추세츠주 살렘에서 진료를 시작했다. 워렌의 병원은 독립전쟁에 큰 영향을 받았고, 형제인 조셉은 벙커 힐 전투에서 세상을 떠났다. 1780년 존 워렌은 하버드대학교 안에 의과대학을 설립하자고 처음으로 제안한 사람 중 한 명이 되었다. 1782년까지 하버드대학교는 의학의 세 전공 분야를 만들었고, 워렌은 새로 생긴 의과대학의 해부학과장으로 임명받았다.

워렌의 학생이었던 제임스 잭슨은 워렌의 교수법에서 "가장 독특한 매력"이 "활기찬 전달 방식, 강의하는 주제에 관해 보이는 흥미, 모든 수강생이 자신의 시연과 설명에 만족해야 한다는 배려에서 나온다"라고 기록했다. 워렌은 뛰어난 외과 의사로 명성을 쌓았고, 새로운 수술 방법 개척으로 높은 평가를 받았다. 1815년에 이르자 하버드 의과대학에는 50명의 학생이 다녔고, 존 워렌의 장남인 존 콜린스 워렌이 해부학과 외과 수술 분야에서 조교수로 일했다. 그로부터 30년 뒤 이 조교수는 사상 최초의 마취 후 수술을 집도했다.

4장 염색회사, 최초의 블록버스터 신약을 만들다

7. 살리실산염은 수천 년 동안 열과 통증, 염증을 줄이는 데 쓰였다: 식물은 대부분 살리실산염을 만든다. 살리실산염은 식물의 각기 다른 부위가 서로 소통할 수 있게 해주는 호르몬이다. 버드나무가 유독 살리실산염이 풍부한 식물이라 그렇지 만약 그렇지 않았다면 살리실산염과 관련된 생리학에서 그다지 주목받지 않았을 것이다. 살리실산염의 작용 사례는 식물의 한 부분이 바이러스나 곰팡이에 감염되었을 때 생기는 증상인 전신획득저항성SAR이라는 병에 걸렸을 때 볼 수 있다. 최초 감염 이후 하루이틀 뒤에 똑같은 병원체로 식물의 다른 부위를 감염시키려 하면 식물이 이제 그 병원체에 저항성을 갖고 있는 것을 볼 수 있다. 왜 그럴까? 식물의 감염된 부위는 관다발계로 살리실산염을 방출한다. 살리실산염은 순환하며 식물의 다른 부위로 가서 그

곳에서 식물의 항체(저항 인자라고 한다)와 같은 독성 물질을 만들도록 유도한다. 그 결과 감염이 퍼지는 것을 억제할 수 있게 된다.
식물의 저항 인자는 독성이 강할 수 있으며, 심지어 식물의 한 부위를 죽게 할 수도 있다. 동물은 쓸 수 없는 방어 전략이다. 팔이나 다리를 하나 잃는다는 건 질병과 싸우는 것보다 더 나쁜 상황이기 때문이다. 그러나 식물은 가지나 뿌리 하나를 잃어도 살아남을 수 있으므로 훌륭한 생존 전략이 된다. 그래서 종종 죽은 부분이 달린 나무나 덤불을 볼 수 있는 것이다. 반면, 인간을 포함한 동물은 선천성 면역이라고 부르는 유사한 방어 체계를 가지고 있다. 우리가 감기에 걸려서 아플 때 느낌이 아주 엉망인 건 우리의 선천성 면역 체계가 끼어들어 병원체뿐 아니라 우리에게도 독성을 띠는 화학물질을 만들어내기 때문이다.

8. 결국 릴리의 항생제는 FDA의 승인을 받았고, 현재 매년 10억 달러가 넘는 매출을 올리고 있다: 계속 낚는 대신 미끼를 끊기로 하는 형편없는 결정의 또 다른 사례는 항콜레스테롤제 사냥에서 볼 수 있다. 1975년 생화학의 새로운 발견에 힘입어 머크는 체내의 콜레스테롤 합성에 관해 연구하겠다고 나섰다. HMG-CoA 환원 효소가 콜레스테롤을 합성하는 경로에 있는 첫 번째 체내 효소라는 사실은 알려져 있었다. 그래서 머크의 과학자들은 HMG-CoA 환원 효소를 억제하는 화합물을 찾기 시작했다. 그런 억제제가 효과적인 항콜레스테롤제로 드러날지도 모른다고 추측했다. 수백 가지 표본을 무작위로 조사한 지 일주일 만에 연구진은 아주 강력한 HMG-CoA 환원 효소 억제제 후보를 발견했다. 이것은 예외적으로 빠른 승리였다. 보통은 수천 가지 표본을 검사해야 좋은 후보를 찾을 수 있었기 때문이다. 1979년 머크 소속 과학자 칼 호프만은 억제 물질을 정제해 최초의 성공적인 스타틴계 약, 로바스타틴을 탄생시켰다. 이 약은 1987년 고콜레스테롤혈증의 표준 치료

제로 FDA의 승인을 받았다.

이 시점에서 머크는 실용적인 항콜레스테롤제를 더 찾는 경쟁에서 다른 제약회사보다 앞서 나가고 있었다. 로바스타틴이 토양 미생물에서 나왔다는 이유로 머크는 이미 합성 분자의 도서관에서 HMG-CoA 억제제를 찾는 연구에서 진전을 이루었음에도 흙의 도서관이 더 나은 스타틴계 약을 찾기에 가장 좋은 장소라고 추론했다. 머크는 미끼를 끊기로 했다. 합성화학을 이용해 더 나은 항콜레스테롤제를 개발하는 데 노력을 들이는 대신 오로지 토양에서 나오는 화합물에 집중하기로 했다.

기회가 왔다고 느낀 머크의 경쟁사 워너 램버트는 머크가 포기한 HMG-CoA 억제제에 관한 화학 연구를 이어서 진행했고, 훨씬 더 나은 억제제인 리피토를 발견했다. 리피토는 순식간에 그리고 놀라울 정도로 로바스타틴(그리고 머크가 토양에서 찾은 또 다른 스타틴 계열의 약 심비스타틴)의 판매를 앞질렀다.

6장 의약품 규제의 비극적인 탄생

9. 바이엘은 이 신약에 프론토질이라는 이름을 붙였다: 프론토질의 발견은 전적으로 잘못된 가설(염료가 효과적인 항균제가 될 수 있다는 생각)에 바탕을 두고 있었지만, 성공적인 결과에는 논쟁의 여지가 없었다. 프론토질 연구팀을 이끈 바이엘의 연구책임자 게르하르트 도마크크는 1939년 노벨 생리의학상을 받았다. 안타깝게도 도마크크 자신은 수상의 즐거움을 오랫동안 누리지 못했다. 과거 1935년에 나치에 매우 비판적이었던 독일인 카를 폰 오시츠키가 노벨 평화상을 받은 일은 독일 정부를 분노하게 만들었고, 그 결과 나치는 독일인이 노벨상을 받는 것을 불법으로 규정했다. 도마크크는 나치 정권의 강요로 상을 거부해야 했다. 그리고 결국 게슈타포에 체포되어 일주일 동

안 감옥에 갇혔다.

10. 미국식품의약국FDA은 아주 초기, 임상시험에 들어가기 한참 전부터 약 개발을 감독한다: 규제 기관은 임상시험에 필요한 실험 요건을 정의해 제공하는 대신 수행해야 하는 연구에 관한 일반적인 안내문만 내놓는다. FDA가 명확한 지침을 공유하려 하지 않지만, 실제로는 어떤 연구를 수행해야 하는지 체크리스트를 이용해 쉽게 설명할 수 있다.

- 급성 독성 시험: 실험동물, 보통 설치류에 점차 양을 늘려가며 투여한 뒤 각각의 투여에 이은 독성 효과가 나타나는지 동물을 관찰한다. 투여량은 광범위하다. 아주 적은 양부터 견딜 수 있는 최대량('무독성 효과 수준'이라고 부른다)까지 투여하고, 더 나아가 명백하게 독성을 나타내는 양까지 투여한다. 각 실험이 끝나면 실험동물을 희생시킨 뒤 약이 내부 장기에 어떤 효과를 끼쳤는지 알아보기 위해 부검을 실시한다.
- 심실재분극 간격 연장 시험: 약제의 표적 중 어떤 것은 억제하기 매우 어렵고, 어떤 것은 상대적으로 쉬우며, 어떤 것은 약의 효과에 너무 민감해 때때로 다른 곳에 작용하도록 만든 약에 의해 의도치 않게 억제된다는 사실은 잘 알려져 있다. 이렇게 대단히 민감한 표적의 하나가 심장의 규칙적인 움직임을 조절하는 데 관여하는 이온 통로인 hERG 통로이다. hERG 통로를 억제하면 심장의 주기적 운동에서 심실재분극 간격이 늘어나고, '다형성 심실빈맥'이라고 하는 잠재적으로 치명적인 부정맥으로 이어질 수 있다. 삼환계 항우울제, 항정신병제, 항히스타민제, 말라리아 약을 포함한 다양한 계열의 약물이 모두 hERG 통로를 억제한다. 따라서 임상시험을 시작하기 전에는 반드시 hERG 통로 억제를 확인해야 한다.
- 유전독성 시험: 암은 유전이거나 혹은 특정 바이러스, 방사선, 돌연변이를 일으키는 화학물질에 노출되는 생활 속에서 생기는 유전자 돌연변이가 원인

이다. 따라서 돌연변이를 일으키는 성질이 있는 약을 생산하지 않도록 주의해야 한다. 돌연변이가 유발하는 발암성에 관한 현재 이론을 만든 과학자의 하나인 브루스 에임스는 세균을 이용한 간단한 시험을 개발했다. 에임스를 기려 에임스 시험이라고 하는 이 방법으로 돌연변이를 유발하는 활동과 어떤 화학물질의 잠재적인 발암성을 감지할 수 있다. FDA는 신약 시험의 일부로 에임스 시험과 설치류의 염색체 이상과 염색체 손상을 파악하는 관련 시험을 수행하도록 요구한다.

- 만성 독성학 시험: 급성 독성 연구는 약으로 생기는 즉각적인 손상을 살펴본다. 그러나 투여량이 낮더라도 오랜 기간 반복적으로 약을 투여했을 때 독성이 나타날지도 모른다는 우려가 있다. 만성 독성학 연구는 이 문제를 다룬다. 특정 약을 장기간에 걸쳐 세 가지 양으로 투여한다. 독성이 확인된(급성 독성 시험으로) 양, 치료에 맞는 양, 중간 양. 이 시험은 설치류(보통 쥐)와 비설치류(보통 개지만, 어떤 환경에서는 원숭이나 돼지도 쓰인다) 두 종을 대상으로 진행한다. 만성 독성 시험의 지속 기간은 반드시 의도한 임상 용도와 맞아야 한다. 며칠 정도 투여할 항생제 같은 화합물에는 2주 시험이 적당하다. 고혈압약처럼 장기간 복용해야 하는 약에는 6개월 이상의 연구가 필요하다. 장기간에 걸쳐 수행해야 하고 동물이 많이(쥐 100마리와 개 20마리가 보통이다) 필요하기 때문에 당연히 이런 연구에는 비용이 굉장히 많이 들 수 있다. 게다가 실제 시험용 약물도 많이 필요하다. FDA의 기준을 정확히 만족하는 방식으로 이런 약물을 준비하는 데는 많은 비용이 든다.

FDA 시험용 약을 제조하는 데 비용이 많이 드는 이유는 '우수의약품제조관리기준GMP'에 부합하도록 만들어야 하기 때문이다. 합성 과정을 명확하게 정의하고 상세하게 설명해야 하며, 매번 정확하게 이에 따라야 한다. 생산하는 약의 품질을 관리할 수 있도록 분석 방법을 개발하고 검증해야 한다. 약의 순도도 반드시 정해야 한다. 그리고 존재하는 불순물을 확인하고 특징을 파악하며, 매번 일정하게 만들어야 한다. 게다가 약을 단순한 방식으로 시험 대상에 투여하지 않는다. 약의 배달을 최적화하는 복잡한 조제법을 이용해 투여한다. 이 조제법은 반드시 최적화되어야 하며 향후 연구에서도 변하지 않아야 한다. 마지막으로, 이런 연구는 면밀한 관리 · 감독하에 GMP 전문실험실에서 수행해야 한다.

독성 시험 과정에서는 많은 일이 잘못될 수 있다. 나는 모든 게 잘 되다가 만성 독성학 연구 도중 쥐가 위장 출혈을 일으켰던 일련의 FDA 시험 하나를 기억하고 있다. 우리는 깜짝 놀랐다. 그 화합물의 생물학적 성질 중에는 위장 출혈을 예상할 수 있는 게 전혀 없었고, 이전 실험에서도 그런 현상을 본 적이 없었다. 오래 걸리고 비용이 많이 드는 연구 끝에 우리는 그 화합물이 위장의 산성 환경에 노출되면 길고 날카로운 바늘 모양의 결정이 된다는 사실을 알아냈다. 시간이 지나면서 날카로운 바늘이 쌓여 위장관의 내벽을 찢어놓기 시작했던 것이다. 생화학적 효과가 아니라 물리적 효과였지만, 그럼에도 FDA 시험은 끝이 났고 우리는 다시 처음으로 돌아가야 했다.

11. 액트 업 같은 활동가들이 FDA에 잠재적인 에이즈 치료제의 임상시험 기준을 완화해달라고 청원했던 일: 아마도 탈리도마이트 사태보다 더 여론을 경계하는 쪽으로 기울어지게 만든 사건은 없을 것이다. 이 약은 1953년 스위스 제약회사인 시바가 처음 개발했다. 분명한 약리적 효과를 입증할 수 없자 시바는 곧 탈리도마이드에 관한 연구를 중단했다. 그렇지만 다른 회사, 독일 슈톨베르크에 있는 헤미 그뤼넨탈이 개발을 이어갔고, 1957년 10월 1일 탈리도마이드가 대중에게 모습을 드러냈다. 원래는 항경련제로 시장에 나왔지만, 곧 이 용도로는 효과가 없다는 사실이 드러났다. 탈리도마이드는 화학적으로 바르비투르산염과 비슷했고, 제약회사 과학자들은 어쩌면 비슷한 작용을 할지도 모른다고, 즉 간질에 효과가 있을지도 모른다고 추측했던 것이다.

그러나 이들은 탈리도마이드가 바르비투르산염과 똑같은 원리로 작용하는지 끝내 확인하지 않았다. 그리고 작용 원리는 전혀 달랐다.

비록 항경련제로서는 실패했지만, 탈리도마이드가 후유증 없이 숙면을 유도한다는 사실이 주목을 받았다. 게다가 많은 양을 투여해도 위험하지 않았다. 다른 진정제와 달리 전혀 자살 위험을 높이지 않았던 것이다. 탈리도마이드는 곧 서독에서 가장 인기 있는 수면제가 되었고, 병원과 정신병원에서 폭넓게 쓰였다. 인플루엔자, 우울증, 조루, 결핵, 생리전 증후군, 갱년기, 스트레스성 두통, 알코올 중독, 불안, 정서 불안 등 다양한 증상의 치료제로 팔렸다. 1950년대가 끝날 무렵 탈리도마이드는 14개 제약회사에 의해 46개국에서 팔리고 있었다.

또, 탈리도마이드가 효과적인 제토제(구토 방지약)라는 사실이 드러났다. 그리고 입덧 증상을 완화하기 위해 수천 명의 임신부가 처방을 받았다. 당시에는 대부분의 약이 태반장벽에 가로막혀 모체에서 태아로 이동하지 못한다고 생각했기 때문에 이 약이 성장 중인 태아에게 위해를 가할 수 있다는 걱정은 거의 하지 않았다. 그러나 1950년대 말부터 1960년대 초에 기형, 특히 해표지증(팔다리가 지느러미처럼 생기는 현상)을 안고 태어나는 아기의 수가 급격히 늘었다. 탈리도마이드가 팔렸던 46개국에서 모두 합쳐 1만 건이 넘는 사례 보고가 있었다. 지구 반대편의 호주에 살았던 산부인과 의사 윌리엄 맥브라이드와 독일의 소아과 의사 비두킨트 렌츠는 각각 독자적으로 탈리도마이드와 이런 기형아 사이에 연관 관계가 있다는 가설을 세웠다. 1961년 렌츠는 이 가설을 설득력 있게 입증해냈다.

미국에서는 충격이 최소한에 머물렀다. 탈리도마이드 승인을 거부한 FDA 심사위원 프랜시스 올덤 켈시의 활동 덕분이었다. 탈리도마이드 사용과 말초신경병증 사이에 연관성이 있다는 보고가 있자 켈시는 FDA 승인을 내리기 전에 좀 더 시험할 필요가 있다고 주장했다. 켈시는 제조사가 최소한의 동물 안전 데이터만 제공했을 뿐 장기간 위험 평가와 임신부 위험 평가는 수행하지 않았다는 사실에도 주목했다. 그 결과 탈리도마이드는 1950년대와 1960년대에 미국에서 판매되지 않았다.

그러나 어떤 약도 좋기만 하거나 나쁘기만 한 게 아니며 투여량과 환자 개인, 상황에 크게 의존한다는 사실은 알아둘 필요가 있다. 처방이 시작된 지 몇 년 동안 아무도 탈리도마이드가 실제 어떤 원리로 작용하는지 몰랐다. 마침내 대학에서 이루어진 연구 결과 탈리도마이드가 한센병, 흔히 나병으로 알려진 질병의 고통스러운 합병증인 나성결절홍반에 유용한 치료제라는 사실이 드러났다. 1991년 록펠러대학교의 질라 캐플런은 탈리도마이드가 종양 괴사 인자 알파(TNF 알파)를 억제함으로써 한센병에 효과를 발휘한다는 사실을 밝혔다. TNF 알파는 사이토카인이라는 호르몬으로 면역 세포를 조절하고, 염증을 유도하며, 종양 발생과 바이러스 복제를 억제한다. 하버드 의과대학교의 로버트 다마토는 더 나아가 탈리도마이드가 새로운 혈관의 성장을 억제할 가능성이 있다는 사실을 보였다. 이 발견은 탈리도마이드를 암 치료에 쓸 수도 있음을 시사했다. 1997년 바트 발로기는 탈리도마이드가 다발성 골수종의 효과적인 치료제라고 보고했으며, 얼마 지나지 않아 FDA는 탈리도마이드를 한센병뿐만 아니라 이 암의 치료제로 승인했다. 그러나 탈리도마이드를 투여받기 전에 환자는 기형아 출산을 방지하기 위해 특별한 과정을 거쳐야 한다. 비록 FDA는 적절한 예방 조치가 자리 잡았다고 느끼고 있지만, 세계보건기구WHO는 다음과 같이 발표했다.

지난 경험에 비추어 볼 때 탈리도마이드의 오용과 싸우기 위한 확실한 감시 체계를 개발하고 실행하는 것이 사실상 불가능하므로 WHO는 한센병 치료에 탈리도마이드를 사용하는 것을 권장하지 않는다.

12. 세계 최초로 좀 더 넓은 범위에 작용하는 항생제: 벤질페니실린의 항생 작용 범위는 꽤 훌륭하지만, 광범위라고 볼 수는 없다. 페니실린은 세계 최초의 진정한 항생제다. 거기까지다.

13. 페니실린이 진정한 기억의 약이기는 했지만, 어떤 세균성 질환은 페니실린에도 끄떡없었다: 페니실린은 완벽한 약이 아니었다. 페니실린의 성공 이후 좀 더 나은 항생제를 만들기 위한 연구 계획이 다수 생겼다. 이런 계획의 목표로는 좀 더 광범위한 항생 작용을 하는 화합물 찾기, 주사 대신 경구로 투여할 수 있는 화합물 찾기(벤질페니실린은 경구로 투여할 수 없다), 중추 신경계 속에 있는 세균과도 싸울 수 있는 화합물 찾기(페니실린 화합물은 일반적으로 혈액뇌장벽을 통과해 중추 신경계로 들어가지 못하고, 따라서 세균성 뇌염 같은 뇌 감염을 치료하는 데 쓸 수 없다), 그리고 가장 중요한 목표로, 세균의 저항력을 낮추거나 극복할 수 있는 화합물 찾기 등이 있었다. 이런 연구 계획은 종종 화학적 합성의 골격이 되는 천연 페니실린 유사 화학물질을 찾는 데 집중한다. 이와 같은 페니실린 유사 화학물질에는 베타락탐 고리라고 부르는 특별한 분자 형태가 있다. 베타락탐 고리는 보통 페니실린 분자 구조 가운데 있는 네모 형태로, 화합물의 '탄두' 역할을 하며 세균에게 독성 공격을 가한다. 베타락탐 고리가 있는 화합물의 예로 세팔로스포린, 모노박탐, 카르바페넴이 있다.

14. 아마 그중에서 가장 무서운 병은 결핵이었을 것이다: 결핵은 이제 선진국에서는 그다지 큰 걱정거리가 아니지만, 추정컨대 오늘날 살아 있는 사람의 약 3분의 1이 마이코박테리움 투베르쿨로시스에 감염되어 있으며 1초에 한 명꼴로 새로운 감염자가 생겨나고 있다. 대부분의 결핵 감염은 증상이 없고

해롭지 않다. 그러나 현재 세계적으로 약 1400만 명의 만성 활동성 결핵 환자가 있으며, 매년 200만 명이 목숨을 잃는다.

15. '하얀 죽음'이라고도 불렸다: 결핵은 '무서운 하얀 전염병'으로도 알려졌으며, 환자의 극단적인 빈혈로 인한 창백한 안색 때문에 '하얀'으로 불렸다. 미국의 의사이자 문필가였던 올리버 웬델 홈즈가 1861년 이 전염성 폐병을 다른 끔찍한 당대의 질병과 비교하면서 '무서운 하얀 전염병'이라는 말을 만들었다. 결핵 환자가 죽은 듯이 창백한 혈색을 띤다는 사실은 유명하지만, 일부 역사가는 '하얀'이라는 단어가 젊음, 순수함, 심지어는 고결함을 떠올리게 하는 결핵의 문화적인 속성에 기인할 수도 있다고 주장한다. 결핵 환자는 천사와 같은—빛이 나고, 여리고, 섬세함에 가까운—겉모습을 하고 있기 때문이다. 좀 더 문학적인(혹은 여성 혐오적인?) 성향을 띤 몇몇 작가는 여성 환자의 병약한 얼굴이 특히나 더 매력적으로 보이며, 적어도 한 명 이상의 남성 관찰자가 결핵은 여성에게 '터무니없는 아름다움'을 부여한다고 공언하게 된다고 말했다.

16. 왁스먼도 자신의 연구로 결국 노벨상을 받았다: 왁스먼은 결핵 치료제인 스트렙토마이신을 개발한 업적으로 1952년 노벨 생리의학상을 받았다. 그러나 공동 연구자인 알버트 샤츠는 노벨상에 이름을 올리지 못했다. 샤츠는 이런 배제에 강하게 항의했고, 결국 소송으로까지 이어졌다. 왁스먼은 샤츠에게 금전적인 보상을 주고 샤츠가 "스트렙토마이신의 공동 발견자로 법적이고 과학적인 인정"을 받았다고 밝히는 것으로 합의했다.

17. 18개의 대형 제약회사 중에서 15곳이 항생제 시장을 완전히 포기했다: 토양에 사는 전체 미생물의 약 99퍼센트는 페트리 접시 위에서 기르려고 하면

죽는다. 이는 흙의 도서관에서 신약을 찾으려고 할 때 항상 제약이 되는 요소였다. 그러나 2000년대 초 노스이스턴대학교의 두 교수, 킴 루이스와 슬라바 엡스타인이 이전에는 토양 속에서만 생존할 수 있다고 생각했던 미생물을 배양하는 방법을 찾아냈다. 이 기술적인 혁신 이후 갑자기 처음으로 이른바 '배양 불가능한 벌레들'을 연구하고 개발하는 일이 가능해졌다.

루이스와 엡스타인은 매사추세츠주 케임브리지에 노보바이오틱 파마슈티컬스라는 회사를 세우고 새로운 방법을 이용해 새로운 항생제를 찾기 시작했다. 그러나 과거에 페트리 접시에서 배양할 수 없었던 토양 미생물을 기를 수 있게 되었음에도 기본적인 접근법은 예전에 흙의 도서관을 뒤지고 다닐 때와 똑같다. 토양에서 찾아낸 미생물을 무작위로 기른 뒤 스크리닝을 통해 세균성 병원체를 죽이는 화학물질을 만드는지 확인하는 것이다.

2015년 초, 노보바이오틱은 테익소박틴이라고 하는 중요한 새 항생제를 발견했다고 보고했다. 테익소박틴은 동물에게 해를 끼치지 않는 채로 약물에 내성이 매우 강한 여러 병원체에 효과가 있는 것으로 보인다.

9장 인류를 구원한 돼지의 묘약

18. 인도의 의사들은 특정 환자의 오줌에 개미가 꼬인다는 사실을 알아챘다: 당뇨는 '달콤한 오줌'이라는 뜻이므로 20세기 전에 당뇨병을 확인하기 위해 어떤 시험을 했는지는 어렵지 않게 떠올릴 수 있을 것이다. 오줌의 맛을 본다는 건 역겹게 들리고 잠재적으로 위험하기도 하지만, 현대의 생화학 도구가 개발되기 전에는 환자의 오줌을 혀로 찍어보는 일이 흔하기도 하고 유용하기도 했다. 초창기 과학자들은 오늘날의 기준으로 무모하거나 위험한 일을 많이 했다. 예를 들어, 19세기 말의 미생물학자 루이 파스퇴르의 실험 공책에는 파스퇴르가 생화학 실험의 결과물을 자주 맛보았다는 기록이 있다.

마리 퀴리는 재생불량성 빈혈로 66세에 세상을 떠났는데, 평생 연구했던 방사성 화학물질에 노출된 게 원인이었을 게 거의 확실하다. 지금도 퀴리의 공책은 여전히 방사능 수준이 높아 만지기에 너무 위험하다. 이런 역사적인 유물은 납을 댄 상자 안에 보관되어 있고, 역사학자는 반드시 보호복을 입고 보아야 한다. 40년 전 처음으로 화학을 공부하기 시작했을 때 나는 내가 의도한 화학 반응이 제대로 이루어졌는지 확인하려면 연구 중인 화학물질의 냄새를 맡으라고 배웠다. 다행히 21세기의 화학 교실에서는 그렇게 손과 코를 이용하는 방법이 사라졌다.

19. 연구자들이 인슐린을 추출할 수 있다는 기대를 품고 췌장을 갈 때마다: 프레데릭 앨런과 엘리엇 조슬린이라는 두 의사는 20세기 초 당뇨병 치료 분야에서 가장 인정받는 전문가였다. 당시에 당뇨병 치료의 주요 목표는 혈중 글루코스의 농도를 낮추는 것이었다. 그러나 인슐린을 손에 넣을 수 없었기 때문에 환자의 식단에서 글루코스의 양을 줄이는 게 의사가 쓸 수 있었던 최고의 방법이었다. 안타깝게도 동물 실험 결과 당뇨병은 글루코스 대사의 문제일 뿐만 아니라 단백질과 지방 대사의 문제이기도 하다는 점이 드러났다. 단순히 식단에서 탄수화물을 없앤다고 하면, 몸은 대신 지방과 단백질을 태워 혈액을 산성화하는 산성 케톤체라는 화학물질을 만든다. 혈액의 pH(용액의 산성을 측정하는 단위)는 7.35에서 7.45 사이로 중성에 가까운 아주 좁은 범위 안에 놓여야 한다. 산혈증이 오면, 즉 혈액의 pH가 낮아지면, 호흡 곤란과 심장 부정맥, 근육 약화, 소화기 장애, 혼수상태로 이어질 수 있고, 치료하지 않으면 목숨을 잃는다. 따라서 인슐린이 없는 상태에서 앨런과 조슬린이 쓸 수 있는 유일한 당뇨병 치료법은 환자를 완전히 굶겨 탄수화물과 단백질, 지방을 식단에서 없애버리는 것이었다. 물론 사람은 먹지 않으면 살 수 없다. 그래서 조슬린과 앨런은 통상적으로 생존에 필요한 칼로리의 20퍼센트를

제공하며, 탄수화물과 당이 특별히 적은 형태의 식단을 개발했다. 그런 식단은 환자의 세포가 부수적인 손상을 입는 것을 최소화했지만, 환자는 극심하게 여위었다. 조슬린은 보스턴에 있던 자신의 병원에서 그 식단을 받은 환자를 가리켜 "뼈와 영혼만큼의 무게밖에 나가지 않는다"라고 묘사했다. 그런 극단적인 식단으로 치료를 할 수는 없었지만, 생명을 조금 연장할 수는 있었다. 그러나 자연히 이런 질문이 나올 수 있다. 게걸스럽게 먹어도 평범한 생활을 할 에너지가 없을 정도로 삶의 질이 형편없는데 수명을 늘리는 게 무슨 소용이냐고. 그런 비참한 식단에 매달리는 유일하게 합리적인 이유는 진짜 치료제가 나올 때까지 생존할 수 있다는 것뿐이다.

20. 콜립은 개에게서 추출한 인슐린에 최상급 생화학 기법을 적용해 좀 더 정제된 형태로 만들었다: 모든 단백질은 몇 가지 물리적 특성을 공유하지만, 알코올 용해성에서는 종종 차이를 보인다. 그래서 콜립은 인슐린을 정제하는 수단으로 알코올 침전 분류법이라는 기술을 연구했다. 순수하지 않은 인슐린 화합물에 천천히 알코올을 추가하면서 딱 인슐린이 녹을 정도로만 만드는 방법이다. 화합물 안에 든 다른 단백질은 모두 인슐린보다 용해성이 낮으므로 액체 속에서 작은 알갱이를 이루어 가라앉는다. 이 알갱이는 쉽게 제거할 수 있다.

21. 바이러스 연구자인 스탠퍼드대학교의 폴 베르그 교수가 20세기의 가장 중요한 실험을 해낸 것이다: 베르그는 샌프란시스코만 인근에서 연구하던 다른 두 교수—DNA를 자르고 붙이는 효소의 전문가인 UC샌프란시스코의 허브 보이어와 스탠퍼드 소속으로, 유기체 사이에서 유전자를 운반하는 작은 원형 DNA인 플라스미드의 전문가 스탠리 코언—와 팀을 이루어 새로운 재조합DNA 기술을 최적화했다.

22. 여러분은 투쟁-도피 반응에서 아드레날린의 역할에 익숙할 것이다: 2010년 5월 13일, 〈뉴잉글랜드 의학저널〉은 수차례 현기증과 발한, 심계항진을 겪고 쓰러진 뒤에 매사추세츠 종합병원에 입원한 54세 여성의 사례를 보고했다. 조사 결과, 이 여성은 고혈압을 앓고 있었다. 그러나 혈압이 자세에 따라 크게 달라졌다. 앉아 있거나 누워 있을 때는 혈압이 올라갔지만, 일어서거나 걸으면 혈압이 심하게 떨어졌고, 아주 낮은 수준까지 떨어지면 의식을 잃었다.

결국, 고혈압의 원인이 부신에 생긴 갈색세포종이라는 드문 유형의 종양이었음이 드러났다. 이 종양은 아드레날린을 대량으로 분비한다. 자동차 사고를 당한 적이 있거나 사고를 당할 뻔한 적이 있는 사람이라면 '아드레날린 러시'가 어떤 기분인지 알 것이다. 심장이 빠르게 뛰고, 모든 게 느려지는 것처럼 보이며, 주변 상황을 굉장히 예민하게 의식하는 기분이 든다. 게다가 혈압이 올라간다. 이 모든 현상은 위험을 인식한 순간 부신이 재빨리 대량의 아드레날린을 분비하기 때문에 일어난다.

갈색세포종이 있는 환자의 대부분은 항상 대량의 아드레날린이 나와 혈압을 높인다. 그런데 이 여성과 같은 일부 사례에서는 환자의 몸이 지속적인 아드레날린의 공격에 적응해서 혈압의 변동이 커지는 결과가 나타난다. 이 여성이 누워 있을 때는 심장과 머리의 높이가 같아서 혈압이 높게 유지되고, 뇌에 적당한 양의 혈액이 순환할 수 있다. 보통 일어나 앉으면 순환계가 재빨리 혈압을 높임으로써 머리가 심장보다 높은 위치에 온다는 사실을 상쇄하고 뇌로 가는 혈액을 일정하게 유지한다. 그런데 갈색세포종으로 괴로워하던 이 여인의 경우, 몸이 대량의 아드레날린을 과도하게 상쇄해서 뇌로 적당한 양의 혈액을 보내는 데 필요한 혈압을 유지하지 못했고, 그에 따라 실신

하는 일이 벌어졌다.

이 환자는 종양을 제거하는 수술을 받았다. 그 뒤 환자의 아드레날린은 놀라울 정도로 감소했고, 현기증도 크게 줄어들었다. 그리고 환자는 다시 일자리로 돌아갈 수 있었다.

23. 이런 가망성이 높아 보이는 아이디어를 갖고 영국 회사인 ICI 파마슈티컬스를 찾아가 신약을 사냥하는 과학자로 지원했다: 블랙은 위궤양 치료제를 개발하기 위해 비슷한 전략을 썼다. 그러나 ICI는 위궤양약에 관심이 없었다. 결국, 블랙은 사직하고, 1964년 스미스, 클라인 앤 프렌치에 들어가 그곳에서 위궤양 연구를 계속했다. 블랙의 연구는 시메티딘(타가메트)을 발견하면서 정점을 찍었다. 시메티딘은 1975년 출시 이후 얼마 지나지 않아 또 다른 블록버스터 약이 되었다. 연 매출 10억 달러에 도달한 사상 최초의 약이었다.

24. ACE라고 불리는 효소: 신장은 낮은 혈압에 반응해 레닌이라고 하는 단백질을 만들어 분비한다. 레닌은 일련의 작용을 일으켜 혈압을 높인다. 혈액 속에서 레닌은 간에서 만들어진 안지오텐시노겐이라는 펩타이드(아주 작은 유형의 단백질)를 쪼개 안지오텐신 I이라는 더 작은 펩타이드로 만든다. 안지오텐신 I은 폐에서 ACE 효소에 의해 쪼개져 안지오텐신 II가 된다. 안지오텐신 II는 가장 효능 있는 혈관 작용물질로 의학계에 알려져 있다. 즉, 혈관을 수축시킨다는 뜻이다. 안지오텐신 II가 혈액 속으로 들어오면, 혈관이 좁아진다. 그러면 심장은 늘어난 저항을 이기기 위해 더 활발하게 움직이며, 그에 따라 혈압이 높아진다. 안지오텐신 II는 부신이 혈액의 양을 늘리는 호르몬인 알도스테론을 분비하게 만들기도 한다. 혈액의 양이 많아지면, 마찬가지로 혈압이 높아진다.

혈압을 높이는 안지오텐신 II의 형성은 ACE에 의해 조절되므로 ACE를 억제하는 화합물은 안지오텐신 II의 형성도 차단하며 고혈압 치료제로 쓰일 수도 있다.

25. 사실 캡토프릴은 스큅에게 스큅이 파는 다른 모든 약을 합친 것보다 더 많은 돈을 벌어다 주었다: 1985년에 이르면 고혈압 치료에 여러 가지 방법이 있었다. 가장 널리 쓰였던 세 가지는 티아지드계 이뇨제와 베타 차단제, ACE 억제제였다. 항고혈압제에 대한 수요가 무한해 보이자 화이자는 새로운 계열의 항고혈압제를 찾기로 했다. 1985년 영국 샌드위치에서 연구하던 화이자 소속의 과학자들은 혈압을 조절하는 다양한 생리적 경로에 관여하는 것으로 알려진 사이클릭 GMPcGMP라는 신호전달물질을 연구하기 시작했다. 다행스럽게도 cGMP 농도를 높이는 안정적인 전략도 있어 보였다. 바로 cGMP를 분해하는 효소인 포스포디에스테라아제를 억제하는 것이었다.
화이자가 포스포디에스테라아제 억제제를 찾기 시작할 때 세 과학자가 기체인 산화질소가 몸속에서 신호전달물질로 작용한다는 놀라운 사실을 발표했다. (이들은 이 발견으로 1998년에 노벨 생리의학상을 받았다) 이 발견은 심장 근육에 산소가 부족해 생기는 가슴 통증인 협심증을 치료하는 데 특별히 시사하는 바가 있었다. 19세기 이래 니트로글리세린이 협심증 치료에 널리 쓰였지만, 누구도 원리를 알지 못했다. 그런데 이제 니트로글리세린이 산화질소를 내놓아 혈관 확장을 유도하고 심장에 더 많은 산소를 제공한다는 사실을 알게 되었다. 이 사실이 화이자의 신약 사냥꾼에게 왜 중요했을까? 산화질소의 작용에 필요한 두 번째 심부름꾼이 바로 cGMP로 드러났기 때문이다.
샌드위치의 화이자 연구팀은 목적을 바꾸었다. 계속해서 cGMP를 늘리는 포스포디에스테라아제 억제제를 찾기는 했지만, 고혈압이 아니라 협심증을 치료하는 약을 개발하는 것으로 목적이 바뀌었다. 1989년에 이들은 적합한 물질을 찾았다. UK-92-480으로, 나중에 실데나필이라는 이름을 붙였다. 1991년, 실데나필은 협심증 치료제로 임상시험에 들어갔고, 완벽한 실패임이 드러났다. 한 세기도 더 전에 발견된 데다가 어디서나 저렴하게 구할 수 있었던 니트로글리세린보다 특별히 나은 점이 없었다.

그러나 몇몇 과학자는 임상시험에서 나타난 부작용 중 하나에 흥미를 느꼈다. 많은 남성 환자가 발기했던 것이다.

당시에는 발기부전을 치료할 방법이 거의 없었다. (사실 '발기부전'이라는 표현도 널리 쓰이지 않고 있었다.) 일부 의사는 발기를 돕기 위해 펌프와 수축기를 권했지만, 이런 도구는 로맨틱한 분위기에 그다지 도움이 되지 않는 게 분명했다. 알프로스타딜이라는, 발기부전 치료용으로 승인받은 약이 하나 있었지만, 성기에 직접 주사를 하거나—이쪽이 더 끔찍한데—알약을 요도 안으로 집어넣어야 했다. 수술로 이식해야 하는 인공 장치도 있었다. 따라서 화이자는 남성이 발기하도록 돕는 간편한 알약에 큰 시장성이 있다는 결론을 내렸다.

화이자는 발기부전 치료약으로 실데나필에 대한 임상시험을 시작했다. 남성 10명 중 거의 9명(87.7퍼센트)이 실데나필이 발기에 도움이 되었다고 말했다. 약을 계속 사용하고 싶다는 사람은 그보다 훨씬 많았다. 하지만 가장 뜻깊은 결과는 환자들의 소감이었다. 한 명은 다음과 같은 글을 남겼다. "연구에 참여하기 전에 나는 심각한 우울증을 겪고 있었다. 아내와 끊임없이 말싸움을 벌였고, 아내와 아이들의 삶은 대개 지옥과도 같았다…. 연구에 참여한 일은 우리 가족을 비탄으로부터 구해주었다…. 내 결혼 생활을 구해주었으며, 내 삶을 구해주었을지도 모른다."

또 다른 참여자는 이렇게 진술했다. "약은 매우 효과적으로 내가 성생활을 할 수 있게 해주었다…. 나이가 많음(91세)에도 불구하고 나는 나보다 한참 어린 남자들만큼 기능할 수 있다."

화이자는 1997년 9월에 FDA에 실데나필로 신청서를 제출했다. 실데나필은 우선 검토 대상이 되었고, 1998년 3월 27일에 승인을 받았다. 1998년 화이자는 비아그라라는 이름의 신약을 판매하기 시작했다. 그리고 1998년에서 2008년 사이에 전 세계에서 비아그라가 260억 달러의 매출을 올렸다고 발표했다.

11장 금지된 '바로 그 알약'

26. 록은 자신의 생식 연구소에서 모두 50명의 여성 지원자를 모집해 핀커스가 토끼 실험으로 성공했던 프로게스테론 세 종류를 투약하기 시작했다: 이 세 가지 프로게스테론은 노르에티스테론(러셀 마커의 신텍스가 제조)과 노르에티노드렐, 노르에탄드롤론(둘 다 시얼이 제조)이었다. 1954년 12월 록은 3개월 동안 3가지 프로게스틴(합성 프로게스테론-역자)을 50mg씩 5번 투여했을 때의 배란 억제 능력에 관한 첫 번째 연구를 시작했다. (한 주기에 21일이었다. 록은 5일에서 25일까지 약을 투여하고, 쇠퇴성 출혈이 생기도록 약을 쉬는 기간을 두었다.) 1회 투여량이 5mg일 때 노르에티스테론과 노르에티노드렐, 노르에탄드롤론은 투여량과 상관없이 성공적으로 배란을 억제했다. 하지만 모두 자궁 출혈을 일으켰다. 투여량이 10mg일 때는 노르에티스테론과 노르에티노드렐이 자궁 출혈을 일으키지 않고 배란을 억제했으며, 이어진 5개월 동안 14퍼센트의 임신율을 보였다. 핀커스와 록은 푸에르토리코에서 시험할 피임약 후보로 시얼의 노르에티노드렐을 선택했다.

12장 수수께끼의 치료제

27. 정신의학계에서는 대부분 정신 질환을 치료할 수 있는 약이 절대 없다고 생각했다: 우디 앨런은 영화 〈애니 홀〉에 오래된 농담 하나를 집어넣었다.

옛날 농담이 하나 생각나. 한 남자가 정신과 의사에게 가서 말하는 거야. 의사 선생님, 우리 형이 미쳤어요! 자기가 닭이라고 생각해요. 그러면 의사가 말해. 왜 형을 데려오지 않았나요? 남자는 또 이렇게 말하지. 그러려고 했는데, 그러면 달걀을 못 낳잖아요. 난 남녀관계도 그런 것 같아. 완전히 미친 일이고, 비이성적이고, 말도 안 돼. 하지만 우리는 계속 그런 일을 겪을 거야. 우리에겐 달걀이 필요하니까.

현대의 정신의학은 정신 질환과 형편없는 판단력을 구분하는 데 상당한 노력을 쏟아 부었다. 그건 쉽지 않은 일이다. 그런데 유대계 독일인이 미쳤다는 뜻으로 쓰는 두 단어, 메슈게meschugge와 페뤽트verrückt는 이 둘을 깔끔하게 구분해준다. 30여 년 동안 행복한 결혼 생활을 해온 중년 남자가 갑자기 20대 비서에게 푹 빠져서 바람을 피우기 시작한다. 아내가 이 사실을 알아내고 이혼을 요구한다. 남자는 즉시 후회하고 사과하지만, 배신당했다고 느낀 아내는 화해를 거부한다. 이건 메슈게다. 이와 달리, 한 남자가 중년 남자인 동생이 직장에 나타나지 않았다는 사실을 알게 되고, 동생의 이웃들도 며칠째 동생을 보지 못했다고 알려준다. 남자는 무슨 일인지 걱정이 되어 동생의 집으로 가고, 침대 밑에 숨어서 비명을 지르며 벌레를 먹는 동생을 발견한다. 이것이 페뤽트다.

약학적인 관점에서 볼 때 현재 사용 중인 정신과 의약품은 대부분—전부는 아니더라도—꽤 형편없는 약이다. 일반적으로 신약 개발을 진행하려면 검증된 약리적 표적이 있어야 한다. 그게 없다면, 약의 후보 물질을 시험하는 데 쓸 수 있는 동물 모델이 필요하다. 정신 질환의 큰 문제는 우리가 아직 정신 질환의 생리학적 근거에 관해 아는 게 거의 없으며, 그 아래에 깔린 신경화학적 불균형을 추측할 수밖에 없다는 점이다. 실험동물로 정신 질환을 재현할 수 없다는 사실은 문제를 더 복잡하게 만든다. 동물이 자살 충동을 느끼는지, 환각을 보는지, 괴로운 생각을 하는지 어떻게 알 수 있단 말인가? 그리고 이런 비정상적인 생각과 감정을 약이 누그러뜨렸는지 어떻게 알아낼 것인가?

28. 클로르프로마진의 성공은 정신분석학과 미국 정신의학계를 지배하고 있던 프로이트주의의 종말을 고하기도 했다: 첫 번째 항정신병제의 폭넓은 사용은 곧 전국에 있는 정신병원의 문을 닫게 만들었다. 탈시설화라고 부르는 공중보건 현상이었다. 이제 더 이상 불치의 정신 질환이 있는 사람을 격리할 필요가 없었다. 항정신병제 덕분에 공동체 안에서 살아갈 수 있게 되었기 때문이다. 그렇지만 이런 약은 아주 불완전한 약이었다. 탈시설화는 정신 질환을 약으로 완전하게 치료하지 않은 수많은 사람을 밖으로 내보낸다는 바람직하지 않으며 의도하지 않았던 효과가 있었다. 심지어는 항정신병제에 아주 잘 반응하는 경우에도 상당수의 환자가 약 복용을 중단하곤 했다. 이런 약에는 불쾌한 부작용이 많았기 때문에 특히 더 그랬다. 그 결과 시설에서 나온 수많은 환자가 감옥에 갔다. 이제 감옥은 정신 질환이 있는 사람을 가장 많이 수용하는 기관이 되었다. 2011년 〈뉴잉글랜드 의학저널〉에 실린 글에 따르면 제소자 중에서 정신 질환이 있는 사람의 비율은 일반 대중과 비교해 30배에 달한다. 환자를 감옥에 가두는 건 바람직한 해결책이 아니다. 새롭고 더욱 효과적인 의약품이 궁극적으로 이 불편한 의학적 문제를 해결해 주기를 기대한다.

나오며: 신약 사냥의 미래

29. 그보다 심한 사례로, 2016년에는 프랑스에서 진통제 시험 도중 한 명이 죽고 다섯 명이 심한 피해를 입은 일이 있다: 또 다른 비극적 사례가 있다.

2006년 테게네로 이뮤노 테라퓨틱스는 런던에서 TGN1412에 대한 임상시험을 시작했다. 백혈병과 류머티즘성 관절염 치료를 목적으로 개발한 신약이었다. 이 약은 인간의 면역 체계를 조절하는 방식으로 작용했다. 건강한 남성 지원자 6명이 과거 원숭이 실험으로 안전하다고 입증된 양의 아주 일부(0.2퍼센트)를 투여받았다. 이 6명은 모두 4시간 안에 중태에 빠졌다. 막대한 양의 면역 세포와 체액이 쏟아져 나오게 하는 '사이토카인 폭풍'으로 인해 괴멸적인 장기 부전을 일으켰던 것이다. 지원자 4명은 위험한 상황까지 가며 거의 죽을 뻔했다. 결국은 6명 모두 회복했지만, 앞으로 다양한 면역 질환을 겪을 가능성이 있다.
영국의 FDA라 할 수 있는 보건의료제품규제국MHRA은 이 사건을 조사했으며, 부정이나 위법 행위에 관한 증거를 발견하지 못했다. 테게네로는 정직하게 모든 자료를 규제 기관에 제공했고 적절한 시험 절차를 따른 것으로 보였다. 이 재앙 이후 MHRA의 감독 체계에 대한 재평가가 이루어졌다. 그 결과 영국의 임상시험 시행에 관한 규정이 엄격해졌다.
테게네로는 2006년 말 파산을 신청했다.

참고문헌

들어가며: 바벨의 도서관을 찾아서

아이스맨 외치

Fowler, Brenda. *Iceman: Uncovering the Life and Times of a Prehistoric Man Found in an Alpine Glacier*. Chicago: University of Chicago Press, 2001.

라파마이신과 수렌 세갈

Loria, Kevin. "A Rogue Doctor Saved a Potential Miracle Drug by Storing Samples in His Home after Being Told to Throw Them Away." *Business Insider*, February 20, 2015.

Sehgal, S. N. "Sirolimus: Its Discovery, Biological Properties, and Mechanism of Action." *Transplant Procedures*. 35 (3 Suppl.) (2003): 7S–14S.

Seto, B. "Rapamycin and mTOR: A Serendipitous Discovery and Implications for Breast Cancer." *Clinical and Translational Medicine* 1 (2012): 1–29.

FDA 승인을 받는 약의 개발 비용

DiMasi, J. A., H. G. Grabowski, and R. W. Hansen. "Innovation in the Pharmaceutical Industry: New Estimates of R&D Costs." Boston: Tufts Center for the Study of Drug Development, November 18, 2014. http://csdd.tufts.edu/news/complete_story/cost_study_press_event_webcast, retrieved January 4, 2016.

Emanuel, Ezekiel J. "Spending More Doesn't Make Us Healthier." *New York Times, October 27, 2011.*

"*Research and Development in the Pharmaceutical Industry, A CBO* Study." October 2006, https://www.cbo.gov/sites/default/files/109thcongress-2005-2006/reports/10-02-drugr-d.pdf, retrieved January 27, 2016.

Vagelos, P. R. "Are Prescription Prices Too High?," *Science* 252 (1991): 1080–4.

이 우주에 가능한 약물의 종류가 3×10^{62}라는 내용에 관해

Bohacek, R. S., et al. "The Art and Practice of Structure-based Drug Design: A Molecular Modeling Perspective." Med. Res. Rev. 16 (1996): 3–50.

바벨의 도서관

Borges, Jorge Luis. *The Library of Babel. Boston: David R. Godine,* 2000.

리피토는 콜레스테롤 합성 속도를 제어하는 단백질인 HMG-CoA라는 환원 효소에 작용한다: 페니실린은 펩티도글리칸 트랜스펩티다아제를 차단한다

Bruton, L., et al. Chapter 31, "Drug Therapy for Hypercholesterolemia and Dyslipidemia." In *Goodman and Gilman's The Pharmacological Basis of Therapeutics*. New York: McGraw-Hill Education/ Medical (12th edition), 2011.

———. Chapter 53, "Penicillins, Cephalosporins, and Other β-Lactam Antibiotics." In *Goodman and Gilman's The Pharmacological Basis of Therapeutics*. New York: McGraw-Hill Education/Medical (12th edition), 2011.

클로로포름 발견

Dunn, P. M. "Sir James Young Simpson (1811–1870) and Obstetric Anesthesia." *Archives of Disease in Childhood, Fetal and Neonatal Edition* 86 (2002): F207–9.

Gordon, H. Laing. *Sir James Young Simpson and Chloroform (1811–1870).* New York: Minerva Group, 2002.

신약 개발

Ravina, Enrique. *The Evolution of Drug Discovery. Weinheim, Germany: Wiley-Verlag Helvetica Chimica,* 2011.

Sneader, Walter. *Drug Discovery: A History. Hoboken, NJ: John Wiley and Sons,* 2005.

1장 너무 쉬워서 원시인도 할 줄 안다?

아편

Booth, Martin. *Opium: A History*. London: St. Martin's Griffin, 2013.

Brownstein, M. J. "A Brief History of Opiates, Opioid Peptides, and Opioid Receptors," *Proceedings of the National Academy of Science USA* 90 (1993): 5391–3.

Goldberg, Jeff. *Flowers in the Blood: The Story of Opium. New York: Skyhorse Publishing,* 2014.

Hodgson, Barbara. Opium: A Portrait of the Heavenly Demon. Vancouver: Greystone Books, 2004.

파라켈수스와 아편(로드넘)

Hodgson, Barbara. *In the Arms of Morpheus: The Tragic History of Morphine, Laudanum and Patent Medicines*. Richmond Hill: Firefly Books, 2001.

파레고리크

Boyd, E. M., and M. L. MacLachan. "The Expectorant Action of Paregoric." *Canadian Medical Association Journal* 50 (1944): 338–44.

도버산과 알렉산더 셀커크

Alleyel, Richard. "Mystery of Alexander Selkirk, the Real Robinson Crusoe, Solved." *Daily Telegraph,* October 30, 2008.

Bruce, J. S., and M. S. Bruce. "Alexander Selkirk: The Real Robinson Crusoe." *The Explorers Journal,* Spring 1993.

"Dr. Thomas Dover, Therapeutist and Buccaneer." *Journal of the American Medical Association,* February 29, 1896, 435.

Kraske, Robert, and Andrew Parker. *Marooned: The Strange but True Adventures of Alexander Selkirk, the Real Robinson Crusoe.* Boston: Clarion Books 2005.

Leslie, Edward E. "On a Piece of Stone: Alexander Selkirk on Greater Land." *In Desperate Journeys, Abandoned Souls: True Stories of Castaways and Other Survivors.* New York: Mariner Books 1998.

Osler, W. "Thomas Dover, M. B. (of Dover's Powder), Physician and Buccaneer." *Academy of Medicine* 82 (2007): 880–1.

Phear, D. N. "Thomas Dover 1662–1742; Physician, Privateering Captain, and Inventor of Dover's Powder." *Journal of the History of Medicine and Allied Sciences* 2 (1954) 139–56.

Selcraig, B. "The Real Robinson Crusoe." *Smithsonian Magazine,* July 2005.

헤로인과 바이엘

Bruton et al. Chapter 18, "Opioids, Analgesia, and Pain Management." In *Goodman and Gilman's The Pharmacological Basis of Therapeutics*, New York: McGraw-Hill Education/Medical (12th edition), 2011.

Chemical Heritage Foundation Felix Hoffmann Biography, http://www.chemheritage.org/discover/online-resources/chemistryin-history/themes/pharmaceuticals/relieving-symptoms/hoffmann.aspx, retrieved December 22, 2015.

Edwards, Jim. "Yes, Bayer Promoted Heroin for Children—Here Are the Ads That Prove It." *Business*

Insider, November 17, 2011.
Scott, I. "Heroin: A Hundred Year Habit." *History Today, vol. 48, 1998.*
http://www.historytoday.com/ian-scott/heroin-hundred-yearhabit, retrieved January 27, 2016.
Sneader, W. "The Discovery of Heroin." *Lancet*, 352 (1998): 1697–9.

헤로인이 실린 시어스로벅의 카탈로그

Buxton, Julia. *The Political Economy of Narcotics. London: Zed Books, 2013.*

엔도르핀 수용체

Terenius, L. "Endogenous Peptides and Analgesia." *Annual Review of Pharmacology and Toxicology* 18 (1978): 189–204.

대마초 활성성분 THC의 증가

Hellerman, C., "Is Super Weed, Super Bad?" CNN. http://www.cnn.com/2013/08/09/health/weed-potency-levels/, retrieved December 23, 2015.
Walton, A.G. "New Study Shows How Marijuana's Potency Has Changed Over Time." *Forbes,* March 23, 2015.
http://www.forbes.com/sites/alicegwalton/2015/03/23/pot-evolution-how-the-makeup-of-marijuana-haschanged-over-time/, retrieved December 23, 2015.

SCN9A (Nav1.7)

Drews, J., et al. "Drug Discovery: A Historical Perspective." *Science* 287 (2000): 1960-4.
King, G. F., and L. Vetter. "No Gain, No Pain: NaV1.7 as an Analgesic Target," *ACS Chemical Neuroscience* 5 (2014): 749–51.
Pina, A. S., et al. "An Historical Overview of Drug Discovery Methods." *Molecular Biology* 572 (2009): 3–12.

2장 말라리아를 치료한 기적의 가루

발레리우스 코르두스의 생애와 에테르 발견

Arbor, Agnes. "Herbals, Their Origin and Evolution: A Chapter in the History of Botany, 1470–1670." Seattle: Amazon Digital Services, Inc., 1912.
Leaky, C. D. "Valerius Cordus and the Discovery of Ether." *Isis* 7 (1926): 14–24.
Sprague, T. A., and M. S. Sprague. "The Herbal of Valerius Cordus." *Journal of the Linnean Society of*

London. 52 (1939): 1–113.

키나 나무에 얽힌 역사

Bruce-Chwatt, L. J. "Three Hundred and Fifty Years of the Peruvian Fever Bark." *British Medical Journal* (Clinical Research Edition) 296 (1988): 1486–7.
Butler A. R., et al. "A Brief History of Malaria Chemotherapy." *J R College of Physicians Edinborough* 40 (2010): 172–7.
Guerra, F. "The Introduction of Cinchona in the Treatment of Malaria." *Journal of Tropical Medicine and Hygiene* 80 (1977):112–18.
Humphrey, Loren. *Quinine and Quarantine: Missouri Medicine through the Years. Missouri Heritage Readers.* Columbia University of Missouri, 2000.
Kaufman T., and E. Rúveda. "The Quest for Quinine: Those Who Won the Battles and Those Who Won the War." *Angew Chemistry International Edition England* 44 (2005): 854–85.
Rocco, Fiammetta. *The Miraculous Fever-Tree: Malaria, Medicine and the Cure That Changed the World.* New York: HarperCollins, 2012.
———. *Quinine: Malaria and the Quest for a Cure That Changed the World.* New York: Harper Perennial, 2004.

로버트 탈보의 사기에 관해

"Jesuit's Bark" Catholic Encyclopedia 1913. https://en.wikisource.org/wiki/Catholic_Encyclopedia_(1913)/Jesuit%27s_Bark, retrieved December 29, 2015.
Keeble, T. A. "A Cure for the Ague: The Contribution of Robert Talbor (1642–81)," *Journal of the Royal Society of Medicine* 90 (1997): 285–90.
"Malaria." Royal Pharmaceutical Society, https://www.rpharms.com/museumpdfs/c-malaria.pdf, retrieved December 24, 2015.
Talbor, Robert. *Pyretologia, A Rational Account of the Cause and Cure of Agues.* 1672.

3장 비명 가득한 호러쇼에서 차분하고 정교한 기술로

조지 윌슨의 발 절단

"The Horrors of Pre-Anaesthetic Surgery." *Chirurgeon's Apprentice*, July 16, 2014. http://thechirurgeonsapprentice.com/2014/07/16/the-horrors-of-preanaesthetic-surgery/, retrieved December 29, 2015.
Lang, Joshua. "Awakening." *Atlantic*, January 2013. http://www.theatlantic.com/magazine/

archive/2013/01/awakening/309188/, retrieved December 29, 2015.

손이 빠른 의사 로버트 리스턴

Coltart, D. J. “Surgery between Hunter and Lister as Exemplified by the Life and Works of Robert Liston (1794–1847).” *Proceedings of the Royal Society of Medicine* 65 (1972): 556–60.
“Death of Robert Liston, ESQ., F.R.S..” *Lancet* 50 (1847): 633–4.
Ellis, Harold. *Operations That Made History*. Cambridge: Cambridge University Press, 2009.
Gordon, Richard. *Dr. Gordon's Casebook*. Cornwall: House of Stratus, 2001.
———. *Great Medical Disasters*. Cornwall House of Stratus, 2013.
Magee, R. “Surgery in the Pre-Anaesthetic Era: The Life and Work of Robert Liston.” *Health and History* 2 (2000): 121–133.

윌리엄 T. G. 모턴과 에테르

Fenster, J. M. *Ether Day: The Strange Tale of America's Greatest Medical Discovery and the Haunted Men Who Made It*. New York: Harper Perennial, 2002.
“William T. G. Morton (1819–1868) Demonstrator of Ether Anesthesia.” *JAMA*. 194 (1965): 170–1.
Wolfe, Richard, J. *Tarnished Idol: William Thomas Green Morton and the Introduction of Surgical Anesthesia*. Novato: Jeremy Norman Co; Norman Science-Technology, 2001.

존 콜린스 워렌(하버드 의과대학)의 생애

Toledo, A. H. “John Collins Warren: Master Educator and Pioneer Surgeon of Ether Fame.” *Journal of Investigative Surgery* 19 (2006): 341–4.
Warren, J. “Remarks on Angina Pectoris.” *New England Journal of Medicine* 1 (1812): 1–11.

E. R. 스큅의 생애

“E. R. Squibb, Medical Drug Maker during the Civil War.” http://www.medicalantiques.com/civilwar/Articles/Squibb_E_R.htm, retrieved January 4, 2016.
Rhode, Michael. “E. R. Squibb, 1854.” *Scientist, February* 1, 2008.
Worthen, Dennis B. “Edward Robinson Squibb (1819–1900): Advocate of Product Standards.” *Journal of the American Pharmaceutical Association* 46 (2003): 754–8.
———. *Heroes of Pharmacy: Professional Leadership in Times of Change*. Washington: American Pharmacists Association, 2012.

4장 염색회사, 최초의 블록버스터 신약을 만들다

독일 염색 산업의 역사

Aftalion, Fred. *History of the International Chemical Industry: From the "Early Days" to 2000.* Philadelphia: Chemical Heritage Foundation, 2005.

Chandler, Alfred D. Jr. *Shaping the Industrial Century: The Remarkable Story of the Evolution of the Modern Chemical and Pharmaceutical Industries.* Cambridge: Harvard University Press (Harvard Studies in Business History), 2004.

바이엘: 두이스베르크, 아이헹륀, 드레저

Biography Carl Duisberg, Bayer, http://www.bayer.com/en/carl-duisberg. aspx, retrieved January 4, 2016.

Rinsema, T. J. "One Hundred Years of Aspirin." *Medical History* 43 (1999):502–7.

Sneader W. "The Discovery of Aspirin: A Reappraisal." *British Medical Journal* 321 (2000): 1591–4.

아스피린의 역사

Bruton, L. et al. Chapter 34, "Anti-inflammatory, Antipyretic, and Analgesic Agents; Pharmacotherapy of Gout." In *Goodman and Gilman's The Pharmacological Basis of Therapeutics,* New York: McGraw-Hill Education/ Medical (12th edition), 2011.

Goodman, L. S. and A. Gilman. "Appendix" In *The Pharmacological Basis of Therapeutics.* New York: Macmillan, 1941.

Mahdi, J. G., et al. "The Historical Analysis of Aspirin Discovery, Its Relation to the Willow Tree and Antiproliferative and Anticancer Potential." Cell Proliferation 39 (2006): 147–55.

Vane, J. R. "Adventures and Excursions in Bioassay: The Stepping Stones to Prostacyclin." *British Journal of Pharmacology* 79 (1983): 821–38.

———. "Inhibition of Prostaglandin Synthesis as a Mechanism of Action for Aspirin-Like Drugs." *Nature New Biology* 231 (1971): 232–5.

5장 마법의 탄환

매독의 역사, 증상

Harper, K. N., et al. "The Origin and Antiquity of Syphilis Revisited: An Appraisal of Old World Pre-Columbian Evidence for Treponemal Infection." *American Journal of Physical Anthropology* 146, Supplement 53 (2011): 99–133.

Kasper, D. et al. Chapter 206, "Syphilis." In *Harrison's Principles of Internal Medicine.* New York: McGraw-Hill Education/Medical (19th edition), 2015.

독기설

Semmelweis, Ignaz. *Die Atiologie der Begriff und die Prophylaxis des Kindbettfiebers* (The Etiology, Concept, and Prophylaxis of Childbed Fever), 1861.

루이 파스퇴르

Birch, Beverly, and Christian Birmingham. *Pasteur's Fight against Microbes (Science Stories).* Hauppauge: Barron's Educational Series, 1996.
Tiner, John Hudson. *Louis Pasteur: Founder of Modern Medicine.* Fenton: Mott Media, 1999.

파울 에를리히의 생애와 살바르산

Sepkowitz, K. A. "One Hundred Years of Salvarsan." *New England Journal of Medicine* 365 (2011): 291–3.

수용체 이론의 역사와 반박에 대한 에를리히의 반응

Prüll, Cay-Ruediger, et al. *A Short History of the Drug Receptor Concept* (Science, Technology & Medicine in Modern History). Basingstoke: Palgrave Macmillan, 2009.

6장 의약품 규제의 비극적인 탄생

Avorn, J. "Learning About the Safety of Drugs—A Half-Century of Evolution." *New England Journal of Medicine,* 365 (2011): 2151–3.

바이엘과 프론토질

Bentley, R. "Different Roads to Discovery; Prontosil (Hence Sulfa Drugs) and Penicillin (Hence Beta-Lactams)." *Journal Industrial Microbiology and Biotechnology* 36 (2009): 775–86.
Hager, Thomas. *The Demon under the Microscope: From Battlefield Hospitals to Nazi Labs, One Doctor's Heroic Search for the World's First Miracle Drug.* New York: Broadway Books, 2007.
Otten, H. "Domagk and the Development of the Sulphonamides." *Journal of Antimicrobial Chemotherapy* 17 (1986): 689–96.

전구약물: 술파닐아미드

Lesch, John E. *The First Miracle Drugs: How the Sulfa Drugs Transformed Medicine.* Oxford: Oxford University Press, 2006.

매센길과 엘릭서 술파닐아미드

Akst, J. "The Elixir Tragedy, 1937." Scientist, June 1, 2013. "Deaths Following Elixir of Sulfanilamide-Massengill." *Journal of the American Medical Association* 109 (1937): 1610–11.

Geiling, E. M. K., and P. R. Cannon. "Pathological Effects of Elixir of Sulfanilamide (Diethylene Glycol) Poisoning," *Journal of the American Medical Association* 111 (1938): 919–926.

Wax, P. M. "Elixirs, Diluents, and the Passage of the 1938 Federal Food, Drug and Cosmetic Act." *American College of Physicians* 122 (1995): 456–61.

엘릭서 술파닐아미드에 대한 FDA의 반응

Ballentine. C. "Sulfanilamide Disaster." *FDA Consumer Magazine,* June 1981, http://www.fda.gov/aboutfda/whatwedo/history/productregulation/sulfanilamidedisaster/default.htm, retrieved January 4, 2016.

"Elixir of Sulfanilamide: Deaths in Tennessee." *Pathophilia for the Love of Disease.* http://bmartinmd.com/eos-deaths-tennessee/, retrieved January 4, 2016.

액트 업과 에이즈

Crimp. D. "Before Occupy: How AIDS Activists Seized Control of the FDA in 1988," Atlantic, December 6, 2011.

펜-펜

Connolly, H. M., et al. "Valvuolar Heart Disease Associated with Fenfluramine–Phentermine." *New England Journal of Medicine* 337 (1997): 581–8.

Courtwright, D. T. "Preventing and Treating Narcotic Addiction—A Century of Federal Drug Control." *New England Journal of Medicine* 373: (2015) 2095–7.

7장 약학이 과학이 되다

굿맨의 생애와 길먼의 생애(연구 성과-암, 쿠라레)

Altman, Lawrence K. "Dr. Louis S. Goodman, 94, Chemotherapy Pioneer, Dies." *New York Times,* November 28, 2000.

Ritchie, M. "Alfred Gilman: February 5, 1908–January 13, 1984." *Biographies of Members of the National Academy of Science* 70 (1996): 59–80.

뱀 기름의 왕, 클라크 스탠리의 생애

Dobie, J. Frank. Rattlesnakes. Austin: University of Texas Press, 1982. "A History of Snake Oil Salesmen." http://www.npr.org/sections/codeswitch/ 2013/08/26/215761377/a-history-of-snake-oil-salesmen, retrieved January 8, 2016.
"Why Are Snake-Oil Remedies So-Called?" http://www.canada.com/montrealgazette/news/books/story.html?id=666775cc-f9ff-4360-9533-4ea7f0eef233, retrieved January 8, 2016.

의과대학에서 약학 수업의 역사

Bonner, Thomas Neville. *Iconoclast: Abraham Flexner and a Life in Learning.* Baltimore: Johns Hopkins University Press, 2002.

8장 항생제 연구의 황금시대

이삭 디네센의 생애

Dinesen, Isak. *Out of Africa: And Shadows on the Grass.* New York: Vintage Books, 2011.
Hannah, Donald. *Isak Dinesen and Karen Blixen: The Mask and the Reality.* New York: Random House, 1971.

알렉산더 플레밍과 에른스트 체임, 하워드 플로리의 생애와 논문

Abraham, Edward P. "Ernst Boris Chain. 19 June 1906–12 August 1979." *Biographical Memoirs of Fellows of the Royal Society* 29 (1983): 42–91.
———. "Howard Walter Florey. Baron Florey of Adelaide and Marston 1898–1968." *Biographical Memoirs of Fellows of the Royal Society* 17 (1971): 255–302.
Brown, Kevin. *Penicillin Man: Alexander Fleming and the Antibiotic Revolution.* Dublin: History Press Ireland, 2013.
Chain, E., et al. "Further Observations on Penicillin." *Lancet,* August 16, 1941, 177–88.
———. "Penicillin as a Chemotherapeutic Agent." *Lancet,* August 20, 1940, 226–28.
Colebrook, L. "Alexander Fleming 1881–1955." *Biographical Memoirs of Fellows of the Royal Society* 2 (1956): 117–27.
Lax, Eric. *The Mold in Dr. Florey's Coat: The Story of the Penicillin Miracle.* New York: Henry Holt and Company, 2015.

Macfarlane, Gwyn. *Alexander Fleming: The Man and the Myth.* Cambridge: Harvard University Press, 1984.
———. Howard Florey: *The Making of a Great Scientist.* Oxford: Oxford University Press 1979.
Mazumdar, P. M. "Fleming as Bacteriologist: Alexander Fleming." *Science* 225 (1984): 1140.
Raju, T. N. "The Nobel Chronicles. 1945: Sir Alexander Fleming (1881–1955); Sir Ernst Boris Chain (1906–79); and Baron Howard Walter Florey (1898–1968)." *Lancet* 353 (1999): 936.
Shampo, M. A. and R. A. Kyle. "Ernst Chain—Nobel Prize for Work on Penicillin." *Mayo Clinic Proceedings* 75 (2000): 882.
"Sir Howard Florey, F.R.S.: Lister Medallist." *Nature* 155 (1945): 601.

페니실린의 역사

Bud, Robert. *Penicillin: Triumph and Tragedy.* Oxford: Oxford University Press, 2009.
Hare, R. "New Light on the History of Penicillin." *Medical History* 26 (1982): 1–24.

셀만 왁스먼의 생애와 스트렙토마이신

Hotchkiss, R. D. "Selman Abraham Waksman." *Biographies of Members of the National Academy of Science* 83 (2003): 320-43.
Pringle, Peter. *Experiment Eleven: Dark Secrets Behind the Discovery of a Wonder Drug.* London: Walker Books, 2012.
"Selman A. Waksman (1888–1973)." http://web.archive.org/web/20080418 134324/http://waksman.rutgers.edu/Waks/Waksman/DrWaksman. html, retrieved January 6, 2016.
Wainwright, M. "Streptomycin: Discovery and Resultant Controversy." *History and Philosophy of the Life Sciences* 13: (1991) 97–124.
Waksman, Selman A. *My Life with the Microbes,* New York: Simon and Schuster, 1954.

결핵의 역사

Bynum, Helen. *Spitting Blood: The History of Tuberculosis.* Oxford: Oxford University Press, 2015.
Dormandy, Thomas. *The White Death: A History of Tuberculosis.* New York: New York University Press, 2000.
Goetz, Thomas. *The Remedy: Robert Koch, Arthur Conan Doyle, and the Quest to Cure Tuberculosis.* New York: Gotham, 2014.

항생제 발견의 황금시대

Demain, A. L. "Industrial Microbiology." *Science* 214 (1981): 987–95.

9장 인류를 구원한 돼지의 묘약

인슐린의 역사

Baeshen, N.A., et al. "Cell Factories for Insulin Production." *Microbial Cell Factories* 13 (2014): 141–150.

Bliss, Michael. *Banting: A Biography.* Toronto: University of Toronto Press, Scholarly Publishing Division, 1993.

Bliss, Michael. *The Discovery of Insulin.* Chicago: University Of Chicago Press, 2007.

Cooper, Thea, and Arthur Ainsberg. *Breakthrough: Elizabeth Hughes, the Discovery of Insulin, and the Making of a Medical Miracle.* London: St. Martin's Griffin, 2011.

Mohammad K., M. K. Ghazavi, and G. A. Johnston. "Insulin Allergy." *Clinics in Dermatology* 29 (2011): 300–305.

일라이 릴리의 역사

Manufacturing Pharmaceuticals: Eli Lilly and Company, 1876–1948. In James Madison, Business and Economic History, 1989. Business History Conference.

당뇨병의 역사

Auwerx, J. "PPARgamma, the Ultimate Thrifty Gene." *Diabetalogia* 42 (1999): 1033–49.

Blades M., et al. "Dietary Advice in the Management of Diabetes Mellitus—History and Current Practice." *Journal of the Royal Society of Health* 117 (1997): 143–50.

Brownson, R. C., et al. "Declining Rates of Physical Activity in the United States: What Are the Contributors?" *Annual Review of Public Health* 26 (2005): 421–43.

Brunton, L,. et al. Chapter 43, "Endocrine Pancreas and Pharmacotherapy of Diabetes Mellitus and Hypoglycemia." In *Goodman and Gilman's The Pharmacological Basis of Therapeutics.* New York: McGraw-Hill Education/Medical (12th edition), 2011.

Duhault, J., and R. Lavielle. "History and Evolution of the Concept of Oral Therapy in Diabetes." *Diabetes Research and Clinical Practice,* 14 suppl 2 (1991): S9–13.

Eknoyan, G., and J. Nagy. "A History of Diabetes Mellitus or How a Disease of the Kidneys Evolved into a Kidney Disease." *Advances in Chronic Kidney Disease* 12 (2005) : 223–9.

Ezzati, M., and E. Riboli. "Behavioral and Dietary Risk Factors for Noncom municable Diseases." *New England Journal of Medicine* 369 (2013): 954–64.

Gallwitz, B. "Therapies for the Treatment of Type 2 Diabetes Mellitus Based on Incretin Action." *Minerva Endocrinology* 31 (2006): 133–47.

Güthner, T., et al. "Guanidine and Derivatives." In *Ullmann's Encyclopedia of Industrial Chemistry.*

Weinheim, Germany: Wiley-Verlag Helvetica Chimica, 2010.

Hoppin, A. G., et al. "Case 31-2006: A 15-Year-Old Girl with Severe Obesity." *New England Journal of Medicine* 355 (2006): 1593–1602.

Kasper, D., et al. Chapter 417, "Diabetes Mellitus: Diagnosis, Classification, and Pathophysiology." In *Harrison's Principles of Internal Medicine.* 19th edition. New York: McGraw-Hill Education, 2015.

Kleinsorge, H. "Carbutamide—The First Oral Antidiabetic. A Retrospect." *Experimental Clinical Endocrinology and Diabetes* 106 (1998): 149–51.

Loubatieres-Mariani, M. M. "[The Discovery of Hypoglycemic Sulfonamides—original article in French]." *Journal of the Society of Biology* 201 (2007): 121–5.

Mogensen, C. E. "Diabetes Mellitus: A Look at the Past, a Glimpse to the Future." *Medicographia* 33 (2011): 9–14.

Parkes, D. G., et al. "Discovery and Development of Exenatide: the First Antidiabetic Agent to Leverage the Multiple Benefits of the Incretin Hormone, GLP-1." *Expert Opinion in Drug Discovery* 8 (2013): 219–44.

Pei, Z. "From the Bench to the Bedside: Dipeptidyl Peptidase IV Inhibitors, a New Class of Oral Antihyperglycemic Agents." *Current Opinion in Discovery and Development* 11 (2008): 512–32.

Slotta, K. H., and T. Tschesche. "Uber Biguanide. II. Die Blutzucker senkende Wirkung der Biguanides." *Berichte der Deutschen Chemischen Gesellschaft B: Abhandlungen,* 62 (1929): 1398–1405.

Staels, B., et al. "The Effects of Fibrates and Thiazolidinediones on Plasma Triglyceride Metabolism Are Mediated by Distinct Peroxisome Proliferator Activated Receptors (PPARs)." *Biochemie* 79 (1997): 95–9.

Thornberry, N, A., and A. E. Weber. "Discovery of JANUVIA (Sitagliptin), a Selective Dipeptidyl Peptidase IV Inhibitor for the Treatment of Type 2 Diabetes." *Current Topics in Medicinal Chemistry* 7 (2007): 557–68.

Yki-Jarvinen, H. "Thiazolidinediones." *New England Journal of Medicine 351* (2004): 1106–18.

인슐린의 역사

Poretsky, Leonid. *Principles of Diabetes Mellitus,* New York: Springer, 2010.

Sönksen, P. H. "The Evolution of Insulin Treatment." *Clinical Endocrinology and Metabolism* 6 (1977): 481–97.

릴리의 인슐린 제조

Madison, James, H. *Eli Lilly: A Life, 1885–1977,* Indianapolis: Indiana Historical Society, 2006.

유전자 복제의 역사

Tooze, James, and John Watson. *The DNA Story: A Documentary History of Gene Cloning.* New York: W. H. Freeman, 1983.

바이오테크 산업의 발전

Hughes, Sally Smith. *Genentech: The Beginnings of Biotech.* Chicago: University of Chicago Press, 2011.

Leaser, B., et al. "Protein Therapeutics: A Summary and Pharmacological Classification," *Nature Review Drug Discovery* 7 (2008): 21–39.

Shimasaki, Craig, ed. *Biotechnology Entrepreneurship: Starting, Managing, and Leading Biotech Companies.* San Diego: Academic Press, 2014.

재조합단클론항체

Marks, Lara V. *The Lock and Key of Medicine: Monoclonal Antibodies and the Transformation of Healthcare.* New Haven: Yale University Press, 2015.

Shire, Stephen. *Monoclonal Antibodies: Meeting the Challenges in Manufacturing, Formulation, Delivery and Stability of Final Drug Product.* Sawston, Cambridge: Woodhead Publishing, 2015.

10장 역학 연구 덕분에 빛을 본 항고혈압제

존 스노우의 생애

Hempel, Sandra. *The Strange Case of the Broad Street Pump: John Snow and the Mystery of Cholera.* Oakland: University of California Press, 2007.

Johnson, Steven. *The Ghost Map: The Story of London's Most Terrifying Epidemic—and How It Changed Science, Cities, and the Modern World.* New York: Riverhead Books, 2006.

콜레라의 배경과 역사

Gordis, Leon. Epidemiology, *Philadelphia,* PA: Saunders, 2008.

Kotar, S. L. and G. E. Gessler. *Cholera: A Worldwide History.* Jefferson: McFarland & Company, 2014.

소아마비와 당 섭취

Nathanson, N. and O. M. Kew. "From Emergence to Eradication: The Epidemiology of Poliomyelitis Deconstructed." *American Journal of Epidemiology* 172 (2010): 1213–29.

프레밍햄 심장 연구

Bruenn, H. G. "Clinical Notes on the Illness and Death of President Franklin D. Roosevelt." *Annals Internal Medicine* 72 (1970): 579–91.

Hay, J. H. "A British Medical Association Lecture on THE SIGNIFICANCE OF A RAISED BLOOD PRESSURE." *British Medical Journal* 2: (1931) 43–47.

Kolata, G. "Seeking Clues to Heart Disease in DNA of an Unlucky Family." *New York Times,* May 12, 2013.

Levy, Daniel. "60 Years Studying Heart-Disease Risk." *Nature Reviews Drug Discovery* 7 (2008): 715.

———. *Change of Heart: Unraveling the Mysteries of Cardiovascular Disease.* New York: Vintage Books, 2007.

Mahmood, S. S., et al. "The Framingham Heart Study and the Epidemiology of Cardiovascular Disease: A Historical Perspective." *Lancet* 383 (2014): 999–1008.

고혈압의 역사

Esunge, P. M. "From Blood Pressure to Hypertension: The History of Research." *Journal of the Royal Society of Medicine* 84 (1991): 621.

Postel-Vinay, Nicolas, ed., *A Century of Arterial Hypertension: 1896–1996,* Hoboken: Wiley, 1997.

혈압강하제의 역사

Beyer, K. H. "Chlorothiazide: How the Thiazides Evolved as Anti-Hypertensive Therapy." *Hypertension* 22 (1993): 388–91.

Burkhart, Ford. "Dr. Karl Beyer Jr., 82, Pharmacology Researcher." *New York Times,* December 16, 1996.

제임스 블랙의 생애와 베타 차단제

Black J. W. et al. "A New Adrenergic Beta Receptor Antagonist." *Lancet* 283 (1964): 1080–1.

Scheindlin, S. "A Century of Ulcer Medications," *Molecular Interventions* 5 (2005): 201–6

Sir James W. Black, Biographical, http://www.nobelprize.org/nobel_prizes/medicine/laureates/1988/black-bio.html, retrieved January 9, 2016.

쿠쉬먼과 온데티

Cushman, D. W., and M. A. Ondetti. "History of the Design of Captopril and Related Inhibitors of Angiotensin Converting Enzyme," *Hypertension* 17 (1991): 589–92.

Ondetti, Miguel. https://en.wikipedia.org/wiki/Miguel_Ondetti, retrieved January 4, 2016.

Ondetti, Miguel, et al. "Design of Specific Inhibitors of Angiotensin-Converting Enzyme: New Class

of Orally Active Anti-Hypertensive Agents." *Science*, new series 196 (1977): 441–4.
Smith, C. G., and J. R. Vane. "The Discovery of Captopril." *FASEB Journal* 17 (2003): 788–9.

콜레스테롤과 심장 질환

Alberts, A. W. "Discovery, Biochemistry and Biology of Lovastatin." *American Journal of Cardiology* 62 (1988): 10J–15J.
Kolata, G. "Cholesterol-Heart Disease Link Illuminated," *Science* 221 (1983): 1164–6.
Tobert, J. A. "Lovastatin and Beyond: The History of the HMG-CoA Reductase Inhibitors." *Nature Reviews Drug Discovery* 2 (2003): 517–26.
Vaughn, C. J., et al. "The Evolving Role of Statins in the Management of Atherosclerosis." *Journal of the American College Cardiology* 35 (2000): 1–10.

스타틴의 역사

Smith G. D., and J. Pekkanen. "The Cholesterol Controversy." *British Medical Journal* 304 (1992): 913.

11장 금지된 '바로 그 알약'

'그 알약'의 역사, 호르몬과 배란

Eig, Jonathan. *The Birth of the Pill: How Four Crusaders Reinvented Sex and Launched a Revolution.* New York: W. W. Norton, 2015.
Goldzieher, J. W., and H. W. Rudel. "How the Oral Contraceptives Came to be Developed." *Journal of the American Medical Association* 230 (1974): 421–5.

러셀 마커의 생애

Lehmann, P. A., et al. "Russell E. Marker Pioneer of the Mexican Steroid Industry." *Journal of Chemical Education* 50 (1973): 195–9.

마커의 열화 기법

"The 'Marker' Degradation and the Creation of the Mexican Steroid Hormone Industry 1938–1945." American Chemical Society. https://www.acs.org/content/dam/acsorg/education/whatischemistry/landmarks/progesteronesynthesis/marker-degradation-creation-of-the-mexicansteroid-industry-by-russell-marker-commemorative-booklet.pdf, retrieved January 4, 2016.

신텍스

Laveaga, Gabriela Soto. *Jungle Laboratories: Mexican Peasants, National Projects, and the Making of the Pill.* Durham: Duke University Press, 2009.

그레고리 핀커스

Diczfalusy, E. "Gregory Pincus and Steroidal Contraception: A New Departure in the History of Mankind." *Journal of Steroid Biochemistry* 11 (1979): 3–11.

"Dr. Pincus, Developer of Birth-Control Pill, Dies." *New York Times,* August 23, 1967.

허쉬 남작 기금

Joseph, Samuel. *History of the Baron De Hirsch Fund: Americanization of the Jewish Immigrant.* Philadelphia: Jewish Publication Society, 1935; New York: Augustus M. Kelley Publishing, January 1978.

마가렛 생어

Chesler, Ellen. *Woman of Valor: Margaret Sanger and the Birth Control Movement in America.* New York: Simon & Schuster, 2007.

Grant, George, and Kent Hovind. *Killer Angel: A Short Biography of Planned Parenthood's Founder, Margaret Sanger.* Amazon Digital Services, 2015.

Sanger, Margaret. *The Autobiography of Margaret Sanger,* Mineola: Dover Publications, 2012.

캐서린 덱스터 맥코믹

Engel, Keri Lynn. "Katharine McCormick, Biologist and Millionaire Philanthropist." Amazing Women in History. http://www.amazingwomeninhistory.com/katharine-mccormick-birth-control-history/, retrieved January 3, 2016.

존 록

Berger, Joseph. "John Rock, Developer of the Pill and Authority on Fertility, Dies." *New York Times,* December 5, 1984.

Gladwell, Malcolm. "John Rock's Error." *The New Yorker,* March 13, 2000.

12장 수수께끼의 치료제

제임스 린드와 괴혈병

Gordon, E. C. "Scurvy and Anson's Voyage Round the World: 1740–1744. An Analysis of the Royal

Navy's Worst Outbreak." *American Neptune* 44 (1984): 155–166.
Lamb, Jonathan. "Captain Cook and the Scourge of Scurvy." http://www.bbc.co.uk/history/british/empire_seapower/captaincook_scurvy_01.shtml, retrieved February 20, 2016.
McNeill, Robert B. *James Lind: The Scot Who Banished Scurvy and Daniel Defoe, England's Secret Agent.* Amazon Digital Services, 2011.

조현병과 클로르프로마진

Ban, T. A. "Fifty Years Chlorpromazine: A Historical Perspective." *Neuropsychiatric Disease and Treatment* 3 (2007) : 495500.
Freedman, R. "Schizophrenia." *New England Journal of Medicine* 349 (2003): 1738–49.
Lieberman, Jeffrey A. *Shrinks: The Untold Story of Psychiatry.* New York: Little, Brown and Company, 2015.
Moussaoui, Driss. "A Biography of Jean Delay: First President of the World Psychiatric Association (History of the World Psychiatric Association)." *Excerpta Medica*, 2002.
Nasar, Sylvia. *A Beautiful Mind.* New York: Simon & Schuster, 2011.
"Paul Charpentier, Henri-Marie Laborit, Simone Courvoisier, Jean Delay, and Pierre Deniker." Chemical Heritage Foundation. http://www.chemheritage.org/discover/online-resources/chemistry-in-history/themes/pharmaceuticals/restoring-and-regulating-the-bodysbiochemistry/charpentier--laborit--courvoisier--delay--deniker.aspx,retrieved January 4, 2016.

롤랜드 쿤과 우울증, 가이기의 관계

Belmaker, R. H., and G. Agam. "Major Depressive Disorder." *New England Journal of Medicine* (358, 2008): 55–68.
Bossong, F. "Erinnerung an Roland Kuhn (1912–2005) und 50 Jahre Imipramin." *Der Nervenarzt* 9 (2008): 1080.
Cahn, Charles. "Roland Kuhn, 1912–2005." *Neuropsychopharmacology* 31 (2006): 1096.

이미프라민

Ayd, Frank J., and Barry Blackwell. Ayd. *Discoveries in Biological Psychiatry.* Philadelphia: J. B. Lippincott, 1970.
Fangmann, P., et al. "Half a Century of Antidepressant Drugs." *Journal of Clinical Psychopharmacology* 28 (2008): 1–4.
Shorter, Edward. *Before Prozac: The Troubled History of Mood Disorders in Psychiatry.* Oxford: Oxford University Press, 2008.
———. *A Historical Dictionary of Psychiatry.* Oxford: Oxford University Press, 2005.

나오며: 신약 사냥의 미래

쉐보레 볼트의 역사

Edsall, Larry. *Chevrolet Volt: Charging into the Future*. Minneapolis: Motorbooks, 2010.

비아그라-실데나필

Ghofrani, H. A., et al. "Sildenafil: From Angina to Erectile Dysfunction to Pulmonary Hypertension and Beyond." *Nature Review Drug Discovery* 5 (2006): 689–702.

시알리스-타나라필

Rotella, D. P. "Phosphodiesteras 5 Inhibitors: Current Status and Potential Applications." *Nature Review Drug Discovery 1* (2002): 674–82.

노보바이오틱 파마슈티컬스의 역사

Grady, Dennis. "New Antibiotic Stirs Hope Against Resistant Bacteria." *NewYork Times*, January 7, 2015.

Kaeberlin, T., et al. "Isolating 'Uncultivable' Microorganisms in Pure Culture in a Simulated Natural Environment." *Science* 296 (2002): 1127–9.

Naik, Gautam. "Scientists Discover Potent Antibiotic, A Potential Weapon Against a Range of Diseases." *Wall Street Journal*, January 9, 2015.

인류의 운명을 바꾼
약의 탐험가들

초판 1쇄 발행 2019년 11월 5일
6쇄 발행 2021년 6월 14일

지은이 **도널드 커시, 오기 오거스** | 옮긴이 **고호관**
펴낸이 **오세인** | 펴낸곳 **세종서적(주)**

주간 **정소연**
편집 **최정미** | 표지 디자인 **this cover** | 디자인 **김진희** | 인쇄 **천광인쇄**
마케팅 **임종호** | 경영지원 **홍성우**

출판등록 1992년 3월 4일 제4-172호
주소 서울시 광진구 천호대로132길 15, 세종 SMS 빌딩 3층
전화 마케팅 (02)778-4179, 편집 (02)775-7011 | 팩스 (02)776-4013
홈페이지 www.sejongbooks.co.kr | 블로그 sejongbook.blog.me
페이스북 www.facebook.com/sejongbooks | 원고 모집 sejong.edit@gmail.com

ISBN 978-89-8407-773-7 03400

이 도서의 국립중앙도서관 출판시도서목록(CIP)은 서지정보유통지원시스템 홈페이지(http://seoji.nl.go.kr)와 국가자료공동목록시스템(http://www.nl.go.kr/kolisnet)에서 이용하실 수 있습니다.(CIP제어번호: CIP2019040439)

• 잘못 만들어진 책은 바꾸어드립니다.
• 값은 뒤표지에 있습니다.

이 책에 실린 사진은 위키피디아, 위키백과, 위키미디어, 게티이미지뱅크, 셔터스톡에서 제공 받았습니다.